工业和信息化
人才培养规划教材
Industry And Information
Technology Training
Planning Materials

高职高专计算机系列

Java Web 程序设计案例教程

Java Web Development

武俊琢 魏艳鸣 ◎ 主编
陈利军 余勇 ◎ 副主编
刘志成 ◎ 主审
孙建召 李敏 危锋 ◎ 参编

人民邮电出版社
北京

图书在版编目（CIP）数据

Java Web程序设计案例教程 / 武俊琢，魏艳鸣主编
. -- 北京 : 人民邮电出版社，2015.9（2020.1重印）
工业和信息化人才培养规划教材. 高职高专计算机系
列
ISBN 978-7-115-38829-2

Ⅰ. ①J… Ⅱ. ①武… ②魏… Ⅲ. ①JAVA语言－程序
设计－高等职业教育－教材 Ⅳ. ①TP312

中国版本图书馆CIP数据核字（2015）第199355号

内 容 提 要

本书是按照高职高专软件技术专业人才培养方案的基本要求，总结近几年河南省示范院校特色专业建设中的课程改革经验编写而成。在知识结构上，本书首先结合一个完整的 Java Web 应用案例，介绍了 Web 应用开发的基本概念，然后对 HTML 基础知识进行了归纳介绍；接下来从 JSP 基础知识入手，由浅入深地讲解 JSP 技术、Servlet 技术、JDBC 数据库操作技术、JavaBean 技术、Ajax 技术等知识；最后以 SunnyBuy 电子商城应用项目开发为主线介绍了将 Java Web 的各种技术应用到实际项目中的方法。

本书适合作为高职院校计算机相关专业的 Java Web 课程的教材，也可作为各类工程技术人员和程序设计人员的参考用书。

◆ 主　　编　武俊琢　魏艳鸣
副 主 编　陈利军　余　勇
责任编辑　范博涛
责任印制　杨林杰

◆ 人民邮电出版社出版发行　　北京市丰台区成寿寺路 11 号
邮编　100164　　电子邮件　315@ptpress.com.cn
网址　http://www.ptpress.com.cn
北京九州迅驰传媒文化有限公司印刷

◆ 开本：787×1092　1/16
印张：18.25　　　　2015 年 9 月第 1 版
字数：458 千字　　　2020 年 1 月北京第 4 次印刷

定价：43.00 元

读者服务热线：（010）81055256　印装质量热线：（010）81055316
反盗版热线：（010）81055315

前　言　PREFACE

JSP（Java Server Page）技术是由SUN公司（已被Oracle公司收购）发布的用于开发动态Web应用的技术标准。JSP简单易学、性能优异、安全性好，在众多的Web应用开发技术中备受青睐，在各类商业应用项目开发中得到了广泛的应用。

在当前教育体系下，案例教学是计算机语言教学的最有效的方法之一，本书将Java Web知识与实用案例有机结合，采取以案例引领知识点的形式介绍Java Web应用开发中的关键技术。本书以一个完整的Java Web应用典型案例——“SunnyBuy电子商城系统”为主线，由浅入深地讲解JSP、Servlet、JDBC等技术，并突出介绍这些技术应用到实际项目中的方法。为便于教学，本书将这个完整案例分解为适于教学的单元案例，一方面，跟踪Java Web技术的发展，将知识点的讲解融于案例之中；另一方面，典型案例的设计可以使读者通过学习知识点在案例中的应用培养并提高技能。

本书经过精心设计和内容编排，具有如下的特点。

1. 整体结构安排清晰，知识完整，内容组织合理；重难点突出，强化技能培养，注重知识在项目实践中的应用。

2. 全书以SunnyBuy电子商城应用项目为主线展开，并由每个任务驱动知识点的学习，体现“项目导入、任务驱动”的思想。

3. 从HTML和JSP基础知识开始讲解，循序渐进地完成项目开发，符合初学者的学习习惯，对想从事JSP项目开发的读者也有帮助。

全书共计11章，具体内容如下。

第1章　介绍软件开发一般流程，进行SunnyBuy电子商城项目分析，指出项目开发所需主要技术。

第2章　通过案例介绍HTML文档基本结构、HTML常用标签、HTML表单应用、DIV和CSS样式等内容。

第3章　介绍了JSP程序开发环境的安装和配置，以及创建一个简单的JSP应用的方法和步骤，还介绍了JSP注释与脚本元素、JSP指令与动作元素等内容。

第4章　介绍了JSP内置对象，包括out、request、response、session、application等内置对象，以及其典型应用。

第5章　介绍了JDBC API接口的应用、JDBC与Oracle数据库的连接与访问、存储过程的定义与调用、数据库连接池的配置与应用等内容。

第6章　介绍了JavaBean的概念和创建、JavaBean与HTML表单的交互、JavaBean封装数据库的操作、JavaBean在JSP中的典型应用等内容。

第7章　介绍了Servlet的基本概念、创建、配置和调用，以及Servlet过滤器和监听器的创建、配置和使用方法。

第8章　介绍了使用JSP进行项目开发的常用第三方组件，如jspSmartUpload文件上传组件、FCKEditor在线文本编辑器组件等。

第9章　介绍了使用JSP开发项目的安全和部署知识，包括彩色验证码技术、MD5加密技术、Web应用系统的静态和动态部署方法。

第 10 章　介绍了 AJAX 技术的概念、工作原理和使用步骤，以及 DWR 框架的工作原理、工作过程和使用步骤。

第 11 章　介绍了 SunnyBuy 电子商城项目综合案例开发，包括需求分析、系统设计和数据库设计、典型模块开发等内容。

本书由武俊琢、魏艳鸣任主编并负责总体设计、统稿，由陈利军、余勇任副主编并参与内容设计。武俊琢负责第 7 章、第 9 章的编写，魏艳鸣负责第 11 章的编写、陈利军负责第 8 章、第 10 章的编写，余勇负责第 5 章的编写及 SunnyBuy 电子商城项目的开发，危锋负责第 2 章、第 3 章的编写，李敏负责第 4 章的编写，孙建召负责第 1 章、第 6 章的编写。此外，还有许多老师为本书的编写和出版给予了很多帮助，在此一并表示感谢！

由于作者水平有限，书中难免有错漏之处，敬请各位读者批评、指正。

编　者

2015 年 4 月

目录 CONTENTS

第1章 Java Web应用项目开发概述 1

第2章 HTML基础 18

第3章 JSP基础 35

第4章 JSP内置对象 60

第 5 章 数据库访问技术 91

第 6 章 JavaBean 技术 123

第 7 章 Servlet 技术 148

PART 1

第1章 Java Web应用项目开发概述

本章要点

- B/S结构编程技术介绍。
- 软件项目开发流程。
- SunnyBuy电子商城项目分析与设计。
- SunnyBuy电子商城项目部署和运行。
- SunnyBuy电子商城项目主要技术分析。

1.1 B/S结构编程技术

随着网络技术和软件技术的发展，各种软件架构和网络计算模式不断出现，其中，C/S(Client/Server，客户端/服务器)模式和B/S（Browser/Server，浏览器/服务器）模式是网络计算模式中使用最多的两种计算模式。什么是C/S模式？什么是B/S模式？两种模式有何特点和优缺点？它们各自适合在什么时候使用？本节将进行具体说明。

本节要点

- 了解C/S和B/S编程技术以及两种技术的比较。
- 了解B/S编程技术的特点以及常用的B/S编程技术。
- 了解静态网页和动态网页的概念及其区别。
- 掌握JSP编程技术的特点。

1.1.1 案例1 C/S模式和B/S模式比较

【设计要求】

熟悉C/S模式和B/S模式，了解其各自的特点和应用领域。

【学习目标】

（1）了解C/S模式和B/S模式及其优缺点。

（2）熟悉C/S模式和B/S模式的应用领域。

【知识准备】

1．C/S模式

C/S模式，即Client/Server(客户机/服务器)结构，是最常用的软件系统体系结构之一，例如，我们常用的QQ聊天软件。C/S结构的程序功能分别由服务器和客户机协作完成，一部分功能在客户端实现，另一部分功能在服务器端实现，通过将任务合理分配到 Client 端和 Server 端，可以充分利用客户端和服务器端的硬件环境优势，降低整个系统的通信开销，提高系统执行效率。

传统的 C/S 体系结构采用客户端和服务器分离的模式，虽然能够充分发挥客户端和服务器端的优势，并充分利用客户端的计算资源，但客户端往往需要一些特定的软件环境支持，并需要独立安装和更新客户端，甚至还要针对不同的操作系统开发不同的客户端版本，因此，C/S 体系结构的系统在开发、部署、更新方面效率不高，代价较大。

C/S 体系结构如图 1-1 所示。

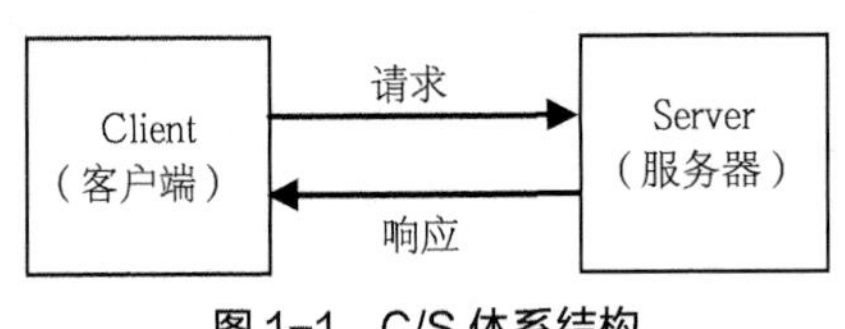

图 1-1　C/S 体系结构

2．B/S 模式

B/S 模式，即 Browser/Server（浏览器/服务器）结构。随着 Internet 技术的发展，以及对 C/S 结构的不断改进，客户端软件便统一为浏览器。在 B/S 结构下，用户通过浏览器来访问服务器端的应用，极少部分的功能在前端（Browser）实现，主要业务逻辑在服务器端（Server）实现，这样就大大降低了客户端电脑的荷载；将系统全部部署在服务器端，系统部署、维护与升级的成本和工作量也大大降低，从而既降低了用户的总体成本，也提高了工作效率。

在 B/S 体系结构系统中，用户通过浏览器向网络上的服务器发出请求，服务器对浏览器的请求进行处理，将用户所需要的信息返回浏览器。B/S 结构程序简化了客户端工作，将大部分工作都放在服务器上完成，这样虽然降低了对客户端电脑的要求，但对服务器端来说，却负担了更多的工作，增大了压力，也使得客户端的计算资源遭到浪费。

B/S 体系结构如图 1-2 所示。

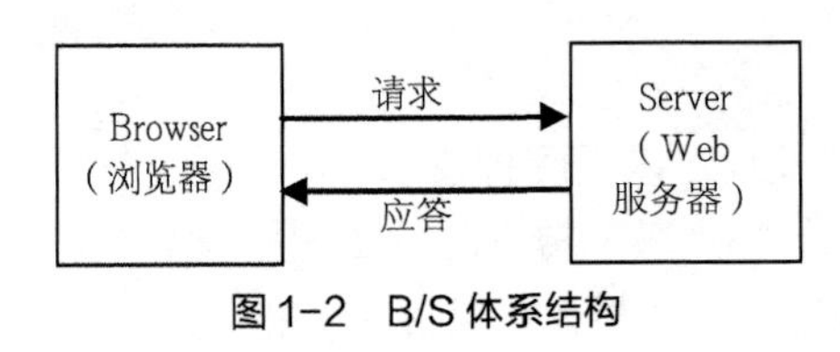

图 1-2　B/S 体系结构

【实施过程】

1．C/S 模式和 B/S 模式在开发维护方面的比较

C/S 模式对不同的客户端需要开发不同的程序，而且应用程序的部署、修改和升级，均需要在所有的客户端上进行，维护成本很高。B/S 客户端只需要通过通用的浏览器进行访问，不需要安装专门的客户端，所有的安装与升级工作都是在服务器上进行，无需在客户端上进行任何工作，因而大大降低了开发和维护成本。

2．C/S 模式和 B/S 模式客户端负载的比较

C/S 模式的客户端具有显示数据与处理数据的功能，负载较重。随着客户端承担的工作越来越多，系统的功能越来越复杂，客户端应用程序也越来越庞大。B/S 模式的客户端把大部分事务处理逻辑都放在了服务器上，客户端只需要进行显示，负载较轻。

3．C/S 模式和 B/S 模式用户界面的比较

C/S 模式的用户界面是由客户端应用程序决定的，用户界面可以有很大差别，甚至不同客户端版本的用户界面也不相同，因此，对客户的培训和使用要求较高。B/S 模式通过通用的浏览器访问服务器程序，浏览器显示的用户界面都是最新版本的，界面显示形式也很统一，从而大大降低了培训和使用要求。

4．C/S 模式和 B/S 模式可移植性的比较

C/S 模式的程序客户端需要针对不同的操作系统进行开发，移植比较困难，不同开发工具开发的应用程序，一般来说互不兼容，难以移植到其他平台上运行。B/S 模式的客户端是通过通用浏览器来显示和使用的，不存在移植性的问题。

5．C/S 模式和 B/S 模式安全性的比较

C/S 模式由于有专用的客户端，并适合大规模和复杂的客户端加密运算，因此，C/S 模式总体上在安全性方面较好，并可用于安全性要求较高的专用应用软件上。B/S 模式则适用于交互性较多，使用人数较多，安全性要求不是很高的应用软件上。

通过对比，我们发现两种开发模式都是网络环境下的开发模式，B/S 相对 C/S 具有更多的优势，因此，当前大量的应用都已经或正在转移到 B/S 应用模式，也使越来越多的软件开发人员投身到 B/S 模式软件研发中。

【案例总结】

通过本案例我们了解了 C/S 模式和 B/S 模式程序的特点和它们各自的优缺点，我们可以根据实际项目的需要选择适合的程序架构，可以是 C/S 模式，也可以是 B/S 模式，或者 C/S 和 B/S 混合模式，从而充分发挥出应用系统最大的应用价值。

1.1.2 案例 2 B/S 模式技术

【设计要求】

了解 B/S 模式的典型技术，熟悉 JSP 技术特点。

【学习目标】

（1）了解 B/S 模式的典型技术，包括：CGI 技术、ASP 技术、PHP 技术、JSP 技术等。

（2）熟悉 JSP 技术的特点和比较优势。

【知识准备】

1．CGI 技术

CGI（通用网关接口）技术是一种古老的服务器端 Web 技术。CGI 程序可以用大多数高级语言来编写，如 C/C++/VC++、Java、C#、Delphi 等，CGI 程序非常灵活，能支持几乎所有的 Web 应用需求。

CGI 程序实现 Web 应用也有很多缺点，其中最大缺点就是执行效率不高，每当有 Web 服务请求关联到 CGI 程序时，CGI 程序就会创建一个完整的新线程，每个这样的新线程，都需要申请它自己的环境变量集等一系列资源来满足 Web 服务请求对资源的需求，当服务器接收到大量的 Web 服务请求并转交给 CGI 程序处理时，系统的软硬件资源很快就会消耗殆尽，从而使得 CGI 程序所运行的服务器负载很重，效率不高。

2．ASP 技术

ASP 技术全称是 Active Server Pages，它是一个常用的 Web 应用程序编写技术，利用它可以编写动态的、交互的、高性能的 Web 服务应用程序。ASP 采用脚本语言 VBScript、JavaScript

等简单易懂的脚本语言作为 Web 应用程序的开发语言，并结合 HTML 代码，可以快速地完成 Web 应用程序的编写。

编写好的 ASP 应用程序无需编译就可以在服务器端直接执行。在代码编写环境方面也无特殊要求，使用普通的文本编辑器，如 Windows 的记事本，就可以进行 ASP 应用程序的编辑和设计。

编写好的 ASP 应用程序在运行时与浏览器无关（Browser Independence），客户端只要使用可执行 HTML 代码的浏览器，就可以浏览 ASP 技术所设计的网页内容。ASP 技术编写的 Web 应用程序均在 Web 服务器的容器内执行，客户端的浏览器不需要执行 ASP 脚本代码，因此，对客户端硬件要求也更低。

结合 ActiveX Server Components（ActiveX 服务器组件）技术，使得 ASP 技术具有无限的可扩展性。可以使用 Visual Basic、Java、Visual C++、Delphi 等程序设计语言来编写所需要的 ActiveX Server Components，从而获得更加丰富的功能。

虽然 ASP 技术简单易用，功能强大，但是 ASP 技术的安全性一直受到人们的质疑，而且 ASP 技术编写的应用系统只能工作在微软公司的操作系统下，所以在大型的电子商务、电子政务、金融系统的应用上受到限制。此外，ASP 技术的代码是 HTML 及 JavaScript 等代码的混合，给应用程序的编写和维护带来不便，特别是对大规模应用程序的编写和维护。

3．PHP 技术

PHP 技术是一种跨平台的 Web 应用程序编写技术。它大量地借用 C、Java 等语言的语法，并结合 PHP 技术自己的特性，使开发者能够快速地使用 PHP 技术构建动态 Web 应用程序。PHP 技术是开源的，并且是完全免费的，可以从 PHP 官方网站（http://www.PHP.net）自由下载 PHP 技术所有的源代码和各种支持资料。

PHP 技术具有很好的跨平台性，使用 PHP 技术开发的 Web 应用程序可以运行在多种平台上，包括微软公司的 IIS 服务器，以及 Linux 系统下的 Apache 服务器等，但在实际应用中，PHP 技术同 Apache 服务器结合得更多。

PHP 技术能够支持包括 Oracle、MySQL、Sybase 等多种数据库，但 PHP 技术与 MySQL 数据库的结合才是当前最流行的搭配。PHP 技术的开源性，使得 PHP 技术被众多公司修改和应用，也正因为此，PHP 技术没有形成一套完整的企业应用解决方案，在开发大型的电子商务、电子政务、金融系统应用方面效率不高是 PHP 的一个弱点。

4．JSP 技术

JSP 是 Java Server Pages 的缩写，它是由 Sun 公司推出的 Web 应用开发技术，Sun 公司借助自己在 Java 上的非凡造诣，将 Java 程序应用范围进行扩展，形成 JSP 技术。JSP 技术可以在 Servlet 技术和 JavaBean 技术的支持下，完成功能强大的 Web 应用程序构建。

JSP 技术是开源的，也是跨平台的，它通过在静态网页（HTML 网页）文件（后缀*.htm 或*.Html）中插入 Java 程序段和 JSP 标记，形成 JSP 文件，后缀名为.jsp，从而将 Java 强大的特性引入到 JSP 技术中。

JSP 因其易学易用、功能强大的特点已经成为当今最流行的 Web 编程技术，它正在被广泛地应用于电子政务、电子商务及各行业的软件中。

【实施过程】

通过对常用的 B/S 模式的典型技术进行对比分析可知，JSP 技术具有如下优势。

1．跨平台，运行高效率

JSP 程序可以在任意平台上进行开发，开发完成后又可以在任意平台上进行部署。JSP 作为Java平台的一部分，拥有Java程序设计语言“一次编写，各处执行”的特点。

JSP程序运行比CGI程序等都要高效，当用户向Web服务器发起请求时，服务器只需简单使用一个新的线程来处理请求，这种方法提高了执行效率。设计良好的Web服务器，还能够使用线程池来控制用于用户请求的线程数量，以实现负载均衡。

2．业务逻辑和显示分离

使用JSP技术后，Web页面开发人员可以使用HTML或者XML代码来设计和格式化最终页面。使用JSP脚本来产生页面上的动态内容，产生内容等业务逻辑被封装在JavaBeans组件中，所有的脚本在服务器端执行，使Web管理人员和页面设计者等人员，能够编辑和使用JSP页面，而不影响内容的产生。这种显示和业务逻辑分类的有利于提高系统的开发效率，降低系统维护难度，同时也有助于作者保护自己的代码。

3．可重用组件提高开发效率

可以使用Java开发很多JavaBeans组件，这些组件都可以被JSP页面使用，开发人员能够积累、共享和交换这些组件，也使得这些组件可以为更多的使用者或者用户团体所使用。基于组件的方法加速了项目总体的开发进程，提高了开发效率。

4．可扩展标签库简化页面开发

JSP中定义了很多的标签，使Web页面开发人员可以非常方便地开发JSP页面。JSP标签中也封装了许多功能，可以很方便地配合JavaBeans组件，快速实现一些功能。此外，也可以开发定制化标签放入标签库，从而扩展JSP的标签库，当前也有很多第三方的JSP标签库供使用，结合自己积累的标签，可建立自己的常用标签库，从而简化页面开发，提高开发效率。

5．支持企业级应用的完整解决方案

JSP技术很容易被整合到多种应用体系结构中，以利用现存的工具和技巧。JSP技术已扩展到能够支持企业级的分布式应用。

作为采用Java技术家族的一部分，以及Java2EE的一个成员，JSP技术能够支持高度复杂的基于Web的应用。由于JSP页面的内置脚本语言是基于Java程序设计语言的，而且所使用的JSP页面都被编译为Servlet，JSP页面就具有Java技术的所有好处，包括“健壮”的存储管理和安全性。

【案例总结】

通过本案例我们了解了B/S模式的典型技术，包括：CGI技术、ASP技术、PHP技术、JSP技术等，并比较和总结了JSP技术具有的特点和优势。JSP技术的优势和广泛应用，使得学习JSP技术具有广阔的就业前景。

1.1.3　案例3　静态和动态网页

【设计要求】

了解什么是Web网页，什么是静态网页，什么是动态网页；比较静态网页和动态网页的异同。

【学习目标】

（1）了解什么是Web网页，什么是静态网页，什么是动态网页。

（2）熟悉静态网页和动态网页的异同。

【知识准备】

1．Web网页

Web网页简单来说就是因特网（Internet）上的一个按照HTML格式组织起来的文件，在显示时以页面的形式出现，其中可包括文字、图片、声音和视频等信息。

Internet 已经得到了广泛的应用，当大家在浏览器上输入网址进入网站之后，第一个看到的 Web 页面就是该网站的主页，主页通常用来作为一个站点的目录或索引，通过主页我们可以进入二级或三级页面，而 Web 网站是一组相关网页的集合。

通过 Internet，我们可以浏览全世界的 Web 网站上的 Web 页面，Web 页面以超文本传输协议（Hyper Text Transfer Protocol，HTTP）为基础协议进行数据传输。Web 网站保存在 Web 服务器中，并以一个个 Web 页面文件的形式储存，而这些页面则采用超文本标记语言（Hyper Text Markup Language，HTML）来对信息进行组织，并通过超级链接将它们链接起来。

2．Web 网页的访问过程

通过笔记本电脑、台式电脑、掌上电脑、手机等各种终端设备可访问 Web 网站，访问 Web 网站时需要有一个 Web 浏览器软件，例如，Microsoft 公司的 Internet Explorer 浏览器、Google 公司的 Chrome 浏览器等。在浏览器的地址栏中输入要访问的 Web 页面的网址，DNS（域名服务器）服务器会把要访问的网址指向 Web 页面所在的服务器，服务器接收到客户的请求后查找用户指定的 Web 页面，如果没有找到该页面，就返回一个错误信息；否则将该页面的内容返回给浏览器，浏览器接收到服务器发送的内容后，便将其显示，从而使用户能够看到 Web 网页。

3．静态页面

静态页面是用 HTML 代码直接编写而成的 Web 页面，静态页面的文件是保存为扩展名为.html 或.htm 的文件。静态页面的内容和外观是固定不变的，它不会考虑谁在访问页面、何时访问页面、如何进入页面、第几次访问页面，以及其他因素，因此，静态页面是在用户访问 Web 页面之前，作者已经用 HTML 代码完全确定了具体内容和外观，不会再发生内容和外观方面的变化的页面。

4．动态页面

随着 Internet 的发展，静态页面已经不能满足人们的需要，人们想从 Internet 上获取更多的信息，期望能够在浏览 Web 页面时看到更为吸引人的页面以及信息。我们访问 Internet 上同一个 Web 站点的同一个页面时，会发现不同的时间访问，页面上呈现的内容不同，当我们再次浏览该页面时，上次访问过的历史信息（我的足迹）会被列出来，甚至是我们可能会感兴趣的信息都会被放到显著的位置。特别是由于电子商务的发展，人们需要更为灵活的、及时的互动 Web 技术，所有的这一切只有动态页面能做到。

动态页面就是指在静态页面的基础上，在网页内含有在服务器端执行的程序代码，当客户端向服务器端提出请求时，程序的代码会先在服务器端执行，然后再将 Web 页面执行的结果传送给浏览器。动态页面的内容会随着代码在服务器上的执行而随时变化。

【实施过程】

我们了解了 Web 网页，并了解静态页面和动态页面的基本特点，接下来我们比较一下静态页面和动态页面的异同，如表 1-1 所示。

表 1-1　静态页面和动态页面的比较

项目	静态页面	动态页面
内容	网页内容固定	网页内容随着服务器代码的执行而变得不固定
后缀	.htm、.html 等	.asp、.aspx、.php、.jsp 等

续表

项目	静态页面	动态页面
优点	无需服务器执行代码，系统运行效率高 网页风格灵活多样	日常维护简单、更改结构方便、交互性能强
缺点	交互性能差、日常维护烦琐	需要服务器端执行代码，占用资源量大
数据库	不支持	支持
相同点	都是通过浏览器访问，并以 HTML 格式显示文本、图片、音频、视频等信息	

【案例总结】

通过本案例我们了解了什么是 Web 页面，了解了静态页面和动态页面的特点，比较了静态页面和动态页面的异同，为我们学习 JSP 技术奠定了一定的基础。

1.2　SunnyBuy 电子商城项目

网络购物是一种新的、发展迅速的消费模式，各类电子商城、网上商店大量存在，电子商城项目应用广泛。作为软件项目开发的学习者，电子商城项目使用的技术较多，可以对所学技术进行充分实践，因此，本课程选用一个典型的电子商城项目——SunnyBuy 电子商城项目作为课程案例，该项目将贯穿本课程学习的始终。

本节要点

- 软件项目开发流程。
- 项目需求分析、系统设计、数据库设计、项目部署方法。
- SunnyBuy 电子商城项目的需求分析、系统设计和数据库设计。
- SunnyBuy 电子商城项目的部署和运行。

1.2.1　案例 4　软件项目开发流程

【设计要求】

熟悉软件项目开发流程。

【学习目标】

（1）了解一般软件项目开发流程。

（2）明确 SunnyBuy 电子商城项目开发过程。

【知识准备】

1．软件开发流程

软件开发流程就是软件设计和实现的一般过程，是包括软件的需求分析、系统设计、代码实现、软件测试和软件部署等在内的一个完整的过程。

2．软件项目开发环节

在软件项目开发流程中，需求分析主要就是全面地理解用户的各项要求，并准确地表达所接受的用户需求，从而使软件功能与客户达成一致，并最终形成需求分析说明书。需求分析过程中需要用到项目调研表和需求变更表等辅助表格。

系统设计主要是根据需求分析阶段所确定的用户需求进行项目的层次结构划分、数据库的结构设计和重点模块的业务流程绘制。系统设计过程中需要完成系统设计说明书、数据库设计说明书和 UI 界面规划设计。

代码实现主要是根据系统设计的结果进行具体的编码工作，为了确保编码的进度，需要制订项目开发计划进度表，并辅以项目开发动态跟踪表。

编码工作进行过程中或者编码工作完成之后，我们可以进行项目测试，在项目测试之前需要编写项目测试计划，在项目测试过程中需要设计测试用例，报告测试问题，最终形成测试报告。

通过测试的软件项目才可以交付客户使用，这就需要进行软件项目的部署，在项目部署之前需要编制部署实施计划，并完成用户使用手册和项目总结报告。

至此，一个软件项目就开发完成了。

软件项目开发的具体流程如图 1-3 所示。

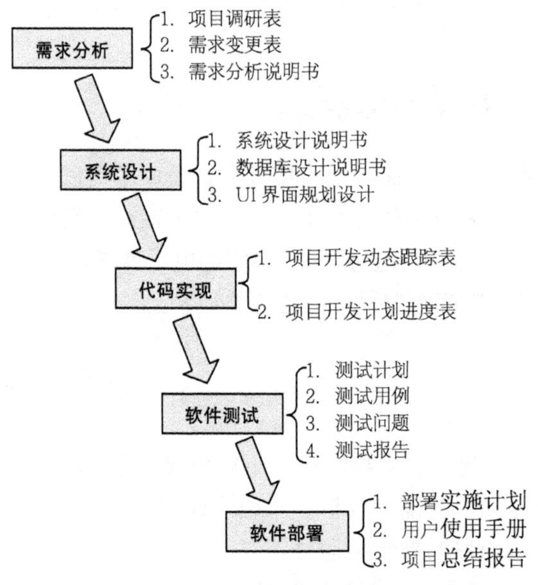

图 1-3　软件项目开发流程

【实施过程】

SunnyBuy 电子商城项目的开发同样需要按照软件项目开发流程进行，第一步是进行需求分析，并形成需求分析说明书——《SunnyBuy 电子商城项目需求分析说明书》；第二步是根据需求分析说明书进行系统设计，形成系统的模块划分方案和 UI 界面设计方案，并完成系统的数据库设计，在系统设计阶段的成果就是形成《SunnyBuy 电子商城项目系统设计说明书》和《SunnyBuy 电子商城项目数据库设计说明书》；第三步是按照系统设计的结果进行代码实现，在代码实现阶段主要包括 UI 界面设计实现和 Java Web 代码实现，代码实现阶段的主要成果就是完整的项目源代码；第四步是进行软件测试，在代码实现过程中以及代码完成之后需要对项目的各个模块和整个项目进行测试，并编制《SunnyBuy 电子商城项目测试报告》；第五步是将完成的项目部署到服务器上，供客户测试和试用。

【案例总结】

通过本案例我们了解了软件项目开发的一般过程，明确了 SunnyBuy 电子商城项目的开发过程和各个阶段需要形成的成果。

1.2.2 案例 5 SunnyBuy 电子商城项目分析与设计

【设计要求】

从软件工程角度对 SunnyBuy 电子商城项目进行分析与设计。

【学习目标】

（1）了解 SunnyBuy 电子商城的需求分析。

（2）了解 SunnyBuy 电子商城的数据库设计。

（3）了解 SunnyBuy 电子商城的系统设计。

【知识准备】

1．项目需求分析

软件项目的需求分析就是明确软件项目需要“做什么”和需要完成什么功能的过程，包括需要输入什么样的数据，进行什么样的运算，要得到什么样的结果，最后应输出什么结果等内容。

一般采用座谈法、问卷法、查资料法、亲身体验法等获取项目的需求。

2．软件项目的系统设计

软件项目的系统设计就是根据项目的需求分析结果对软件项目的模块进行划分、对数据结构进行设计，对模块内部的控制流程进行设计，系统设计包括概要设计和详细设计两个步骤。

3．软件项目的数据库设计

数据库设计是系统设计的一部分，主要是指在需求分析的基础上，在选定的数据库管理系统的基础上，设计适合软件项目需求的数据库结构，以及建立物理数据库。

【实施过程】

按照项目需求分析方法，对 SunnyBuy 电子商城项目的需求分析结果如下。

1．系统前台需求

（1）用户注册和登录

未登录用户只能在系统中查看商品信息，不能进行商品的订购；注册会员登录系统后可以进行查看商品和购物操作。

注册会员登录后还可以修改自己的账号、密码等个人信息；已登录的用户在购物过程中或购物结束后，可以注销自己的账号，以保证账号的安全。

（2）商品展示、搜索和购买

通过商品的分类浏览、商品列表、新品上架、特价商品、搜索功能搜索到的商品入口等，都可以了解商品的基本信息；通过商品详细信息页面可以了解商品的详细情况；如果用户已登录，也可以订购商品，将该商品放入购物车。

（3）购物车/订单

可以在登录系统后将自己需要的商品放入购物车中，在确认购买之前，可以对购物车中的商品进行二次选择。在用户确认购买后，按照商品购买流程，系统会生成购物订单，在“我的宝贝”功能中可以随时查看自己的订单和购物车信息，结过账的商品应从购物车中删除。

（4）在线留言

通过系统提供的留言板功能，可以将自己对网站的服务情况和网站商品信息的意见进行反馈。

（5）通知公告

通过通知公告栏目可以及时了解网站发布的一些公共信息，如打折资讯、新品上架、系统维护公告等。

2．后台管理系统需求

（1）订单管理

可以对订单信息进行处理，包括根据订单情况通知配送人员进行商品配送等。

（2）公告通知

可以对显示在前台的通知公告信息进行增、删、改、查等管理操作。

（3）用户管理

可以对系统注册会员的信息进行维护（如会员账户密码丢失等），同时也可以完成会员信息查询功能。

（4）在线留言

可以对前台留言进行查看、删除、回复等操作。

（5）商品和商品类别管理

可以维护商品信息，也可以新增、修改和删除商品类别信息。

（6）链接管理

可以维护前台页面中显示的友情链接信息。

（7）管理员管理

根据需要添加、修改或删除后台系统的管理员，也可以修改密码等基本信息。

3．对项目进行概要设计和详细设计

在完成需求分析后，需对项目进行概要设计和详细设计，在此处给出 SunnyBuy 电子商城的项目结构图，如图 1-4 所示。

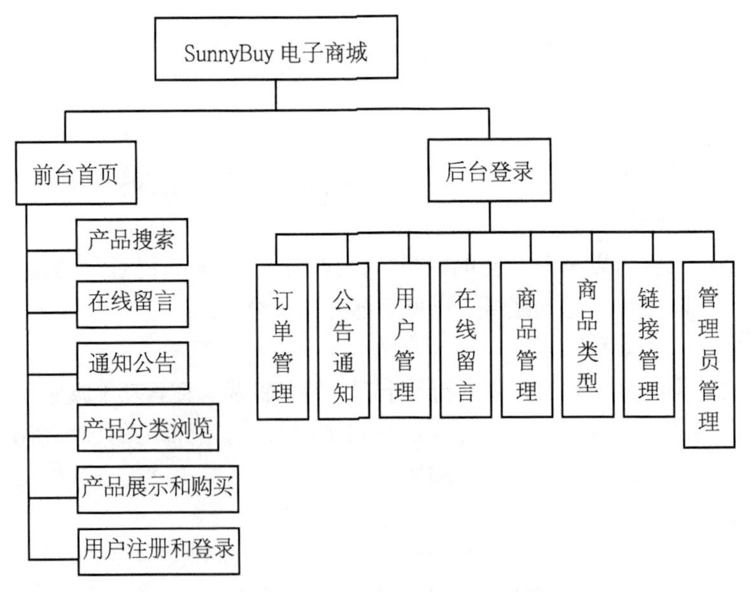

图 1-4　SunnyBuy 电子商城项目结构图

4．保存数据

按照数据库设计的方法，SunnyBuy 电子商城项目的数据库设计结果为如表 1-2~表 1-10 所示的 9 张数据库表。本项目使用 Oracle 数据库保存数据。

表 1-2 商品表

表名	[SHOP_COMMINFO]			
列名	数据类型（精度范围）	空/非空	约束条件	注释
ID	NUMBER(*,0)	非空	主键	编号
NAME	VARCHAR2(50 BYTE)	非空		名称
PRICE	NUMBER(8,2)	非空		单价
STOCK	NUMBER(*,0)			总数量
TYPE	VARCHAR2(200 BYTE)			类型
DESCRIPTION	VARCHAR2(3000 BYTE)			描述
ADDTIME	DATE			上架时间
DISCOUNT	NUMBER(8,2)			折扣
IMAGE	VARCHAR2(50 BYTE)			图片路径
SALESCOUNT	NUMBER(*,0)			售出数量
补充说明	使用触发器实现编号自增			

表 1-3 订单表

表名	[SHOP_COMMORDER]			
列名	数据类型（精度范围）	空/非空	约束条件	注释
ID	NUMBER(*,0)	非空	主键	编号
COMMDITY_ID	NUMBER(*,0)			编号
PRICE	NUMBER(18,2)			单价
COMMODITY_NAME	VARCHAR2(50 BYTE)			名称
PAYMENT_STATUS	VARCHAR2(20 BYTE)			支付状态
ORDER_TIME	DATE			订单时间
ORDER_USER	VARCHAR2(20 BYTE)			订单客户
QUANTITY	NUMBER(*,0)			数量
DISCOUNT	NUMBER(18,2)			折扣
IMAGE	VARCHAR2(200 BYTE)			图片路径
补充说明	使用触发器实现编号自增			

表 1-4 商品类型表

表名	[SHOP_COMMTYPE]			
列名	数据类型（精度范围）	空/非空	约束条件	注释
ID	NUMBER(*,0)	非空	主键	编号
TYPE	VARCHAR2(200 BYTE)	非空		类型
TYPEINFO	VARCHAR2(200 BYTE)			类型信息
补充说明	使用触发器实现编号自增			

表 1-5 管理员表

表名	[SHOP_ADMIN]			
列名	数据类型（精度范围）	空/非空	约束条件	注释
ADMINID	NUMBER (*,0)	非空	主键	管理员编号
ADMINNAME	VARCHAR2(30 BYTE)	非空		管理员姓名
ADMINPASSWORD	VARCHAR2(30 BYTE)	非空		管理员密码
ADMINHEADER	VARCHAR2(50 BYTE)	非空		管理员图像
ADMINPHONE	VARCHAR2(15 BYTE)	非空		管理员手机
ADMINEMAIL	VARCHAR2(40 BYTE)	非空		管理员邮箱
ADDTIME	DATE			添加时间
补充说明	使用触发器实现管理员编号自增			

表 1-6 顾客信息表

表名	[SHOP_CUSTOMER]			
列名	数据类型（精度范围）	空/非空	约束条件	注释
USERID	NUMBER (*,0)	非空	主键	用户编号
USERNAME	VARCHAR2(30 BYTE)	非空		用户名称
USERPASSWORD	VARCHAR2(30 BYTE)	非空		用户密码
USERHEADER	VARCHAR2(80 BYTE)	非空		用户头像
USERPHONE	VARCHAR2(15 BYTE)	非空		用户电话
USERADDRESS	VARCHAR2(500 BYTE)	非空		用户地址
USEREMAIL	VARCHAR2(50 BYTE)	非空		用户邮箱
ADDTIME	DATE	非空		添加时间
补充说明	使用触发器实现顾客编号自增			

表 1-7 友情链接表

表名	[SHOP_LINKS]			
列名	数据类型（精度范围）	空/非空	约束条件	注释
LINKID	NUMBER (*,0)	非空	主键	编号
LINKNAME	VARCHAR2(50 BYTE)	非空		友情链接名称
LINKURL	VARCHAR2(200 BYTE)	非空		链接地址
ADDTIME	DATE	非空		添加时间
补充说明	使用触发器实现编号自增			

表 1-8 **留言信息表**

表名	[SHOP_MESSAGE]			
列名	数据类型（精度范围）	空/非空	约束条件	注释
MESSAGEID	NUMBER (*,0)	非空	主键	编号
USER NAME	VAR CHAR 2(30 BYTE)	非空		用户名称
USER HEADER	VAR CHAR 2(100 BYTE)	非空		用户头像
MESSAGETITLE	VAR CHAR 2(200 BYTE)	非空		信息标题
CONTENT	VAR CHAR 2(5000 BYTE)	非空		信息内容
ADDTIME	DATE	非空		添加时间
补充说明	使用触发器实现编号自增			

表 1-9 **留言回复信息表**

表名	[SHOP_MSGBACK]			
列名	数据类型（精度范围）	空/非空	约束条件	注释
MSGBACKID	NUMBER (*,0)	非空	主键	编号
MESSAGEID	NUMBER (*,0)	非空	外键	留言信息编号
ADMINID	NUMBER (*,0)	非空	外键	回复人编号（管理员）
BACKCONTENT	VAR CHAR 2(2000 BYTE)	非空		回复内容
BACKTIME	DATE	非空		回复时间
补充说明	使用触发器实现编号自增			

表 1-10 **通知公告表**

表名	[SHOP_NOTICE]			
列名	数据类型（精度范围）	空/非空	约束条件	注释
NOTICEID	NUMBER (*,0)	非空	主键	编号
NOTICETITLE	VAR CHAR 2(50 BYTE)	非空		标题
CONTENT	VAR CHAR 2(5000 BYTE)	非空		内容
ADMINNAME	VAR CHAR 2(30 BYTE)	非空		管理员名称
ADDTIME	DATE	非空		添加时间
补充说明	使用触发器实现编号自增			

【案例总结】

开发一个项目，需要经过需求分析、系统设计、数据库设计、编码、测试及部署运行，在此案例中，我们对 SunnyBuy 电子商城进行了需求分析、系统设计和数据库设计。

1.2.3 案例 6 项目部署和运行

【设计要求】

熟悉 Java Web 程序部署的一般步骤和注意事项，完成 SunnyBuy 电子商城项目的部署和运行。

【学习目标】

（1）了解 Java Web 程序部署的一般步骤。

（2）能熟练完成 SunnyBuy 电子商城项目的部署和运行。

【知识准备】

1．Java Web 程序部署的一般步骤

Java Web 程序一般需要部署到 Tomcat 等服务器上运行，其一般步骤如下。

（1）将 Java Web 程序拷贝到 Tomcat 安装目录下的 "webapps" 文件夹中。

（2）将数据库表和初始化数据装载到 Oracle 数据库中。

（3）修改 Java Web 程序中的数据库连接配置文件。

（4）启动 Tomcat 服务器。

2．Java Web 程序部署的注意事项

在将 Java Web 程序部署到 Tomcat 服务器的过程中，需要注意以下几个方面。

（1）启动 Tomcat 服务器，可以在浏览器网址处输入 http://localhost:8080，测试 Tomcat 服务器是否运行正常。

（2）Java Web 程序的数据库表和测试数据需要导入到一个数据库中，可以新建一个新的数据库，也可使用已有数据库。

（3）需要修改以. properties 为扩展名的数据库连接配置文件，主要修改 jdbcurl、userName、password 三个属性。

（4）对复制到 Tomcat 服务器的 Java Web 程序进行修改后，需要重新启动 Tomcat 服务器。

【实施过程】

按照 Java Web 程序部署的一般步骤，SunnyBuy 电子商城项目的部署步骤如下。

（1）解压缩 sunnyBuy.rar 文件。

（2）将 SunnyBuy 文件夹下的 "WebRoot" 文件夹改名为 "sunnyBuy"，并将其复制到计算机硬盘上 Tomcat 安装目录下的 "webapps" 文件夹中。

（3）使用 SQL Developer，连接到 Oracle 的默认数据库 orcl，执行 "sunnyBuy_db. sql" 文件中的数据库脚本，创建数据库表和初始化系统数据。

（4）打开 WEB-INF 文件夹下的 "classes" 子文件下的 "oracle. properties" 文件，修改其中的 jdbcurl、userName、password 信息，代码如下。

```
1    jdbcdriver=oracle. jdbc. driver. OracleDriver
2    jdbcurl=jdbc:oracle:thin:@127. 0. 0. 1:1521:sunnyBuy_DB
3    userName=system
4    password=Sa123456
```

（5）启动 Tomcat 服务器。

（6）在浏览器地址栏中输入 http://localhost:8080/sunnyBuy/，即可进入系统前台首页，首页效果如图 1-5 所示。

图 1-5　SunnyBuy 电子商城首页效果图

（7）浏览器地址栏中输入 http://localhost:8080/sunnyBuy/admin/，输入管理员账号和密码，即可进入后台管理页面，后台登录页面效果如图 1-6 所示。

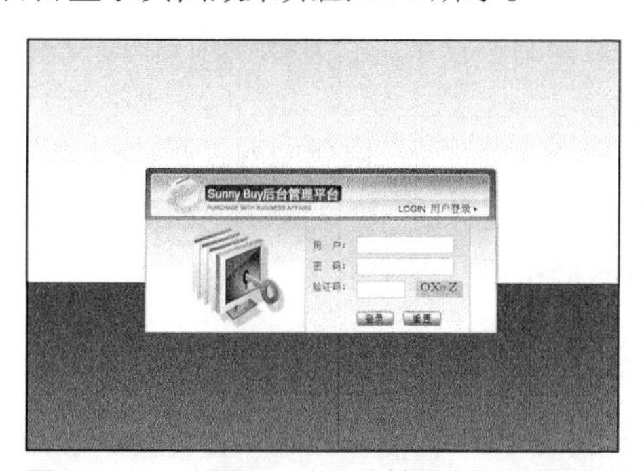

图 1-6　SunnyBuy 电子商城后台登录效果图

【案例总结】

项目部署和运行是软件项目开发的最后一个环节。通过本案例我们了解了 Java Web 程序部署和运行的一般步骤以及相关的注意事项，并通过 SunnyBuy 电子商城项目对部署和运行步骤和方法进行了实践。

1.3　项目开发技术分析

前面已经学习了软件项目开发的基本流程，特别是软件项目开发流程、需求分析、系统设计、数据库设计、部署和运行等环节。软件项目的开发不仅需要从总体上把握开发过程，还需重点关注开发过程中需要使用的主要技术，这一小节我们主要来了解一下 SunnyBuy 电子商城项目开发所需的部分主要技术。

本节要点

➢ SunnyBuy 电子商城项目开发所需的主要技术。

案例 7　项目主要技术分析

【设计要求】

了解使用 Java Web 技术开发 SunnyBuy 电子商城项目所需的主要技术。

【学习目标】

（1）了解 MVC 模式。

（2）了解 JSP 技术。

（3）了解 Servlet 技术。

（4）了解 JavaBean 技术。

（5）了解 JDBC 数据库连接和操作技术。

【知识准备】

1．MVC 模式

MVC（Model View Controller）是模型（Model）、视图（View）、控制器（Controller）的缩写，MVC 是一种软件设计模式，需要在项目开发过程予以遵循。在 MVC 模式中，View 表示用户看到并与之交互的界面，Model 表示数据和业务规则，Controller 则负责接收用户输入的数据，并调用模型和视图去完成用户的请求，因此，Controller 是 Model 和 View 的协调员。使用 MVC 模式的好处就是将业务逻辑和数据显示进行分离，从而使软件项目的耦合度降低，重用性提高，但 MVC 模式结构比较复杂，在开发小项目时并没有优势。

2．JSP 技术

JSP（Java Server Pages）实现了 HTML 语法和 Java 代码的混合编程（以<%, %>形式），有了 Java 代码的加入，极大地扩充了 HTML 页面的功能和应用范围，也使得编写动态网页非常方便。JSP 页面也是在服务器端执行，返回给客户端的也是一个 HTML 文本，因此客户端只要有浏览器就能浏览。

JSP 技术中有一些内置对象可以扩充 JSP 页面的功能，其中包括 request、response、out、session、application、config、page 等，它们在实际项目开发中应用广泛。

3．Servlet 技术

Servlet 是运行在服务器上的 Java 小程序，主要负责处理客户端发送的请求。当客户端发送请求至服务器时，服务器就将请求信息转发至 Servlet，Servlet 接收到请求后进行执行，生成响应内容（主要是 HTML 页面）并将其传给服务器，再转发给客户端，从而实现对客户端请求的响应。

4．JavaBean 技术

JavaBean 是一种使用 Java 代码编写而成的可重用组件。在实际项目开发过程中，数据库访问和一些业务功能可能在很多地方使用，我们就可以使用 JavaBean 技术将这些功能创建成 Bean，在需要的时候直接调用，从而提高代码复用率，提高开发效率。

5．JDBC 数据库连接和操作技术

JDBC（Java Data Base Connectivity）是一种用于执行 SQL 语句的 Java API，其中包括一些实用的类和接口，通过这些类和接口，我们可以很方便地访问和操作多种关系数据库。在实际应用

项目开发中，连接和操作数据库往往不可避免，因此，我们将会经常使用JDBC技术。

【实施过程】

SunnyBuy电子商城项目的开发将会综合应用JSP技术、Servlet技术、JavaBean技术，其中，首页、商品展示页面等各个前台页面的开发使用JSP技术，用户登录、商品购买等业务逻辑处理采用Servlet技术，数据库连接等复用功能使用JavaBean技术做成组件，并采用MVC模式进行开发。项目使用Oracle数据库管理系统存储数据，因此，数据库连接和操作将要使用JDBC技术。

【案例总结】

JSP技术、Servlet技术、JavaBean技术、MVC模式、JDBC数据库连接和操作技术是Java Web程序设计课程的重点内容，也是使用Java技术开发软件项目所需的基本技术和方法，通过本案例有了初步了解之后，我们将在后续章节中逐步学习。

1.4 小　结

本章主要讲解了以下3部分内容。

1. B/S编程技术

包括C/S模式和B/S模式的特点、B/S模式的主要技术、静态网页和动态网页的特点。

2. SunnyBuy电子商城项目

包括软件项目开发流程、项目需求分析、系统设计、数据库设计、部署和运行。

3. 项目开发技术分析

包括JSP技术、Servlet技术、JavaBean技术、MVC模式、JDBC数据库连接和操作技术。

1.5 练一练

一、填空题

1. B/S模式的技术主要包括：CGI技术、________、________、________等。
2. Web页面分为________和________。
3. 软件项目开发的过程包括________、系统设计、________、________、________等。
4. 系统设计包括________和________。
5. 项目需求分析的方法包括________、________、________、________等。
6. 数据库设计的步骤包括________、________和________。

二、简答题

1. C/S模式和B/S模式比较各有什么特点？
2. SunnyBuy电子商城项目的前台、后台需求分别是什么？
3. SunnyBuy电子商城项目为什么选择使用B/S模式更好？
4. 软件项目部署的步骤是什么？

三、操作题

1. 在Internet上找到静态页面和动态页面的例子，并体会、总结其特点。
2. 部署SunnyBuy电子商城项目，测试系统提供的各项功能，特别是前台、后台操作的联动以及后台管理系统的功能。
3. 登录 http://www.taobao.com/，体验淘宝网的购物流程，总结网上购物系统的业务流程，进一步熟悉网上商城系统的需求。

PART 2

第2章 HTML基础

本章要点

- HTML网页的基本结构。
- HTML常用标记的使用方法。
- HTML表格的使用。
- HTML中表单的制作方法。
- HTML中DIV布局与CSS的应用方法。

2.1 HTML文件的基本结构

HTML（Hyper Text Markup Language）是网页超文本标记语言的缩写，是Internet上用于编写网页的主要语言。HTML中每个用来作为标记的符号都可以看作是一条命令，它告诉浏览器应该如何显示文件的内容。

本节要点

➢ HTML基本结构。
➢ HTML的创建、配置和执行方法。

案例1 HTML基本结构

【设计要求】

创建简单HTML网页文件，通过分析了解网页文件的基本结构。

【学习目标】

（1）掌握HTML的创建方法。

（2）掌握HTML文件的基本结构。

【知识准备】

（1）一个完整的HTML文件由标题、段落、表格和文本等各种嵌入的对象组成。这些对象统称为元素，HTML使用标记来分隔并描述这些元素。实际上，整个HTML文件就是由元素与标签组成的。

下面是一个HTML文件的基本结构：

```
<html>
  <head>
    <title>…</title>
  </head>
 <body>
 …
 </body>
</html>
```

从上面的代码可以看出，HTML代码分为3部分，其中各部分含义如下。

<html>…</html>：告诉浏览器 HTML 文件开始和结束的位置，其中包括<head>和<body>标签。HTML 文档中所有的内容都应该在这两个标签之间，一个 HTML 文档总是以<html>开始，以</html>结束的。

<head>…</head>：HTML 文件的头部标签，在其中可以放置页面的标题以及文件信息等内容，通常将这两个标签之间的内容统称为HTML的头部。

<title>…</title>：在HTML语言中，title就是标题的意思，在这两个标签之间的文字就是该网页的名字。

<body>…</body>：用来指明文档的主体区域，网页所要显示的内容都放在这个标签内，其结束标签</body>指明主体区域的结束。

（2）<hn>和</hn>标签。这对标签用来指定网页的子标题。它按字体大小分为 6 级，*n* 分别用1、2、3、4、5、6来表示，也就是说，可以采用以下6种格式。

<h1>子标题内容</h1>

<h2>子标题内容</h2>

<h3>子标题内容</h3>

<h4>子标题内容</h4>

<h5>子标题内容</h5>

<h6>子标题内容</h6>

这里，*n*的值越大，浏览器显示的字体越小。子标题会以不同于正文的方式显示，会以加黑、画线等形式突出显示。子标题长度不限，可以多行。

（3）<a> 标签定义超链接，用于从一个页面链接到另一个页面；<a> 元素最重要的属性是 href 属性，它指示链接的目标，规定链接指向的页面的 URL。

（4）img 元素用于向网页中嵌入一幅图像。注意，从技术上讲，<img> 标签并不会在网页中插入图像，而是从网页上链接图像。<img> 标签创建的是被引用图像的占位空间。

<img> 标签的属性是 src 属性，用于定位图像资源。

（5）<p> 标签定义段落。p 元素会自动在其前后创建一些空白，浏览器会自动填充这些空间，也可以在样式表中规定空白空间的大小。

【实施过程】

HTML是一个以文字为基础的语言，并不需要特殊的开发环境，可以直接在Windows自带的记事本中编写。HTML 文档以.html 为扩展名，将 HTML 源代码输入记事本并保存，可以在浏览器中打开文档以查看其效果，也可以在可视化网页制作软件中编写，如Dreamweaver

软件。使用记事本手工编写 HTML 页面的具体操作步骤如下。

（1）在 Windows 系统下，执行“开始”→“所有程序”→“附件”→“记事本”命令，新建一个记事本，在记事本中输入以下代码：

```
1     <!DOCTYPE html>
2     <html>
3     <head>
4          <title>网页文件基本结构</title>
5     </head>
6     <body>
7       <p> <h1>一幅图像：</h1>
8         <img src=" /images/mouse. jpg" width="128" height="128" />
9       </p>
10       <p> <h2>一幅动画图像：</h2>
11          <img src="/images/donghua. gif" width="50" height="50" />
12       </p>
13       <p>请注意，插入动画图像的语法与插入普通图像的语法没有区别。</p>
14       <p>这是邮件链接：
15       <a href="mailto: someone@microsoft. com?subject=Hello%20again">发
16       送邮件</a>
17       </p>
18       <p>注意：
19    应该使用 %20 来替换单词之间的空格，这样浏览器就可以正确地显示文本了。
20       </p>
21     </body>
22    </html>
```

（2）编写完 HTML 文件后，执行“文件”→“保存”命令，弹出“另存为”对话框。在对话框中选择保存的路径，在“文件名”下拉列表框中输入 simple. html，文件的扩展名为. htm 或.html，如图 2-1 所示。

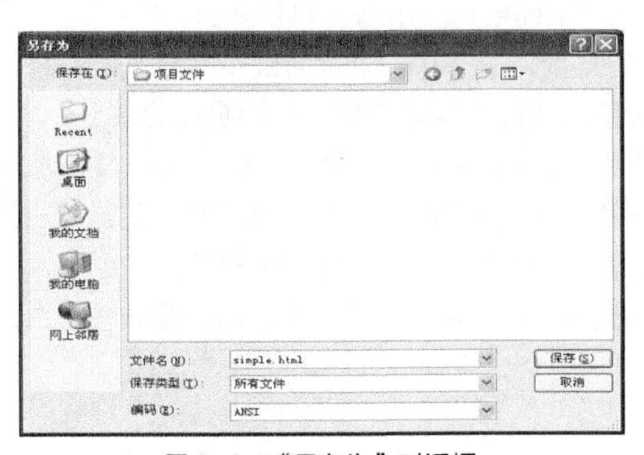

图 2-1 “另存为”对话框

（3）单击“保存”按钮，这时该文本文件就变成了 HTML 文件。在浏览器中浏览，效果如图 2-2 所示。

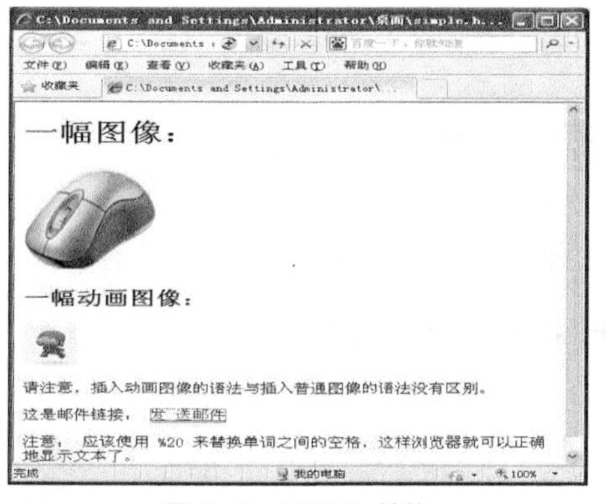

图 2-2　HTML 结构

【案例总结】

（1）创建一个简单的 HTML 网页文件主要会用到几个标签，基本的 HTML 页面从<html>标记开始，以</html>标记结束，其他所有 HTML 代码都位于这两个标记之间。<head>与</head>之间是文档头部分，<body>与</body>之间是文档主体部分。

（2）源代码第 7 行和第 10 行都使用段落标记和网页子标题；第 8 行和第 11 行使用<img>标签在网页文件中添加图片；第 5 行用了<a>标签实现网页文件超链接，完成从一个页面到另一个页面的跳转。

【拓展提高】

拓展问题：如何将一个 HTML 页面变成 JSP 页面？

下面是一个最简单的 HTML 页面：index.html

```
<html>
      <body>
                 你好！
      </body>
</html>
```

只需把这个 HTML 文件另存为 index.jsp，这就成为一个 JSP 文件了。此时运行这个 JSP 文件，还不能看到预期的运行效果“你好”两个字，页面上显示的会是些奇怪的乱码。那是因为正常的 JSP 页面是在<html>前面加上以下这段代码：

```
<%@ page contentType="text/html; charset=UTF-8" %>
```

其中的 charset=UTF-8 用 1~4 个字节编码 UNICODE 字符，用于在网页上可以同一页面显示中文简体繁体及其他语言（如日文，韩文），设置好这样的编码后，页面中的汉字就可以正常显示了。

2.2　常用 HTML 标签

用 HTML 语言编写的页面是普通的文本文档，不含任何与平台和程序相关的信息，它们可以被任何文本编辑器读取。HTML 文档包含两种信息：一是页面本身的文本；二是表示页面元素、结构、格式、表格、表单和其他超文本链接的 HTML 标签。

本节要点

- ➢ HTML 语言的特点和常用标签的使用方法。
- ➢ 表单的作用，掌握表单设计方法。
- ➢ 网页布局标签 DIV 的使用。

2.2.1 案例 2 HTML 表格制作

【设计要求】

创建一个简单 HTML 网页文件，将表格插入网页文件，选择合适的形式在网页中显示表格。

【学习目标】

（1）熟练掌握 HTML 中表格标签的功能。

（2）掌握 HTML 中表格标签的使用技巧。

【知识准备】

1．表格标签

<table></table>：定义表格，表格的所有内容都写在这个标签之内。

<caption></caption>：定义标题，标题会自动出现在整张表格的上方。

<tr></tr>：定义表行。

<th></th>：定义表头，包含在<tr></tr>之间，表头中的文字会自动变成粗体。

<td></td>：定义表元（表格的具体数据），包含在<tr></tr>之间。

2．<table>标签常用的属性

align：表格和表格内容的位置设置。

bordercolor：表格边框的颜色，默认为黑色。

cellpadding：单元格中的内容与单元格边框之间的距离。

cellspacing：单元格边框与周围单元格边框或表格边框之间的距离。

【实施过程】

HTML 页面中表格由 <table> 标签来定义。每个表格均有若干行（由 <tr> 标签定义），每行被分割为若干单元格（由 <td> 标签定义）。字母 td 指表格数据（Table Data），即数据单元格的内容。数据单元格可以包含文本、图片、列表、段落、表单、水平线、表格等。在 HTML 页面中，表格主要用来显示数据，但是有的时候也用来实现复杂的页面布局，因为 HTML 对页面元素的排版基本就是按照元素在文档中出现的先后顺序，从头至尾依次排下来，唯一能控制页面元素位置的只有 Align 属性，而它所能控制的情况只有 3 种：左、中、右，所以仅仅依靠基本的 HTML 几乎是不可能实现的。表格就解决了这个问题，使用表格基本能实现对页面元素在浏览器中随心所欲的排版定位，这部分内容在后面的章节会有介绍。用表格显示数据的具体操作步骤如下。

（1）打开 webapps 目录，在该目录下创建文件夹 chap02（后面的案例直接打开）。

（2）在 chap02 文件夹下新建 HTML 文件 table.htm，代码如下：

```
1   <!DOCTYPE html>
2   <html>
3      <head>
4                  <title>网页中的表格</title>
5      </head>
```

```
6       <body>
7               <table align = "center" bordercolor = "#FF3399"cellpadding="0"
                cellspacing= "5" bgcolor = "#FFFF99" border = "10" width = "300">
8             <caption>表格占页面的 70%</caption>
9         <tr align = "center">
10              <td>序号</td>
11              <td>姓名</td>
12            </tr>
13            <tr align = "center">
14              <td>1</td>
15              <td>张三</td>
16            </tr>
17            <tr align = "center">
18              <td>2</td>
19              <td>李四</td>
20             </tr>
21            </table>
22          </body>
23        </html>
```

第7行中表格属性 cellspacing 设置为"5",显示的结果就是第一个表格的每个单元格之间的距离为5。cellpadding 属性用来指定单元格内容与单元格边界之间的空白距离的大小,上面的代码中单元格之间的距离是0。

(3)打开浏览器,运行程序,效果如图2-3所示。

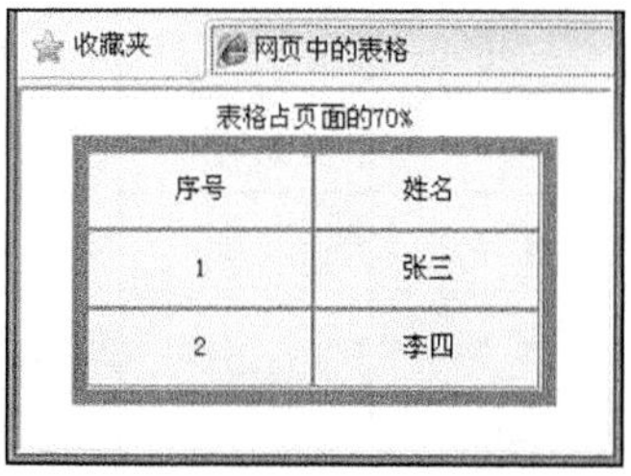

图2-3 HTML 表格

【案例总结】

(1)如果不定义边框属性,表格将不显示边框。有时这很有用,但是大多数时候希望显示边框。使用边框属性来显示一个带有边框的表格,如上例中第7行中 border = "10",就是设置表格边框宽度是10。

(2)表格标题标签的使用,如"<caption>表格占页面的70%</caption>",利用这种方法可以实现表格显示宽度的设置。

(3)表格一般由几部分组成:表格名称、表格栏及表中数据。这与其他软件(如 Word)中所说的表格相同。

2.2.2 案例3 HTML 表单

【设计要求】

在 JSP 编程中会经常需要制作表单,以实现登录、注册等界面的设计。通过创建表单实现 JSP 页面表单制作。

【学习目标】

(1)熟练掌握 HTML 中表单的功能。

(2)掌握 HTML 中表单标签的使用技巧。

【知识准备】

1. 什么是表单

表单是一个包含表单元素的区域。表单元素是允许用户在表单中（例如，文本域、下拉列表、单选框、复选框等）输入信息的元素。

表单使用表单标签（<form>）定义。

```
<form>
…
  input 元素
…
</form>
```

2. 表单的基本标签

（1）表单元素中最基本的标签是<input>标签。该标签可以用来显示输入框和按钮等表单元素，它的属性 type 决定了表单元素的类型。type 的值如表 2-1 所示。

表 2-1　　input 标签常用属性列表

序号	值	描述
1	button	定义可点击按钮（多数情况下，用于通过 JavaScript 启动脚本）
2	checkbox	定义复选框
3	file	定义输入字段和“浏览”按钮，供文件上传
4	hidden	定义隐藏的输入字段
5	image	定义图像形式的提交按钮
6	password	定义密码字段。该字段中的字符被掩码
7	radio	定义单选按钮
8	reset	定义重置按钮。重置按钮会清除表单中的所有数据
9	submit	定义提交按钮。提交按钮会把表单数据发送到服务器
10	text	定义单行的输入字段，用户可在其中输入文本。默认宽度为 20 个字符

（2）textarea 称文本域，又称文本区，即有滚动条的多行文本输入控件，在网页的提交表单中经常用到。与单行文本框 text 控件不同，它不能通过 maxlength 属性来限制字数，为此必须寻求其他方法来加以限制以达到预设的需求。例如：

```
<textarea rows="3" cols="20">
在这本书里，你可以找到你所需要的学习案例。
</textarea>
```

（3）select 元素可创建单选或多选菜单。select 元素中的 <option> 标签用于定义列表中的可用选项，value 属性规定在表单被提交时被发送到服务器的值。<option> 与 </option> 之间的值是浏览器显示在下拉列表中的内容，而 value 属性中的值是表单被提交时被发送到服务器的值。如下例：

```
<select>
  <option value ="volvo">Volvo</option>
  <option value ="saab">Saab</option>
  <option value="opel">Opel</option>
  <option value="audi">Audi</option>
</select>
```

【实施过程】

表单在JSP网页中主要负责数据采集功能。一个表单有3个基本组成部分：表单标签、表单域和表单按钮。表单标签，里面包含了处理表单数据所用 CGI（Common Gateway Interface)，是 HTTP 服务器与程序进行“交谈”的一种工具，其程序须运行在网络服务器上）程序的 URL 以及数据提交到服务器的方法；表单域，包含了文本框、密码框、隐藏域、多行文本框、复选框、单选框、下拉列表框和文件上传框等；表单按钮，包括提交按钮、复位按钮和一般按钮，用于将数据传送到服务器上的 CGI 脚本或者取消输入，还可以用表单按钮来控制其他定义了处理脚本的处理工作。下面主要介绍在 HTML 网页中实现表单的详细步骤。

（1）打开 webapps 中的文件夹 chap02。

（2）新建 HTML 文件 form.html，代码如下所示：

```
1   <!DOCTYPE html>
2   <html>
3    <body>
4        欢迎注册<BR>
5    <form name="input" action="form_action. jsp" method="get">
6        输入账号（文本框）：<input type = "text"><BR>
7        输入密码（密码框）：<input type = "password"><BR>
8        选择性别（单选按钮）：
9        <input type = "radio" name = "sex" checked>男
10           <input type = "radio" name = "sex">女<BR>
11           选择爱好（复选框）：
12           <input type = "checkbox">唱歌
13           <input type = "checkbox">跳舞
14           <input type = "checkbox" checked>打球
15           <input type = "checkbox">打游戏<BR>
16           职业（下拉列表框）：
17         <select>
18           <option value ="student">学生</option>
19           <option value ="teacher">教师</option>
20           <option value="other">其他</option>
21         </select><BR>
22         个人说明（文本域）：<BR>
23         <textarea rows="3" cols="55"></textarea><BR>
```

```
24          <input type = "submit" value = "注册">
25          <input type = "reset" value = "清空">
26       <input type = "button" value = "普通按钮">
27        </form>
28      </body>
29    </html>
```

（3）打开浏览器，运行程序，效果如图 2-4 所示。

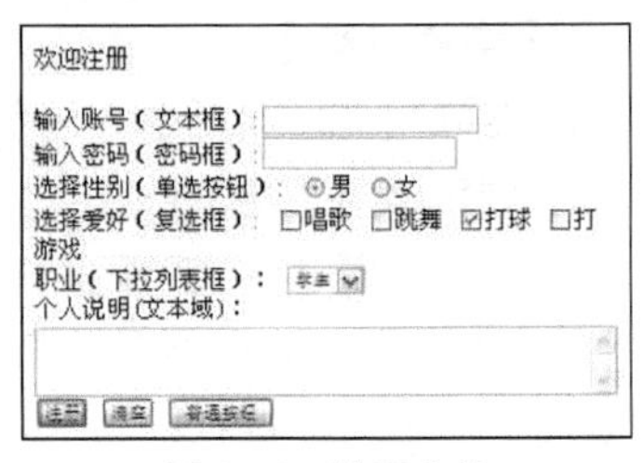

图 2-4　注册表单

【案例总结】

（1）HTML 文件中的 form 是表单区域标签，通常此标签内放置输入框、单选、多选、多行文本框、下拉列表框等表单内容，可以直接插入到 HTML 文件中执行。

（2）<form>表单中的 action 表示表单的数据要提交给哪个应用程序去处理，method 属性可以由 post 和 get 两个值。它们的区别主要表现在：

① post 可以提交内容大于 1kB 的内容，而 get 只能提交 1kB 以内的内容。

② post 可以隐藏提交内容，不在浏览器的地址栏和浏览器缓存中保留，无法刷新网页，而 get 则将在地址栏和浏览器中保留内容，可以刷新网页。所以一般涉及账号密码提交的时候，我们一般采用 post 方式。

【拓展提高】

把案例 3 中的 form 表单提交方式改为“post”，即：

```
<form action="" method="post"> </form>
```

method 的值为 get 时，通过 URL 传送内容与参数，这个时候我们通过网址 URL 能看见自己填写内容并提交处理；method 的值为 post 时，通过类似缓存传送填写内容与参数，而 URL 是不能看到 form 表单填写内容及提交内容。对于 html 表单 form 标签，有了 form 表单及提交方式（get 或 post），才能将数据进行传输给程序处理，否则程序不能接收到将要处理的数据。

2.2.3　案例 4　HTML 文件结构布局

【设计要求】

了解了 HTML 中包含的基本信息，然后开始着手布局了，一般的网站大多采用 CSS+DIV 来布局。本案例将学习怎样用 DIV 布局。

【学习目标】

（1）了解在 HTML 网页文件中 DIV 标签的地位和作用。

（2）掌握在 HTML 网页布局中 DIV 标签的使用技巧。

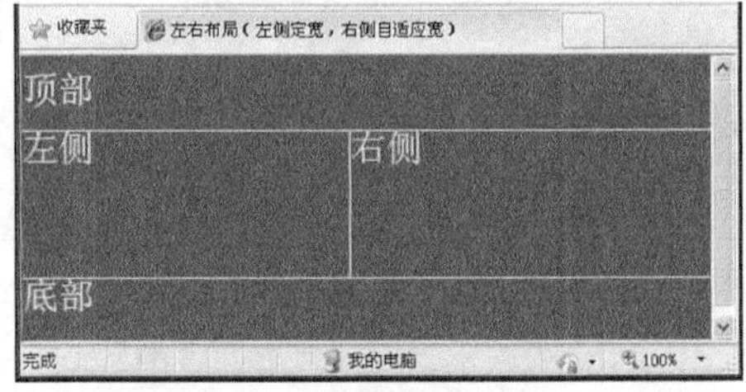

图 2-5　左右布局

【知识准备】

1．左右定宽布局

在 CSS 分别指定了左右两列宽度的情况下，只需要将左边的 DIV 向左浮动{float：left;}，右边的 DIV 向右浮动{float：right;}，并清除浮动，即可实现，如图 2-5 所示。

2．不定宽布局

不定宽布局分为一边不定宽和两边不定宽两种形式。在实际运用中第 2 种情况是不会采用的。我们具体来分析一下一边不定宽的左右布局方法，有以下两种情况。

（1）左边定宽，右边不定宽，左在上，右在下（左边在右边 DIV 之上）。遇到这种情况时，要将两个 DIV 进行左右布局，与左右定宽布局的方法基本相同，只需要将左边的 DIV 向左浮动{float：left;}，并清除浮动，右边的 DIV 就会跟在已浮动的“DIV 左”后面，即已经实现左右两列布局了。

（2）左边定宽，右边不定宽，左在下，右在上。将右边 DIV 写在上方，通常是希望在加载网站内容时先显示右边的内容，这种情况在“左边为菜单，右边是内容”的左右布局中经常用到。

3．在网页中加入 CSS

（1）什么是 CSS

层叠样式表（Cascading Style Sheets，CSS）可以与 HTML 或 XHTML 超文本标记语言配合来定义网页的外观。有时即使懂得一些 HTML 标记，但是还不能随意改变网页元素的外观，无法随心所欲地编排网页。因此，W3C 协会颁布了一套 CSS 语法，用来扩展 HTML 语法的功能。CSS 是网页设计的一个突破，它解决了网页界面排版的难题。可以说，HTML 的标记主要用于定义网页的内容（Content），而 CSS 决定这些网页内容如何显示（Layout）。网页设计通常需要统一网页的整体风格，统一的风格涉及网页文字属性、网页背景色以及链接文字属性等，如果应用 CSS 来控制这些属性，会大大提高网页设计速度，使网页总体效果更加统一。

（2） 如何编写 CSS

CSS 的语句是内嵌在 HTML 文档内的，所以，编写 CSS 的方法和编写 HTML 文档的方法是一样的。可以用任何一种文本编辑工具来编写 CSS。如 Windows 的记事本和写字板、专门的 HTML 编辑工具（FrontPage、Dreamweaver 等），都可以用来编辑 CSS 文档。编写 CSS 样式，可以有以下 3 种方法。

① 外部样式

当样式需要应用于很多页面时，外部样式表将是理想的选择。在使用外部样式表的情况下，可以通过改变一个文件来改变整个站点的外观。每个页面使用<link>标签链接到样式表。<link>标签在（文档的）头部：

```
<head>
<link rel="stylesheet"  type="text/css"  href="path/myCss. css"/>
</head>
```

② 内部样式

当单个文档需要特殊的样式时，就应该使用内部样式表。可以使用<style>标签在文档头部定义内部样式表：

```
<head>
<style type="text/css">
```

样式

```
</style>
```

```
</head>
```

③ 内联样式

当样式仅需要在一个元素上应用一次时，可以用内联样式。使用内联样式时，只需要在相关的标签内使用 style 属性，此属性取值可包含任何 CSS 属性，如：

```
<p style="color:#0000FF; font-size:12px; font-weight:bold">正文</p>
```

由于内联样式要将表现和内容混杂在一起，因此此样式会损失掉样式表的许多优势，请慎用这种方法。

内联样式的优先级最高，其次是内部样式，外部样式的优先级是最低的。

【实施过程】

为更好地理解 DIV 标签的功能，可以通过一个简单的例子来了解一边定宽、左下右上的结构是如何实现左右两列布局的，需要注意的是，DIV 通常和 CSS 样式表配合使用。下面介绍详细步骤。

（1）打开 webapps 中的文件夹 chap02。

（2）在当前目录下创建样式表 layout3.css，键入如下代码：

```
@charset "UTF-8";
/* reset */
1       *,body{
2           margin: 0;
3           padding: 0;
4       }

/* commons */

5       #box{
6           width: 980px;
7           margin: 0 auto;
8           font-size: 13px;
9           font-family: "宋体";
10          color: #1b1b1b;
11      }
12      . header{
13          width: 980px;
14          height: 33px;
15          line-height: 35px;
16          background: url (. . /images/header_bg. gif)  repeat-x;
17      }
18      . header_left{
19          width: 536px;
20          height: 33px;
21          float: left;
```

```
22          padding-left：10px;
23      }
24       . header_right{
25          width：300px;
26          float：right;
27          padding-right：10px;
28          text-align：right;
29      }
30       . clear{
31          clear：both;
32      }
33       . logo{
34          width：980px;
35          height：102px;
36      }
37       . logo_left{
38          width：264px;
39          height：80px;
40          padding-top：22px;
41          padding-left：10px;
42          float：left;
43      }
44       . logo_middle{
45          width：512px;
46          height：102px;
47          float：left;
48      }
49       . nav{
50          width：980px;
51          height：30px;
52          font-size：14px;
53          font-weight：bold;
54          line-height：30px;
55          color：#ffffff;
56          background：url (. . /images/nav_bg. gif) repeat-x;
57      }
58       . nav_left{
59          width：141px;
60          height：30px;
61          float：left;
62      padding-left：45px;
```

```
63        background: url (. . /images/nav_left. gif)  no-repeat 157px 10px;
64        background-color: #a40000;
65       }
66       . nav_right{
67        width: 654px;
68        padding-left: 70px;
69        padding-right: 70px;
70        height: 30px;
71        float: left;
72       }
73       . regist{
74          width: 980px;
75          height: 536px;
76          margin: 10px auto;
77       }
78        . reg-m{
79          width: 945px;
80          height: 30px;
81          line-height: 30px;
82          float: left;
83          font-size: 14px;
84          font-weight: bold;
85          padding-left: 15px;
86          background: url (. . /images/zc-bg. gif)  repeat-x;
87       }
88        . reg-content{
89          width: 978px;
90          height: 504px;
91          border: 1px solid #dcdcdc;
92       }
93        . xinxi{
94          width: 978px;
95          height: 438px;
96       }
97        . xinxi-left{
98          width: 183px;
99          height: 428px;
100         float: left;
101         text-align: right;
102         padding-top: 10px;
103      }
```

```
105      . xinxi-middle{
106         width: 273px;
107         height: 438px;
108         float: left;
109      }
110      . xinxi-right{
111         width: 400px;
112         height: 438px;
113         float: left;
114      }
```

（3）创建JSP文件regist_customer.jsp，代码如下：

```
1       <html>
2       <head>
3           <meta http-equiv="Content-Type" content="text/html; charset=UTF-8" />
4           <title>前台用户注册页面</title>
5           <link rel="stylesheet" type="text/css" href="<%=path%>/css/index.
css"/>
6        </head>
7        <body>
8         <div id="box">
9           <div class="header">
10              <div class="header_left">您好，欢迎光临阳光购物商城; </div>
11              <div class="header_right">我的宝贝 |  在线客服 |  服务中心</div>
12            </div>
13          <div class="clear"></div>
14          <div class="logo">
15          <div class="logo_left"><img src="<%=path%>/images/logo.gif" width=
"186" height="69" /> </div>
16              <div class="logo_middle">
17                <form action="../SearchManyCommInfoServlet">
18                    <p>
19                           <input class="search" value="产品名称 | 关键
字 "/>
20                          <input name="" type="submit" class="tijiao" value="" />
21                    </p>
22                    <h4>搜索关键字：</h4>
23                 </form>
24                    </div>
25              </div>
26            <div class="nav">
27              <div class="nav_left">全部商品分类    </div>
```

```
28                <div class="nav_right">
29                  <ul>   <li>网站首页</li>
30                         <li>打折资讯</li>
31                         <li>商城公告</li>
32                         <li>在线留言</li>
33                         <li>团 购</li>
34                    </ul>
35                  </div>
36               </div>
37             <div class="mianbaoxie">当前位置 > <span>首页</span> > 会员注册
</div>
38             <!--内容开始-->
39            <form>
40             <div class="regist">
41                <div class="reg">
42                 <div class="reg-m">新用户注册</div>
43                </div>
44                <div class="reg-content">
45                 <p><span>请注意，带<label>*</label>号的为必填项</span>
                 提示：如果您已经是阳光购物的用户，请直接 <label>登录>
46                     </label></p>
47              <div class="xinxi">
48                  <div class="xinxi-left">
49                            <ul>  <li>用户名：</li>
50                                <li>密码：</li>
51                                <li>E-mail：</li>
52                                <li>住址：</li>
53                                <li>电话：</li>
54                                <li>头像：</li>
55                                <li class="touxiang">预览：</li>
56                            </ul>
57                   </div>
58               <div class="xinxi-middle">
59                 <ul>
60                  <li><input name="username"/><span>*</span></li>
61                  <li><input name="pwd" /><span>*</span></li>
62                  <li><input name="email" /></li>
63                  <li><input name="address"/><span>*</span></li>
64                  <li><input name="phone" /><span>*</span></li>
65                  <li ><input name="header" </li>
66                    <li id="imgPreview" ><img src="<%=path%>/images/tu.gif"
```

```
name="imgurl"
67                          width="81" height="88"/></li>
68                <li><input name="" checked="checked"/>我已阅读并接受《网站服务协
议》</li>
69                <li class="submit">
70                  <input value="注册" type="submit" />   <input
type="reset" value="重置" />
71                </li>
72                </ul>
73              </div>
74              <div class="kong"></div>
75                <div class="xinxi-right">
76                  <div class="note1"><label>4-20</label>位字符，可由<label>中文
</label>、<label>英文</label>、<label>数字</label>、<label>减号</label>等组成<br />
<label>6-16</label>个字符（区分大小写）</div>
77                  <div class="note2">请输入常住地址<br />请输入常用手机号，将来找回密
码、接订单信息等！</div>
78                </div>
79              </div>
80            </div>
81          </div>
82      </form>
83    </body>
84    </html>
```

（4）打开浏览器，运行程序，效果如图 2-6 所示。

图 2-6 DIV+CSS 布局效果

【案例总结】

（1）将页面设计中的徽标和图片等资源放在指定的路径下，在使用的时候一般采用 path 变量来进行统一定义：String path = request. getContextPath ( )。

（2）该JSP注册页面采用DIV框架布局，分成头部、logo（徽标）、导航和内容4个部分，每个部分又划分成左、中、右3块，如内容信息部分：分成xinxi_left、xinxi_middle、xinxi_right。

（3）在采用DIV布局方法的网页文件中，对不同部分和和方位进行归类和命名，利用该名称来进行样式表的应用，如<div class="header_left">您好，欢迎光临阳光购物商城; </div>，会用到样式表中规定的格式来显示内容：

```
.header_left width: 536px;
     Height: 33px;
     float: left;
     padding-left: 10px;
}
```

（4）<li><input name="" checked="checked"/>我已阅读并接受《网站服务协议》</li>，通过checked属性来设置复选框默认被选中的情况。

2.3 小　结

本章主要介绍了HTML文件构成，主要涉及两个方面：① 文件的结构；② HTML标签，即〈〉所构成的单元。标签含有属性，通过标签可以在页面上产生各种可视元素，包括段落、输入框、表格、表单等，而通过标签的属性产生对这些元素的修饰，如颜色、大小等。IE所支持的CSS规范，大大加强了对标签的属性支持，可以产生非常好的网页效果。

2.4 练一练

一、选择题（单选题）

1. 在HTML中，下面（　）不属于HTML文档的基本组成部分。

A. <STYLE></STYLE>　　B. <BODY><BODY>

C. <HTML></HTML>　　D. <HEAD><HEAD>

2. 在HTML中，下面（　）标签用于定义表的行。

A. <TABLE>　　B. <HR>　　C. <TD>　　D. <TR>

3. 在HTML中，使用（　）标签在网页中创建表单。

A. <INPUT>　　B. <SELECT>　　C. <BOOY>　　D. <FORM>

二、程序设计

1. 参照案例1，通过记事本创建一个简单的HTML页面，要求设置网页背景。

提示：

（1）HTML的文档的基本结构，标签是配对出现的；

（2）设置背景色为bgcolor属性，设置背景图片为background属性。

2. 设计一个网页，实现用户注册信息的提交，包含用户名、密码、昵称、性别、电话、邮箱等信息。

PART 3

第3章 JSP基础

本章要点

- Java Web 开发环境的安装和配置。
- JSP 网页文件的基本构成。
- page 指令和 include 指令的使用。
- include 指令如何实现文件包含。
- forward 动作元素的使用。
- JSP 中对中文字符的处理。

3.1 JSP 开发概述

JSP（Java Server Pages）是由 Sun 公司倡导、多家公司参与，于 1999 年推出的一种动态网页技术标准。它基于 Java Servlet 的 Web 开发技术，利用这一技术可以开发动态的、高性能的 Web 应用程序。在 HTML 文件中加入 Java 程序片段和 JSP 标记，就构成了 JSP 网页。在技术方面，JSP 与 ASP 非常相似。

本节要点

- ➢ JSP 开发环境安装配置，创建第一个简单的程序。
- ➢ 静态网页、动态网页运行机制与特点。
- ➢ Web 服务器、网络数据库基本概念。
- ➢ JSP/ASP/ASP.NET/PHP 技术的区别。
- ➢ C/S 模式的特点、B/S 模式的特点。

3.1.1 案例 1 JSP 开发环境的安装

【设计要求】

完成 JSP 开发环境的安装。

【学习目标】

（1）了解 JSP 开发环境构成和主要开发工具软件。

（2）掌握开发环境安装与配置。

【知识准备】

1. JDK

Java 开发工具包（Java Developer Kit，JDK）是由 Sun 公司提供的 Java 开发工具。开发 JSP 必须使用 JDK 工具包，它包含 Java 编译器、解释器和虚拟机（JVM），为 JSP 页面文件、Servlet 程序提供编译和运行环境——JSP 引擎使用 JDK 提供的编译器，将 Servlet 源代码文件编译为字节码文件，Servlet 引擎使用 JDK 提供的虚拟机（JVM）运行 Servlet 字节码文件。

2. Web 服务器

Web 服务器是 JSP 网页运行的不可缺少的支撑平台，它的主要功能是对客户的请求进行处理和响应。Web 服务器有多种，如 IIS、Apache 和 Tomcat 等

（1）利用 ASP 或 ASP.NET 技术进行 Web 程序开发，采用的是 IIS 服务器。

（2）利用 PHP 技术进行 Web 程序开发，采用的是 Apache 服务器。

（3）利用 JSP 技术进行 Web 程序开发，采用的是 JRE 和相关的应用服务器（如 Apache、Tomcat 等）。

本书选用的 Web 服务器是 Tomcat6.0。

Tomcat 服务器是由 Sun 公司在 JSWDK（Java Server Web Development Kit）的基础上发展而来的一个优秀的 Web 服务器，它是由 JavaSoft 和 Apache 开发团队共同开发的产品。Tomcat 服务器自带 JSP 引擎和 Servlet 引擎。

3. 数据库系统

“数据 + 资源共享”这两种技术结合在一起即成为如今被广泛应用的网络数据库（也称 Web 数据库）。SQL Server、MySQL 和 Oracle 都是网络数据库系统。它们是 Web 程序开发的核心，用来存储用户的各种资源。Oracle 数据库系统是美国 Oracle 公司（甲骨文）提供的以分布式数据库为核心的一组软件产品，是目前最流行的客户/服务器（C/S）或浏览器/服务器（B/S）体系结构的数据库之一。Oracle 数据库是目前世界上使用最为广泛的数据库管理系统，作为一个通用的数据库系统，它具有完整的数据管理功能；作为一个关系数据库，它是一个完备关系的产品；作为分布式数据库，它实现了分布式处理功能。它为 JSP 网页提供了强大的后台数据支持。

4. 动态网页技术

（1）ASP 网页技术是微软公司推出的简单、高效的动态网页开发技术，但是该技术不适合进行大型网站的开发。

（2）ASP.NET 是微软公司在 ASP 技术的基础上进行改进和提高后的新一代 Web 应用开发技术，可进行大型动态网站开发，但是不具备跨平台的特点。

（3）PHP 技术是一种跨平台的服务器端的嵌入式脚本语言，可以快速地开发 Web 应用程序，但是该项技术支持目前还不够系统和完善。

（4）JSP 网页技术是 Sun 公司（目前被 Oracle 收购）推出的具有跨平台运行能力的开源动态网站开发技术，JSP 技术也可以在 Servlet 和 JavaBean 的支持下，完成功能强大的动态网站程序的开发。

5. 开发工具

目前的开发工具有 NetBeans、Eclipse、MyEclipse、JCreator、Dreamweaver 等，本书选用的是以 MyEclipse 作为代码编辑平台。

MyEclipse 企业级工作平台（MyEclipse Enterprise Workbench）是对 EclipseIDE 的扩展，利用它我们可以在数据库和 JavaEE 的开发、发布以及应用程序服务器的整合方面极大地提高工作效率。它拥有功能丰富的 JavaEE 集成开发环境，包括了完备的编码、调试、测试和发布

功能，完整支持HTML、Struts、JSP、CSS、Javascript、Spring、SQL、Hibernate。

【实施过程】

JSP的运行环境是由Java开发工具包、Tomcat服务器和MyEclipse开发平台3个部分组成的，以下是Java Web开发环境的配置步骤。

1．安装配置JDK

（1）下载JDK

JDK是Sun公司免费提供的Java开发工具，最新版是JDK 7，请读者到Sun公司网站下载。下面是下载J2SE版本的JDK工具包网址：

http://www.oracle.com/technetwork/Java/Javase/downloads/index.html，安装文件jdk-7u51-windows-i586.exe（约123.6MB）。

（2）安装JDK

JDK的安装过程很简单，只要正确地按照安装向导一步步进行操作，就可以成功安装JDK（具体过程略）。

（3）配置环境变量

JDK开发工具安装成功后，便是对JDK进行环境变量的设置。或许有的读者会问，为什么要设置环境变量？设置环境变量的目的是什么？这个问题首先还得从环境变量说起，环境变量其实就是由路径和文件名组成的字符串，系统可以通过环境变量提供的路径控制程序的行为。

① 在桌面上选中“我的电脑”，单击鼠标右键，在弹出的菜单中，单击“属性”，如图3-1所示。

图3-1 “我的电脑”属性

② 在弹出的系统属性对话框中，单击“高级”选项卡，然后单击“环境变量”按钮，如图3-2所示。

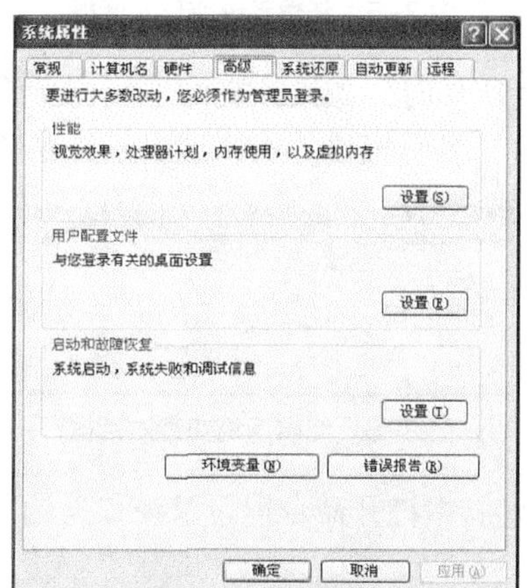

图3-2 系统属性对话框

③ 在弹出的环境变量对话框中，单击“新建”按钮，如图 3-3 所示。

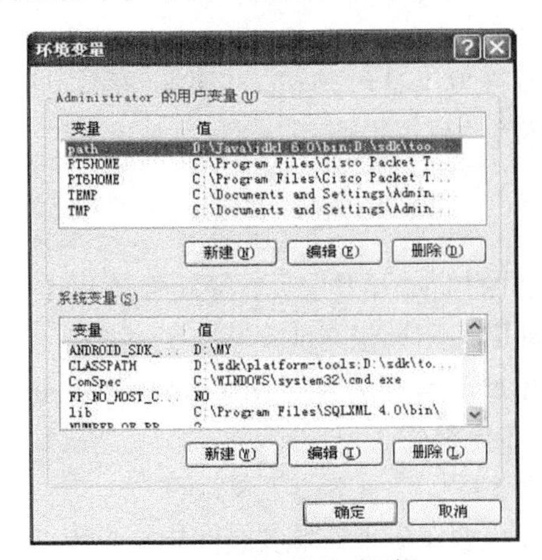

图 3-3　环境变量对话框

④ 单击“新建”按钮，弹出新建用户变量对话框，在这里需要设置 3 个变量，它们分别是：JAVA_HOME、path 和 CLASSPATH。

● JAVA_HOME：在变量名输入框中输入 JAVA_HOME，在变量值输入框中输入 JDK 的安装目录，如图 3-4 所示。

图 3-4　新建系统变量对话框

● CLASSPATH：在设置 JDK 的 CLASSPATH 时会包含一个 jre\lib\rt.jar，Java 查找类时会把这个.jar 文件当作一个目录来进行查找。如图 3-5 所示。

图 3-5　新建系统变量对话框

● path：当执行一个可执行文件时，如果该文件不能在当前路径下找到，则会到 Path 寻找径，如果在 Path 中也找不到，就会报错。新建编辑系统变量对话框，如图 3-6 所示：

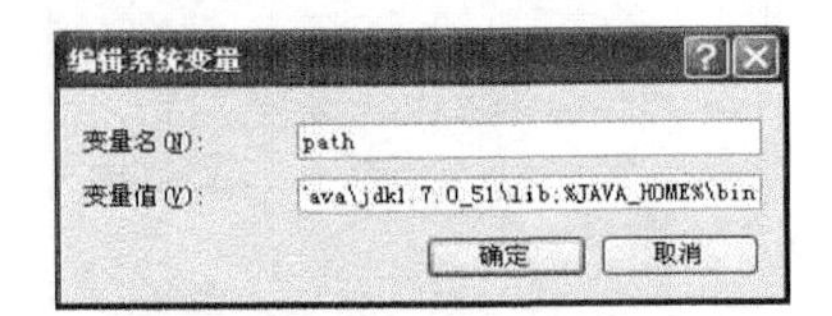

图 3-6　编辑系统变量对话框

⑤ JDK 环境的测试，在电脑中打开命令提示符窗口，输入：javac，如图 3-7 所示，环境变量配置成功。

```
命令提示符
Microsoft Windows XP [版本 5.1.2600]
(C) 版权所有 1985-2001 Microsoft Corp.

C:\Documents and Settings\Administrator>javac
用法: javac <选项> <源文件>
其中, 可能的选项包括:
  -g                         生成所有调试信息
  -g:none                    不生成任何调试信息
  -g:{lines,vars,source}     只生成某些调试信息
  -nowarn                    不生成任何警告
  -verbose                   输出有关编译器正在执行的操作的消息
  -deprecation               输出使用已过时的 API 的源位置
  -classpath <路径>            指定查找用户类文件和注释处理程序的位置
  -cp <路径>                   指定查找用户类文件和注释处理程序的位置
  -sourcepath <路径>           指定查找输入源文件的位置
  -bootclasspath <路径>        覆盖引导类文件的位置
  -extdirs <目录>              覆盖安装的扩展目录的位置
  -endorseddirs <目录>         覆盖签名的标准路径的位置
  -proc:{none,only}          控制是否执行注释处理和/或编译。
  -processor <class1>[,<class2>,<class3>...]要运行的注释处理程序的名称; 绕过默认
的搜索进程
  -processorpath <路径>        指定查找注释处理程序的位置
```

图 3-7　环境变量测试

2．安装配置 Tomcat 6

（1）下载安装 Tomcat6，官网下载网址：http://tomcat.apache.org/，如图 3-8 所示。

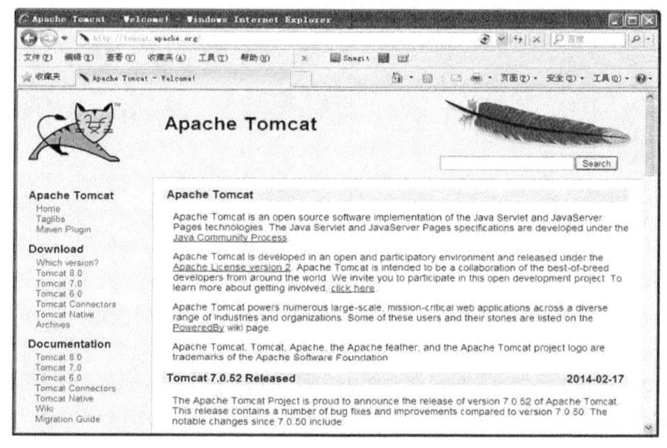

图 3-8　Tomcat 下载页面

（2）下载完成 Tomcat 后就可以安装 Tomcat。安装 Tomcat 时，系统会自动安装 JSP 引擎和 Servlet 引擎（具体安装过程略）。

（3）安装完 Tomcat 后，测试 Tomcat 是否安装成功。打开 IE 浏览器，在地址栏内输入“http://localhost:8080”。其中，“localhost”也可以是“127.0.0.1”表示本地主机，“8080”表示访问的 Tomcat 服务器的端口号。如果显示如图 3-9 所示的页面，表示 Tomcat 安装成功，否则需要重新安装。

图 3-9　Tomcat 服务测试

3．安装 MyEclipse

可以到网络上自行下载 MyEclipse，MyEclipse 不同于 Eclipse，它是一个商业插件，也就是说使用它是需要收费的。要求使用者购买一个 License 来使用正版的 MyEclipse，但是购买前可以免费试用 30 天。安装集成版的 MyEclipse 6.5（最新版本为 2015），安装文件

MyEclipse_6.5.0 GA_E3.3.2_Installer_A.exe 约 440MB（安装过程略）。

4．在 MyEclipse 中配置 Tomcat

安装完成后，在 MyEclipse 中配置 Tomcat，在 MyEclipse 菜单中选择“Preferences”菜单命令打开 Preferences 对话框，在对话框左侧树型目录中依次选择“MyEclipse Enterprise Workbench”“Servers”“Tomcat”“Tomcat 6.x”，然后在对话框右侧面板中选中“Enable”，如图 3-10 所示。

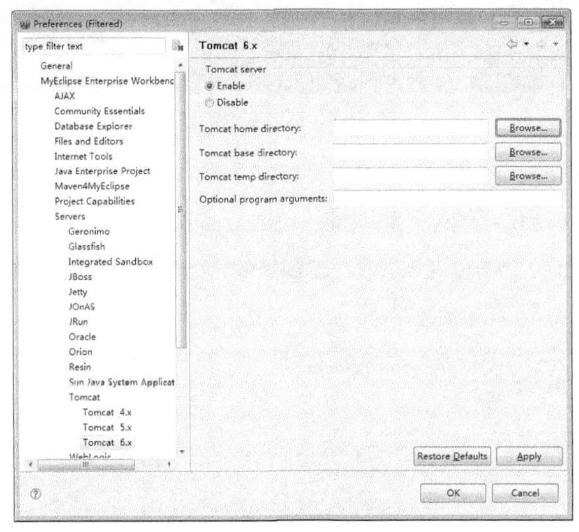

图 3-10　MyEclipse 的 Preferences 对话框

单击 Tomcat home directory 右侧的 Browse 按钮，打开对话框选择 Tomcat 的安装目录，选择结果如图 3-11 所示（假如 Tomcat 安装在“C:\Tomcat 6.0”下）。

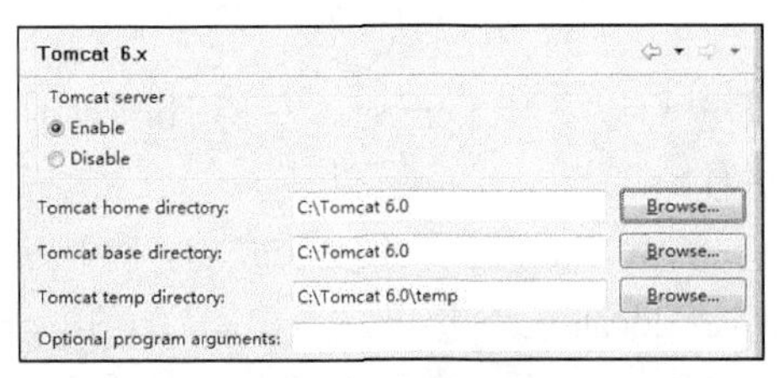

图 3-11　选择结果

5．在 MyEclipse 中启动 Tomcat 服务

在 MyEclipse 工作窗口下端的快速视图区选中 Servers 视图，选中 Tomcat 6.x，并单击视图中“Run Server”工具按钮来启动 Tomcat 服务，如图 3-12 所示。

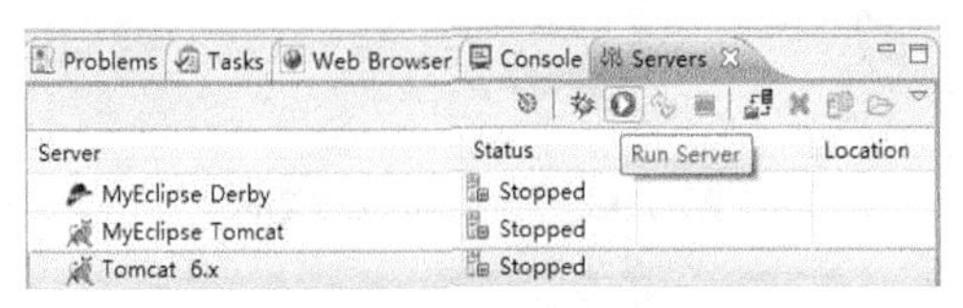

图 3-12　服务器启动

【案例总结】

（1）JDK 的安装关键是对环境变量的配置，关键点是选择 JDK 安装的主机路径，根据路径来进行环境变量的配置。

（2）MyEclipse安装和配置中的关键点是JSP网页发布的方法和Tomcat服务器的配置和启动。

说明：配置环境变量目的有3个：第一，让操作系统自动查找编译器、解释器所在的路径；第二，设置程序编译和执行时需要的类路径；第三，Tomcat服务器安装时需要知道虚拟机所在的路径。

3.1.2 案例2 创建第一个JSP程序

【设计要求】

不使用MyEclipse集成开发环境，直接Tomcat服务器环境下，使用记事本编程完成第一个JSP程序的创建及运行。

【学习目标】

通过手动方式创建和运行第一个JSP应用程序，了解JSP应用程序的基本构成，理解JSP应用程序的执行过程。

【知识准备】

1．启动Tomcat服务

（1）Tomcat 6.0安装之后，一般不用进行特别的配置，便可以启动运行。在操作系统的程序菜单中启动“Monitor Tomcat”程序，任务栏中将出现Tomcat服务管理图标 ，图标中心为红色圆点表示服务是停止状态，在此图标上右击，在弹出的快捷菜单中选择“Start Service”可以启动Tomcat服务，启动成功图标中心会变成绿色三角。

（2）测试Tomcat服务器，在IE中访问http://localhost:8080，如果看到tomcat的欢迎页面说明安装成功了。

2．JSP的执行过程

一个JSP页面可以有多个客户端多次访问，下面是第一个客户端首次访问JSP页面时，JSP页面的执行过程。

（1）客户端通过浏览器向服务器端发送JSP页面请求；

（2）服务器端的JSP容器（如Tomcat）将JSP文件转换成servlet源代码文件（即Java源文件）；

（3）JSP容器将Java源代码编译为相应的字节码文件（即class字节码文件）；

（4）JSP容器加载字节码文件到内存并运行，运行结果以HTML代码形式返回给客户端浏览器。

如果服务器端的JSP页面再次被任意客户端请求，则JSP容器会首先检查JSP页面是否修改，若未修改，则直接转向第4步，否则重复第2步至第4步执行。JSP页面的执行流程如图3-13所示。

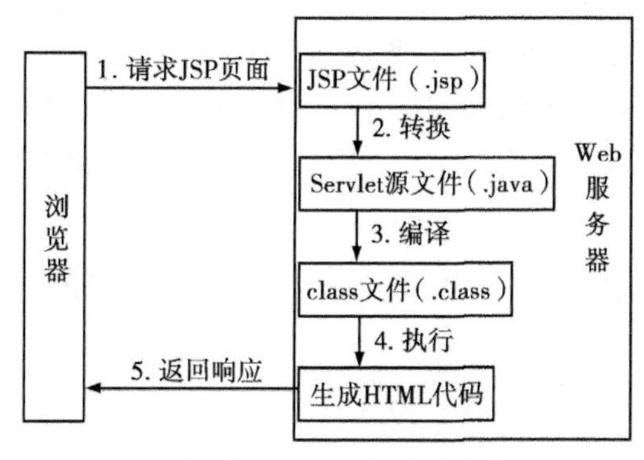

图3-13 JSP程序执行过程

说明：在不修改 JSP 页面的情况下，除了第一个客户访问 JSP 页面需要经过以上几个步骤外，以后访问该 JSP 页面的客户请求，直接被发送给 JSP 对应的字节码程序处理，并将处理结果返回给客户。在这种情况下，JSP 页面既不需转译也不需编译，因此 JSP 页面执行效率非常高。

【实施过程】

（1）在 Tomcat 6.0 安装目录的 webapps 文件夹下新建一个目录，命名为 chap03。

（2）在 chap03 目录下新建一个文件夹 WEB-INF，注意，目录名称是区分大小写的。

（3）WEB-INF 下新建一个文件 web.xml，内容如下：

```
1    <?xml version="1.0" encoding=" UTF-8"?>
2    <web-app>
3        <display-name>My Web Application</display-name>
4        <description>
5            An application for test.
6        </description>
7    </web-app>
```

（4）在 chap03 下新建一个 JSP 页面，文件名为 index.jsp，文件内容如下：

```
1    <html>
2     <body>
3         <center>Now time is: <%=new java.util.Date () %></center>
4     </body>
5    </html>
```

（5）启动 Tomcat 服务。

（6）打开浏览器，在地址栏中输入 http://localhost:8080/chap03/index.jsp，结果如图 3-14 所示。

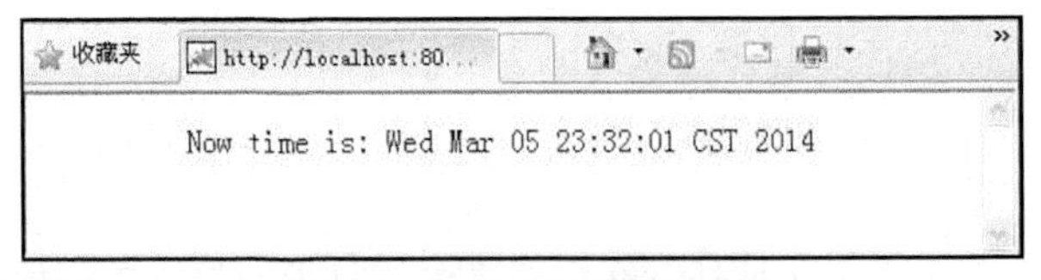

图 3-14　JSP 程序测试

【案例总结】

（1）创建和运行 JSP 程序的要点有 3 个：首先，一个 Web 应用程序应该放在一个独立的文件夹中（如 chap03）；第二，Web 应用程序必须放在 Tomcat 的应用程序目录（即 webapps）中；第三，必须启动 Tomcat 服务，才能在浏览器中请求 JSP 应用程序。

（2）所有文件名、文件夹名都是大小写敏感的，浏览器地址栏中输入的地址也要求大小写敏感。

3.1.3　案例 3　在 MyEclipse 下开发 JSP 程序

【设计要求】

在 MyEclipse 开发环境下开发 JSP 程序。

【学习目标】

掌握通过 MyEclipse 集成开发环境，快速创建、调试和运行 JSP 程序的方法 。

【知识准备】

JSP 开发工具平台有很多，但是企业中使用比较普遍的是 MyEclipse 集成开发工具平台，作为 Eclipse 用于 Java Web 应用开发的第三方插件，MyEclipse 版本更新速度很快，截止本书发稿前，已有 MyEclipse 2015 版本发布。最新的版本固然提供了更加丰富的功能，但同时存在稳定性、使用普遍性、硬件环境要求相对较高等问题。本书以工具够用、性能稳定为原则，选择 MyEclipse 6.5 平台作为案例开发与调试的开发平台版本。

首次启动 MyEclipse 时需要设置工作空间，即选择合适的目录保存项目，如图 3-15 所示。

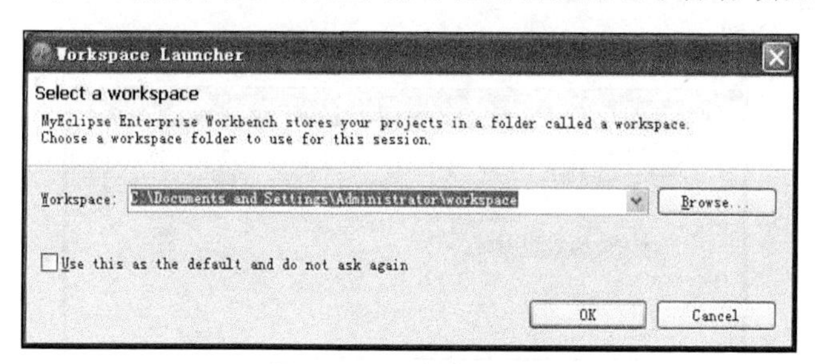

图 3-15 工程目录设置

【实施过程】

(1) 创建 Web Project 项目

通过菜单命令创建 Web Project 项目，如图 3-16 所示。

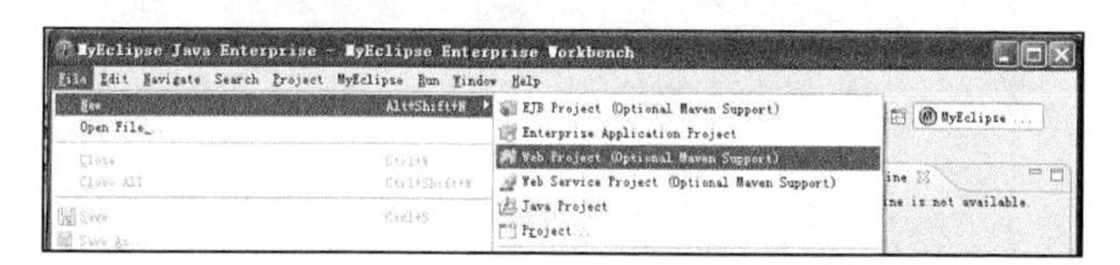

图 3-16 Web 工程创建

也可以使用工具栏按钮创建：单击右侧的箭头，选择 Web Project，打开“New Web Project”对话框，项目名称输入 myfirst，单击“finish”完成项目创建，如图 3-17 所示。

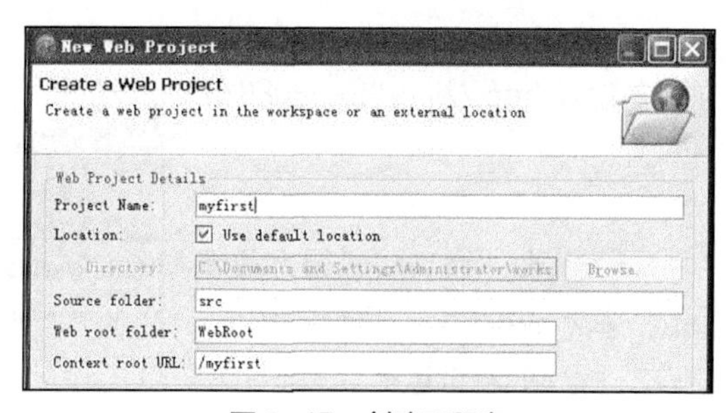

图 3-17 创建工程名

(2) 打开并修改自动生成的 index.jsp 文件

打开项目中的 WebRoot 文件夹下的 index.jsp，按以下代码内容进行修改并保存：

```
1      <html>
2         <head>
```

```
3            <title>My First JSP page</title>
4          </head>
5          <body>
6             <h1><% out.println ("hello world!") ; %></h1>
7             <h2><% out.println ("Welcome to JSP World!") ; %></h2>
8          </body>
9       </html>
```

（3）将项目部署到 Tomcat 服务器中

单击  中的箭头打开如图 3-18 所示，“Manage Deployment”对话框，选择 myfirst 项目，单击“Add”按钮。

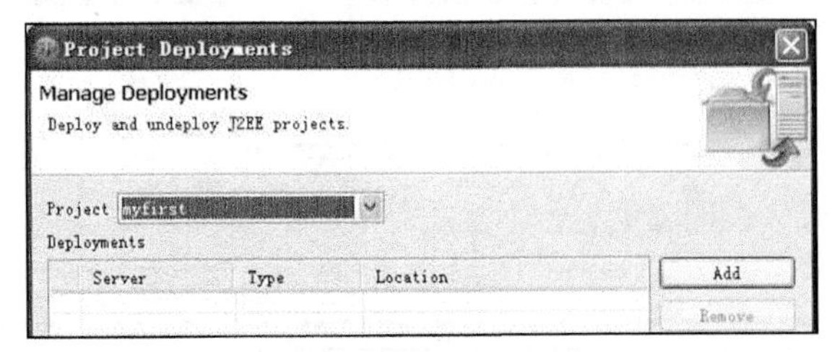

图 3-18　项目部署

这时会出现如图 3-19 所示“New Deployment”对话框，选择“Tomcat 6.x”服务器后确定，项目即成功发布到服务器上。

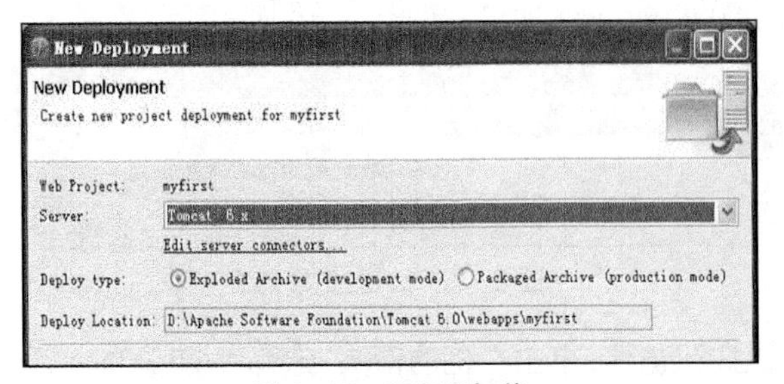

图 3-19　服务器加载

（4）测试运行

打开浏览器，在地址栏中输入 http://localhost:8080/myfirst/index.jsp，运行结果如图 3-20 所示。

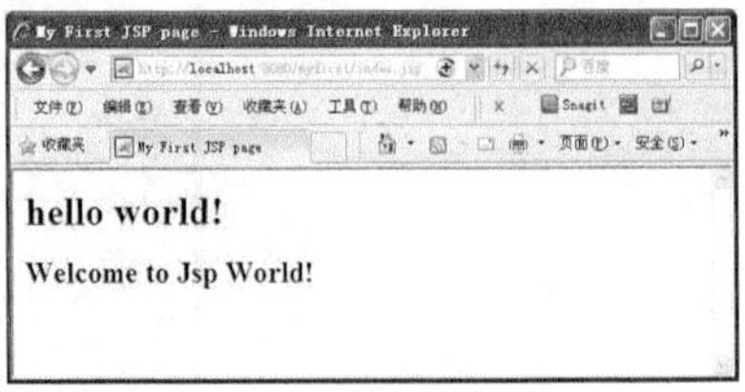

图 3-20　index.jsp 运行结果

【案例总结】

（1）通过 MyEclipse 集成开发工具平台，可以很方便地运行项目的创建、编辑、调试，基本流程包括：项目的创建、程序的编辑修改，项目的部署、程序的测试运行。

（2）index.jsp 程序在执行时，首先被支持 JSP 的容器（如 Tomcat 或 Resin）进行预编译，生成一个标准的 Java 程序 index_jsp.Java，这个 Java 程序在 Tomcat 的“work\Catalina\localhost\myfirst\org\apache\jsp”目录下，分析该 Java 程序的源码可以看出，该类中有一个方法_jspService()，在该方法的方法体中我们可以看到 index.jsp 文件内容的影子。这个方法就是 JSP 容器首先要执行的方法，程序执行的结果以 HTML 的格式返回给浏览器进行显示。

3.2 JSP 注释与脚本元素

在前面已经学习了 JSP 开发环境的搭建以及简单 JSP 网页文件的创建方法，JSP 网页还包含很多其他的元素，如注释、脚本元素的添加等，本节将以案例的形式来说明这些元素的使用方法以及这些元素的功能。

本节要点

- JSP 页面的执行过程。
- JSP 页面的各种构成元素。
- 3 种脚本元素的语法。
- 3 种脚本元素的作用。

3.2.1 案例 4 JSP 网页内容结构的认识

【设计要求】

通过简单的 JSP 网页文件的开发，了解 JSP 网页文件的基本内容结构。

【学习目标】

（1）掌握 JSP 网页文件基本结构。

（2）掌握 JSP 声明、JSP 脚本片段和 JSP 表达式 3 种元素的使用方法。

【知识准备】

1．JSP 页面的基本结构

在传统的 HTML 页面文件中加入 Java 程序片段和 JSP 标签就构成了一个 JSP 页面文件。一个 JSP 页面可由 6 种元素组合而成，如图 3-21 所示。

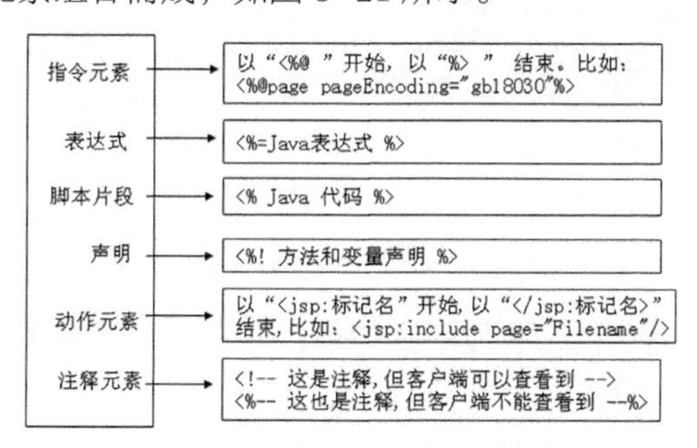

图 3-21　JSP 页面构成

当服务器上的一个 JSP 页面被第一次请求执行时，服务器上的 JSP 引擎首先将 JSP 页面翻译成一个 Java 文件，再将这个 Java 文件编译成字节码文件，然后通过执行字节码文件响应客户的请求。这个字节码文件的任务如下。

（1）把 JSP 页面中普通的 HTML 标记符号交给客户的浏览器执行显示。

（2）JSP 标签、数据和方法声明、Java 程序片由服务器执行，将需要显示的结果发送给客户的浏览器。

（3）Java 表达式由服务器负责计算，并将结果转化为字符串，然后交给客户的浏览器显示。

2．JSP 的注释

注释可以增强 JSP 文件的可读性，并易于进行 JSP 文件的维护。JSP 中的注释可分为以下两种。

（1）HTML 注释：在标记符号“<!- -”和“- ->”之间加入要注释的内容。JSP 引擎把HTML 注释交给客户，因此客户通过浏览器查看 JSP 的源文件时可以看到 HTML 注释。

（2）JSP 注释：在标记符号“<%- -”和“- -%>”之间加入要注释的内容。JSP 引擎会忽略 JSP 注释，即在编译 JSP 页面时忽略 JSP 注释。客户通过浏览器查看 JSP 的源文件时看不到 JSP 注释。

说明：① 无论 HTML 注释还是 JSP 注释都不会在页面中显示；

② HTML 注释中嵌入的动态代码也会被执行。

【实施过程】

（1）在案例 1 中搭建的开发平台上新建一个工程，命名为 chap03。

（2）在 chap03 工程下创建 JSP 文件 Notes.jsp，代码如下：

```
1   <%@page contentType="text/html"%>
2   <%@page pageEncoding="UTF-8"%>
3   <html>
4   <head><title>励志-奋斗篇</title></head>
5   <body>
6          <h2>只有启程，才会到达理想的目的地---HTML</h2>
7          <script language="JavaScript">
8          document.write("<h2>只有拼搏，才会获得辉煌的成功---JS</h2>");
9          </script>
10          <%
11          out.println("<h2>只有奋斗，才能品味幸福的人生---Java</h2>");
12          %>
13         <!-- 这是 HTML 注释：<%=new java.util.Date().toLocaleString()%> -->
14         <%-- JSP 注释 --%>
15   </body>
16   </html>
```

其中，第 6 行是以标题 2 的形式显示一句话；第 7～9 行是一段 JavaScript 脚本；第 10～12 行是 Java 脚本片段。

（3）测试运行，打开浏览器，在地址栏输入 http://localhost:8080/chap03/Notes.jsp,效果如图 3-22 所示。

图 3-22　JSP 注释

【案例总结】

（1）JSP 页面出现乱码的解决方法。

在页头加上：<%@ page contentType="text/ html; charset=UTF-8"%>。

（2）本案例中属于静态内容的代码如下：

```
<h2>只有启程，才会到达理想的目的地---HTML</h2>。
<script language="JavaScript">
              document.write("<h2>只有拼搏，才会获得辉煌的成功---JS</h2>");
</script>
```

（3）本案例中属于动态内容的代码如下：

```
<%
out.println ("<h2>只有奋斗，才能品味幸福的人生---Java</h2>") ;
        %>
```

（4）所有的 JSP 脚本程序都必须用“<%”和“%>”括起来，可以用 out 对象的 println 方法输出信息，输出语句可以用双引号括起来。

【拓展提高】

在应用程序文件夹下，创建 test1.jsp 文件，把下面的代码复制到 JSP 文件中。

```
1    <%! int a=0; %>
2    <%
3       int b=0;
4       a++;
5       b++;
6    %>
7    <h1>a=<%= a %> </h1><br>
8    <h1>b=<%= b %></h1>
```

运行，多次刷新页面，查看当浏览器访问该 JSP 网页时的输出结果是什么。

3.2.2 案例 5 JSP 脚本元素的使用

【设计要求】

创建一个简单的 JSP 文件，在其中实现 JSP 脚本元素中声明、脚本片段、表达式的运用。

【学习目标】

（1）了解 JSP 脚本元素的特点。

（2）掌握 JSP 脚本元素的使用技巧。

【知识准备】

1．JSP 声明

（1）JSP 声明的格式：<%! 变量声明或方法声明 %>。

（2）声明变量或方法的使用：声明的变量或方法可以在“JSP 脚本片段”或“JSP 表达式”中使用。可以声明用于在其他脚本元素中使用的变量和方法，JSP 容器会将其转换为 Servlet 类的成员变量和成员方法。

2．JSP 脚本片段：<% Java 脚本片段 %>

脚本片段是一段在客户端发送请求时先被服务器执行的Java代码，将被转换为_JSPService（ ）方法中的相应代码，_JSPService（ ）方法由 JSP 容器自动调用，例如：

```
1  <body>
2    <%
3      if  (Math.random () < 0.5)    {
4    %>
5  <B>美好的</B> 一天!
6    <%
7       } else {
```

```
8     %>
9   <B>糟糕的</B>一天!
10     <% } %>
11    </body>
```

它可以产生输出，并把输出发送到客户的输出流，同时也可以是一段流程控制语句。

3．JSP 输出表达式：<%= 表达式 %>

将表达式的值输出到客户端，将被转换为_JSPService（ ）方法中的输出语句。

说明：要使修改后的 JSP 页面有效，必须重新启动服务器，以便重新加载修改后的 JSP 页面。

【实施过程】

（1）打开案例 4 中创建的项目 chap03。

（2）在项目 chap03 的 WebRoot 文件夹下创建 JSP 文件 declaration.jsp，其核心代码如下：

```
1      <%@ page contentType="text/html; charset=UTF-8" %>
2      <%@ page import="java.io.*,java.util.*"%>
3      <html>
4      <head>
5         <title>JSP</title>
6      </head>
7      <%!
8         Date d=new Date () ;
9         String s="Hello";
10        String s2="Nice to meet you";
11      %>
12      <body>
13      <%
14         out.print (s+"你好"+"<br>") ;
15         out.print (d) ;
16         out.print ("<br>") ;
17      %>
18      <%=s2%>
19      </body>
20      </html>
```

第 8～10 行是数据声明。第 14～16 行是 Java 程序段。第 18 行是表达式。

（3）测试运行，打开浏览器，在地址栏输入 http://localhost:8080/chap03/declaration.jsp，运行后效果如图 3-23 所示。

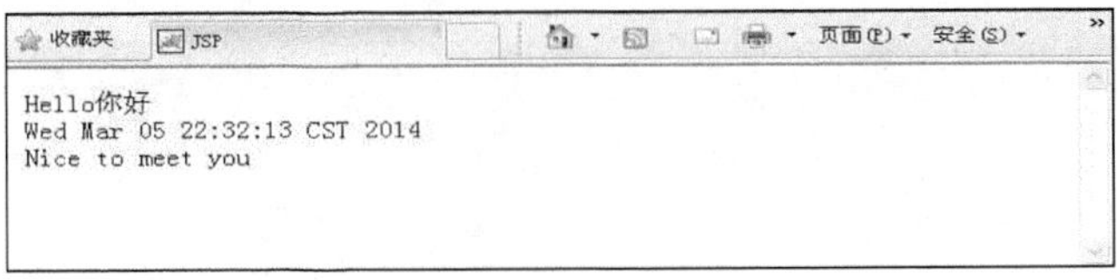

收藏夹 JSP 页面(P) 安全(S)

Hello你好
Wed Mar 05 22:32:13 CST 2014
Nice to meet you

图 3-23 脚本元素

【案例总结】

（1）在JSP文件中声明方法或变量时，请注意以下的一些规则。

① 声明必须以“;”结尾（Scriptlet有同样的规则，但是表达式不同）。

② 一个声明仅在一个页面中有效。如果你想每个页面都用到一些声明，最好把它们写成一个单独的文件，然后用<%@ include %>指令或<jsp:include>元素将其包含进来。

（2）脚本片段在使用时应注意以下几个问题。

① 一个逻辑结构完整的Java程序段可以分为若干个<% %>脚本片段，脚本片段之间可以插入静态元素，但脚本片段中不能再插入脚本片段。

② <% %>内只能是合法的Java代码，而HTML标签、文本等不能直接放在其中。如下表达式就是错误的：

```
<% <h2>成功是优点的发挥</h2>%>
<% 失败是缺点的累积 %>
```

③ 脚本片段与表达式语法格式的区别，其中脚本片段中的语句必须以分号“;”结尾，如`<% out.println("成功是优点的发挥"); %>`，JSP表达式则不能以分号结尾，如<%=str %>。

（3）在JSP中使用表达式时请记住以下两点。

① 不能直接使用分号（“;”）来作为表达式的结束符；

② 表达式也能作为其他JSP元素的属性值，表达式可以很复杂，由一个或多个表达式组成，但这些表达式的顺序是从左到右。

3.2.3 案例6 JSP网页文字颜色的改变

【设计要求】

实现JSP网页中文字颜色的改变。

【学习目标】

掌握运用声明改变网页文字颜色的方法。

【知识准备】

（1）在一个JSP页面中可以有多个脚本片断，每个脚本片断代码嵌套在各自独立的一对<% 和 %>之间，在两个或多个脚本片断之间可以嵌入文本、HTML标记和其他JSP元素。如下例：

```
1    <%
2     int x = 3;
3    %>
4    <p>这是一个HTML段落</p>
5    <%
6      out.println(x);
7    %>
```

（2）单个脚本片断中的Java语句可以是不完整的，但是，多个脚本片断组合后的结果必须是完整的Java语句，例如，涉及条件和循环处理时，多个脚本片断及其他元素组合的结果必须能形成完整的条件和循环控制语句。

（3）在HTML中设置文本颜色的方法如下。

```
<p style="color:red"> 这段文字是红色</p>
<font color="blue">这段文字是蓝色</font>
```

（4）声明一个方法，随机返回红、绿、蓝、黑 4 种颜色值。

```
1     <%@page contentType="text/html" pageEncoding="UTF-8"%>
2     <%!
3        String getColor () {
4        int n= (int)  (Math.random () *4) ;
5        switch (n) {
6           case 0:return "black";
7           case 1:return "red";
8           case 2:return "blue";
9        }
10       return "green";
11      }
12    %>
```

（5）将文本颜色设置为动态代码，如下：

```
1    <html>
2       <head>
3         <title>随机颜色</title>
4       </head>
5       <body>
6          <p style="color:<%=getColor () ,%>">
7             这段文字是随机变化的
8          </p>
9          <font color="<%=getColor () %>">
10            这段文字是是随机变化的
11          </font>
12      </body>
13   </html>
```

其中，第 6 行代码包含了 JSP 表达式，在这里的作用是调用 getColor ( ) 方法获取随机颜色。

【实施过程】

通过 JSP 声明的方式来改变 JSP 网页文字颜色，下面介绍该方法的详细步骤。

（1）打开案例 4 中创建的项目 chap03。

（2）在项目 chap03 的 webRoot 文件夹下创建 JSP 文件 changeColor.jsp，代码如下：

```
1    <%@page contentType="text/html" pageEncoding="UTF-8"%>
2    <%!
3       String getColor () {
4       int n= (int)  (Math.random () *4) ;
5         switch (n) {
```

```
6          case 0:return "black";
7          case 1:return "red";
8          case 2:return "blue";
9          }
10       return "green";
11       }
12   %>
13   <html>
14         <head><title>随机颜色</title></head>
15         <body>
16           <p style="color:<%=getColor () %>">
17              这段文字是随机变化的
18           </p>
19         <font color="<%=getColor () %>">
20           这段文字是是随机变化的
21         </font>
22       </body>
23   </html>
```

（3）测试运行，打开浏览器，在地址栏输入 http://localhost:8080/chap03/changColor.jsp，运行效果如图 3-24 所示。

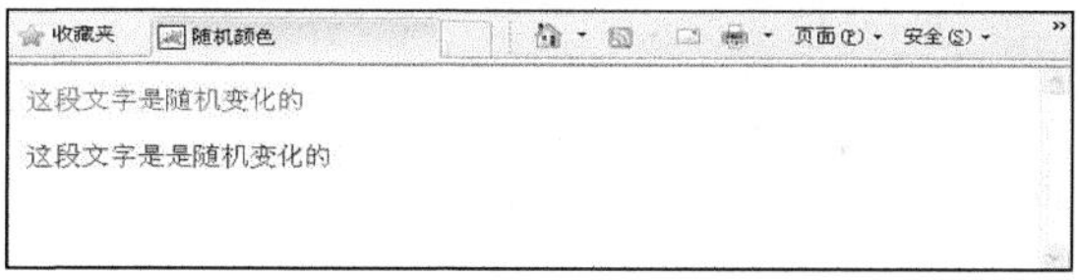

图 3-24　网页文字颜色改变

【案例总结】

（1）_JSPService（）方法中，脚本片段之外的任何文本、HTML 标记以及其他 JSP 元素也都会被转换成相应的 Java 程序代码插入其中，且脚本片段和其他 JSP 元素的插入位置与它们在 JSP 页面中的原始位置相对应。

（2）在脚本片段中可以使用条件、循环、选择等流程控制语句来创建其周围的其他元素的执行逻辑，因此，在编写 JSP 页面时，应考虑各个元素之间的先后顺序和相互关系，特别是要考虑到将循环、条件判断等语句分布在若干个脚本片段中编写时对其邻近的其他 JSP 元素产生的影响。

3.3　JSP 指令与动作元素

指令（Directives）是从 JSP 页面发送到容器上的一种信息，用于指导容器的执行动作，为转换阶段提供整个 JSP 页面的相关信息，不产生任何输出。JSP 中的指令包括：page、include 等。

本节要点

- JSP 各种指令元素的基本作用。
- page 指令的常用属性设置。
- include 指令的应用技巧。

3.3.1 案例 7 page 指令和 include 指令的应用

【设计要求】

通过简单案例的设计，实现 page 指令和 include 指令的灵活应用。

【学习目标】

学习在 JSP 文件中使用 page 指令和 include 指令的方法。

【知识准备】

（1）JSP 指令元素概述

指令的作用是为转换阶段提供整个 JSP 页面的相关信息，不产生任何输出。一般格式：<%@ 指令名 {属性="属性值"}* %>，例：

```
<%@ page contentType="text/html;charset=UTF-8" language="Java"%>
```

主要指令名有：page、include、taglib，本节主要介绍 page、include 两种指令。

（2）page 指令的功能

它是描述和页面相关的指示信息，并把这些信息告知 JSP 容器（Tomcat）。作用范围是整个页面，为了 JSP 程序的可读性，一般放在 JSP 文件的开始。

page 指令通过属性设置 JSP 页面信息。如 language（脚本语言）、contentType（MIME 类型与字符集类型）、pageEncoding（字符集）、import（引入 Java 类）、isELIgnored（是否执行 EL 表达式）、errorPage、isErrorPage（异常页设置）。

下面是 page 指令常用属性说明。

① 文档类型及字符集

contentType="text/html;charset=UTF-8"指定页面使用的 MIME 类型和字符集类型，此属性必须放在文件的顶部，放在任何一个其他字符出现之前。

pageEncoding="UTF-8"设置页面使用的字符集，如果没有设定这个属性，JSP 使用 contentType 设定的字符集，如果两个都没设定，则使用"ISO-8859-1"。

② 引入类属性

import="importList" 引入在网页中使用的 Java 类。属性值是以“,”号分隔的导入列表。如：

```
<%@ page language="Java" contentType="text/html;charset=UTF-8"%>
<%@ page import="Java.util.*,Java.text.*"%>
```

上例中的 page 指令也可替换成如下形式：

```
<%@page contentType="text/html" pageEncoding="gb18030"%>
<%@page import="Java.util.*"%>
<%@page import="Java.text.*"%>
```

（3）include 指令

在 JSP 页面中静态包含一个文件，该文件可以是 JSP 页面、HTML 网页、文本文件或一段 Java 代码。使用了 include 指令的 JSP 页面在转换时，JSP 容器会在其中插入所包含文件的文本或代码，同时解析这个文件中的 JSP 语句，从而方便地实现代码的重用，提高代码的使用效率。

语法格式：<%@include file="relativeURL"%>

例：<%@include file="date.jsp"%>

说明：被插入的文件要求满足以下条件。

① 被插入的文件必须与当前 JSP 页面在同一 Web 服务目录下。

② 被插入的文件与当前 JSP 页面合并后的 JSP 页面必须符合 JSP 语法规则。

【实施过程】

（1）打开案例 4 中创建的项目 chap03。

（2）在当前工程下创建使用 include 指令的 JSP 文件 index.jsp，此文件在转换为 Java 文件之前，会先把 date.jsp 文件内容包含到本文件中。

```
1  <%@ page contentType="text/html;charset=UTF-8"%>
2  <html>
3    <head><title>include 指令的用法</title></head>
4    <body>
5      <font color="blue">
6   当前的日期是：<%@ include file="date.jsp" %>
7      </font>
8    </body>
9  </html>
```

（3）编写使用 page 指令的 JSP 文件 date.jsp，此文件实现了当前日期的获取与输出，它将被包含到主文件 index.jsp 中运行。

```
1  <%@ page import="Java.util.*,Java.text.*"%>
2  <%
3      Date date=new Date () ;
4      SimpleDateFormat sdf=new SimpleDateFormat ("yyyy-MM-dd") ;
5  %>
6  <%=sdf.format (date) %>
```

（4）测试运行，打开浏览器，在地址栏输入 http://localhost:8080/chap03/index.jsp，运行效果如图 3-25 所示。

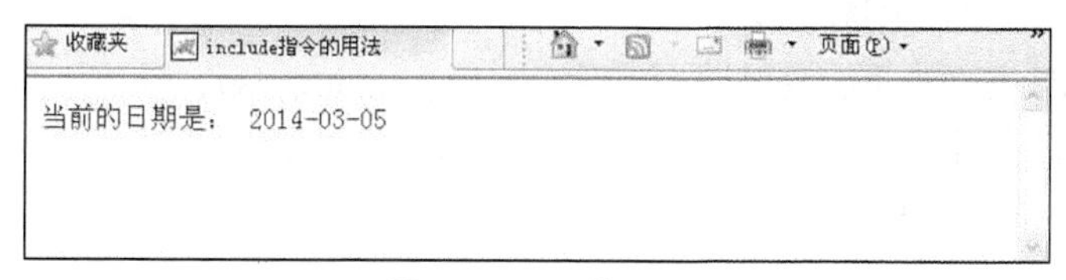

图 3-25　系统日期

【案例总结】

（1）在一个 JSP 页面中，page 指令可以出现多次，但是指令中的属性只能出现一次。

（2）只有 import 属性可重复地进行增量设置。

（3）page 指令作用于整个页面，与其书写的位置无关，但习惯把 page 指令写在 JSP 页面的最前面。

（4）include 的主要优点是功能强大，所包含的代码可以含有总体上影响主页面的 JSP 构

造，如属性、方法的定义和文档类型的设定。它的缺点是难于维护，只要被包含的页面发生更改，就得更改主页面，这是因为主页面不会自动地查看被包含的页面是否发生更改。

说明：

① 在被包含的文件中最好不使用 HTML 结构标签，如<html> </html>、<body> </body>等，可能会影响原 JSP 文件中同样标签的使用，有时会导致错误。

② 在包含文件时，避免在被包含文件中定义同名的变量和方法，以免产生冲突，导致结果错误。

3.3.2 案例 8 include 动作元素完成文件包含

【设计要求】

创建一个 JSP 网页文件，利用 include 动作元素完成 JSP 文件的包含。

【学习目标】

学习在 JSP 文件中使用<jsp:include>动作的方法。

【知识准备】

1．文件包含机制

在一个 Web 应用中，当多个 JSP 页面需要包含相同的内容时，可以把相同的部分单独放到一个文件中，其他 JSP 页面都包含这个文件。

2．使用文件包含的原因

使用文件包含可以提高程序的可重用性和可维护性，如网页上的 Logo、导航、底部的版权声明信息。

3．实现文件包含的方法

（1）include 指令：当 JSP 转换成 Servlet 时引入指定文件。

（2）<jsp:include>动作元素：当 JSP 页面被请求时引入指定文件。

4．include 指令与动作元素的区别

include 指令是转换前包含，即源代码包含。<jsp:include>动作是运行时包含，即运行结果包含。

【实施过程】

（1）打开案例 4 中创建的项目 chap03，在 chap03 下创建 include、images 两个文件夹。

（2）将 top.jpg 文件复制到 images 文件夹中。

（3）在 include 文件夹下创建被包含文件 header.jsp、logo.jsp、foot.jsp。

（4）在 chap03 文件夹下创建使用了 include 指令或动作元素的文件 index.jsp。

① header.jsp 核心代码如下：

```
1  <body>
2     <div id="box">
3     <div class="header">
4      <div class="header_left">
5        您好，欢迎光临阳光购物商城    
6        <span>登录 | 注册</span>
7      </div>
```

```
8       <div class="header_right">
9          我的宝贝|在线客服 |服务中心
10           </div>
11       </div>
12       <div class="clear"></div>
13    </body>
```

② logo.jsp 核心代码如下：

```
1    <div class="logo">
2      <div class="logo_left">
3         <img src="<%=path%>/images/logo.gif" width="186" height="69" />
4       </div>
5       <div class="logo_middle">
6         <form action="../SearchManyCommInfoServlet">
7        <p>
8           <input class="search" type="text" value="产品名称 | 关键字"/>
9           <input name="" type="submit" class="tijiao" value="" />
10    </p>
11          <h4>搜索关键字：</h4>
12        </form>
13   </div>
```

③ foot.jsp 核心代码如下：

```
1    <div class="copyright">
2     <p class="friendlink">
3          关于阳光购物|联系我们|聘英才|商家入驻|友情链接|法律声明|用户体验提升计划
4     </p>
5     <p class="banquan">
6          CopyRight 2002-2013, 《Java Web程序设计》教材编写组版权所有。
7     </p>
8   </div>
```

④ index.jsp 包含文件：header.jsp、foot.jsp、logo.jsp，代码如下：

```
1    <body>
2       <center>
3            <table width="82%" height="300" >
4              <tr><td><JSP:include page="header.jsp" flush="true"/></td></tr>
5              <tr><td height= "200">
6                   <jsp:include page="logo.jsp" flush="true" />
7              </td></tr>
8              <tr><td bgcolor= "#ccccff">
9                  <jsp:include page="foot.jsp" flush="true" /></td></tr>
```

```
10            </table>
11        </center>
12  </body>
```

（5）测试，打开浏览器，在地址栏输入 http://localhost:8080/chap03/index.jsp，运行效果如图 3-26 所示。

图 3-26　include 指令的运用

【案例总结】

（1）从本案例中可以学习到 JSP 文件包含的实现方法和实施步骤。

（2）把 index.jsp 中的<%@ include="header.jsp"%>替换成<jsp:include page="header.jsp"/>从运行效果上相同，但是<%@ include%>指令是在编译（转换）的时候使用，<jsp:include>在运行的时候起作用。这两种方法如何选择使用：① 如果导入的内容每次都执行的话，应该使用<%@ include%>；② 如果导入的内容是在特定的条件下才执行，就应该使用<jsp:include>。例如，如果在登录之后要么转向 success.jsp，要么转向 index.jsp，在程序中就应该用<jsp:include>来实现。

【拓展提高】

我们在编程时经常希望用到 include 包含页面的方式：

```
<%@include file=" " flush="true"  %>
```

利用上面的格式来实现包含公共的模板，以及公共的 JSP 程序。但却会遇到问题，即当被包含的文件中，含有<%@ page contenttype="text/html;charset=UTF-8">标签时，编译时提示“不能出现多个 contenttype”；当没有<%@ page contenttype="text/html;charset=UTF-8">标签时，却经常出现被包含文件的乱码问题。

在此，我们提出以下两种解决方案。

1．采用<%@ page pageEncoding="UTF-8"%>的方法

（1）pageEncoding 是设置 JSP 编译成 Servlet 时使用的编码，contentType="text/html; charset=UTF-8"是发送到客户端的编码。当我们设定了多个 contentType 时，就会出现多次向客户端发送编码请求的方式，从而出现“不能出现多个 contentType”的错误。采用 pageencoding 的方式恰好可以避免这种问题。

（2）在应用中需要包含的页面，用<%@ page contenttype="text/html;charset=UTF-8">，在被包含的页面中，用<%@ page pageEncoding="UTF-8"%>。

2．采用<jsp:include page=" " flush="true"/>的方法

<jsp:include page=" " flush="true"/>，即 include 动作元素，我们在本章案例 7 中介绍了 include 指令的用法，现在我们首先了解一下 include 指令与 include 动作元素的差异。

（1）include 指令的格式：<%@include file=" " %>，include 动作元素的格式：

```
<jsp:include page=" " flush="true"/>;
```

（2）include 指令是将包含的文件源代码合并到当前页，然后转换成一个 Servlet，作为一个整体执行，include 动作元素是分别将包含文件和被包含的文件编译成不同的 servlet，被包含的文件在包含请求时执行；

（3）include 指令在包含资源时按照相对于当前文件的路径来查找资源，资源的内容在 include 指令位置被包含进来，成为一个整体，被转换为 Servlet 源文件，而 include 动作元素是按照相对于当前页面的路径来查找资源，当前页面与被包含的资源是两个独立的个体，当前页面将请求发送给被包含的资源，被包含的资源对请求进行处理，并将处理的结果作为当前页的对请求响应的一部分发送到客户端；

（4）include 指令除了可以包含 JSP 页面以外，还可包含 HTML、文本文件，include 动作元素不能包含 HTML 和文本文件，但可以包含对 Servlet 的请求（关于 Servlet 我们将在第 7 章介绍）。

因此，<jsp:include page=" " flush="true"/>的方法，将被包含文件编译成 Servlet，引用只是引用 Servlet 类。在文件中采用<%@ page contentType="text/html;charset=UTF-8">设置文档类型和字符集，采用<jsp:include page=" " flush="true"/>方式包含其他页面。

3.3.3 案例 9 forward 动作元素的使用

【设计要求】

创建一个 JSP 网页文件，利用 forward 动作元素完成 JSP 文件的请求转发。

【学习目标】

了解在 JSP 文件中使用<jsp: forward>动作的方法。

【知识准备】

1. <jsp:forward>动作元素

<jsp:forward>操作允许将请求转发到其他 HTML 文件、JSP 文件或者程序段。通常请求被转发后会停止当前 JSP 文件的执行。Page 属性用来指明请求转发的目标地址。

例如，修改案例 8 中 index.jsp 文件：将 include 动作元素改为 forward 动作元素，然后测试 index.jsp 网页，观察运行结果。

```
<jsp:include page="/util/main.jsp" flush="true"/>
<jsp:forward page="/util/main.jsp"/>
```

结果分析：JSP 容器的响应结果是 head.jsp 的内容，不是 index.jsp 本身的内容。

2. <jsp:param>动作元素

< jsp:param>动作元素被用来以“name=value”的形式为其他元素提供附加信息，通常会和< jsp:include>、< jsp:forward>、< jsp:plugin>等元素一起使用。

【实施过程】

（1）打开案例 4 中创建的项目 chap03，在 chap03 下创建 JSPparam2.jsp、userinfo.jsp 两个文件。

（2）编写 JSPparam2.jsp 文件和 userinfo.jsp 文件，具体代码内容如下：

① JSPparam2.jsp 代码如下：

```
1   <%@ page contentType="text/html;charset=UTF-8" %>
2   <html>
3   <body>
```

```
4   <P> 转向 userInfo :
5   <!-- 使用 JSP:forward 动作元素转向另一个 JSP 页面，使用 JSP:param 动作元素传递参
数   -->
6   <jsp:forward page="userinfo.jsp">
7   <jsp:param name="username" value="jack"/>
8   <jsp:param name="age" value="27"/>
9   </jsp:forward>
10  </body>
11  </html>
```

② userinfo.jsp 代码如下：

```
1    <%@ page contentType="text/html;charset=UTF-8" %>
2    <html>
3       <head>
4           <title>用户信息</title>
5       </head>
6       <body>
7          <P>用户信息如下:
8          <br>
9       <%
10          String username=request.getParameter ("username") ; //获取用户名
11           String age=request.getParameter ("age") ;  //获取用户年龄
12       %>
13       <!-- 输出参数值 -->
14       <%=" 用户名为: "+username%>
15       <br>
16       <%=" 用户年龄为: "+age%>
17      </body>
18   </html>
```

在浏览器地址栏中输入 http://localhost:8080/JSPtest/JSPaction/JSPparam2.jsp ，显示结果如图 3-27 所示。

图 3-27　JSPparam2.jsp 运行结果

【案例总结】

（1）当<jsp:param>与<jsp:forward> 动作元素一起使用时，可以实现在跳转页面的同时向转向的页面传递参数的功能。

（2）本例是一个使用<jsp:forward >动作元素结合<jsp:param>动作元素的示例，实现了从一个 JSP 页面跳转到另一个 JSP 页面，同时传递了参数的功能。

3.4　小　结

本章首先介绍了 JSP 动态网页运行环境的搭建和服务器的配置，主要阐述了 JSP 网页文件

构成，主要涉及3个方面：① 文件的结构；② 文件注释方法；③ 指令的特点和使用方法。有以下几点需要特别注意。

（1） <%%>不能嵌套使用，例如，

```
<%
String a="Welcome";
<%=a%>
%>
```

就会出现错误。

（2）在<%%>之间不能插入HTML语言，例如：

```
<%
<p>Welcome</p>
%>
```

就会出现错误。

（3）JSP标签都要成对使用（新手很容易犯这个错误，要特别留意）。

（4）标签的每个属性的值要用""引用。

例如：<jsp:include page="welcome.jsp"/>

（5）UTF-8用1~4个字节编码UNICODE字符，用在网页上可以在同一页面显示中文简体繁体及其他语言（如日文、韩文）。

3.5 练一练

一、选择题（单选题）

1. 在JSP中，要定义一个方法，需要用到以下（　）元素。

A. <%= %>　B. <% %>　C. <%! %>　D. < />

2. 在JSP中，page指令的（　）属性用来引入需要的包或类。

A. extends　B. import　C. languge　D. package

3. 要设置某个JSP页面为错误处理页面，以下page指令正确的是（　）。

A. <%@ page errorPage="true"%>

B. <%@ page isErrorPage="true"%>

C. <%@ page extends="Javax.servlet.jsp.jspErrorPage"%>

D. <%@ page info="error"%>

二、简答题

1. JSP有哪些指令？作用分别是什么？

2. JSP中动态include与静态include的区别有哪些？

三、程序设计

1. 编写一个jsp页面top.jsp，其中包含一个图像；编写另一个jsp页面main.jsp,要求使用include指令将top.jsp页面包含进来，并且包含简单的文本信息。

2. 编写一个jsp页面，使用脚本片段产生一个随机整数，根据该整数是奇数还是偶数，使用<jsp:forward/>动作元素跳转到不同的页面。

PART 4

第4章 JSP内置对象

本章要点

- out对象的使用。
- request对象的使用。
- HTML响应机制。
- response对象的使用。
- session对象的使用。
- application对象的使用。
- cookie对象与内置对象拾遗。

4.1 out对象

JSP文件总是被先编译成Java类，访问JSP时，容器将实例化JSP类，调用其中的_JSPService方法。在该方法中创建了pageContext、session、application等变量并初始化。因此，在JSP中可以直接使用这些对象而无需声明。这些对象被称为内置对象，本章将对这些对象进行介绍。

本节要点

- out对象的作用。
- out对象常用方法的使用。

案例1 out对象的使用

【设计要求】

使用out对象的各种方法，在浏览器中输出各种数据信息。

【学习目标】

（1）理解out对象的作用。

（2）掌握out对象的使用方法。

【知识准备】

1．out对象

out对象是JSP内置对象之一，是一个输出流，用来向客户端输出数据，可用于各种数据的输出。

2. out 对象的常用方法

out 对象的常用方法如表 4-1 所示。

表 4-1 out 对象常用方法

序　号	方 法 名	功　能
1	print ( )	输出各种类型数据
2	println ( )	输出各种类型数据并换行
3	newLine ( )	输出一个换行符
4	close ( )	关闭输出流
5	flush ( )	输出缓冲区里的数据
6	clearBuffer ( )	清除缓冲区里的数据，并把数据写到客户端
7	clear ( )	清除缓冲区里的数据，但不写到客户端
8	getBufferSize ( )	获得缓冲区的大小
9	getRemainning ( )	获得缓冲区剩余空间的大小
10	isAutoFlush ( )	判断缓冲区是否自动刷新

【实施过程】

下面来创建一个 jsp 文件 outdemo.jsp，在其中使用 out 对象进行数据的输出。

（1）在 Myeclipse 下创建 jspchap04 项目。

（2）在 WebRoot 下创建使用 out 对象的 JSP 文件 outdemo.jsp，代码如下：

```
1    <%@ page contentType="text/html;charset=UTF-8" %>
2    <%@ page import="java.util.Date" %>
3    <HTML>
4    <BODY>
5    <%
6      boolean b = true;
7      char c = '1';
8      float f= 5.66f;
9      double d= 3.68 ;
10     int i = 35 ;
11     long l =12345678912345l;
12     String s = "hello!";
13     Date date = new Date () ;
14    %>
15    <P>out 对象应用实例
16    <p>输出布尔型数据<% out.print (b)  ; %>
17    <p>输出字符型数据<% out.print (c)  ; %>
18    <p>输出单精度数据<% out.print (f)  ; %>
19    <p>输出双精度数据<% out.print (d)  ; %>
20    <p>输出整型数据<% out.print (i)  ; %>
```

```
21    <p>输出长整型数据<% out.print (l)  ; %>
22    <p>输出字符串<% out.print (s)  ; %>
23    <p>输出对象<% out.print (date)  ; %>
24    </BODY>
25    </HTML>
```

（3）启动 Tomcat 服务，测试运行，结果如图 4-1 所示。

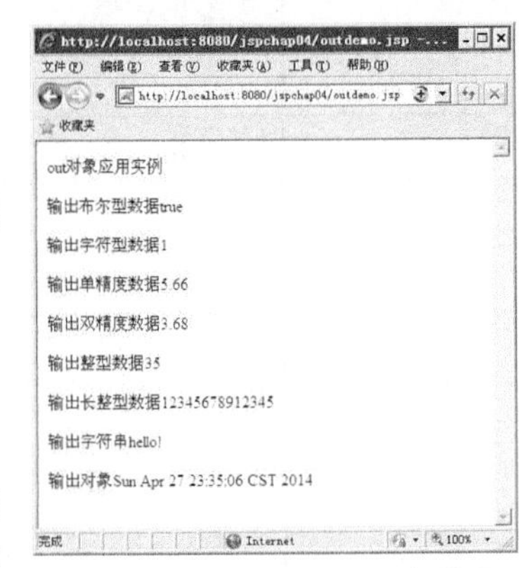

图 4-1　outdeme.jsp 运行结果

【案例总结】

（1）out 对象可以用来输出各种数据。

（2)在 JSP 文件的适当位置添加输出语句可以帮助进行程序调试。

4.2　request 对象

request 对象是服务器端用来接收用户请求信息的对象。该对象获取用户提交的信息，通过调用该对象相应的方法可以获取用户提交的信息，如 getParameter ( )、getParameterValues ( ) 等。这一小节我们通过几个典型案例，学习如何使用 request 对象获取用户提交的表单信息。

本节要点

- 使用 request 对象获取简单 HTML 表单信息的方法。
- 汉字乱码问题的解决方法。
- 使用 request 对象获取复杂表单信息的方法。

4.2.1　案例 2　使用 request 获取简单表单信息

【设计要求】

设计一个带有表单的页面，在输入表单数据后提交页面，在响应请求的 JSP 文件中获取用户提交的信息。

【学习目标】

（1）掌握 JSP 页面提交表单数据的方法。

（2）掌握在响应请求的文件中通过 request 对象获取表单数据的方法。

【知识准备】

1．request 方法列表

request 对象常用方法如表 4-2 所示。

表 4-2　request 对象常用方法

序号	方法名	功能
1	getAttribute（String name）	获得由 name 指定的属性的值，如果不存在指定的属性，返回空值（null）
2	setAttribute（String name,java.lang.Object obj）	设置名字为 name 的 request 参数的值为 obj
3	getCookies（String name）	返回客户端的 Cookie 对象，结果是一个 Cookie 数组

续表

序号	方法名	功能
4	getHeader（String name）	获得 HTTP 定义的传送文件头信息
5	getHeaderName（String name）	返回所有 request header 的名字，结果保存在一个 Enumeration 类的实例中
6	getServerName(String name)	获得服务器的名称
7	getServerPort(String name)	获得服务器的端口号
8	getRemoteAddr（）	获得客户端的 IP 地址
9	getRemoteHost（）	获得客户端的计算机名称
10	getProtocol（）	获得客户端向服务器传送数据的协议名称
11	getMethod（）	获得客户端向服务器传送数据的方法
12	getServletPath（）	获得客户端所请求的脚本文件的文件路径
13	getCharacterEncoding（）	获得请求中的字符编码方式
14	getSession（Boolean create）	返回和请求相关的 session
15	getParameter （）	获得客户端传送给服务器端的参数值
16	getParameterNames（）	获得所有参数的名字
17	getParameterValues（）	获得指定的参数值
18	getQueryString（）	获得查询字符串，该串由 get 方法向服务器传送
19	getRequestURL（）	获得发出请求字符串的客户端地址
20	getContentLength（）	获得内容的长度

2．表单数据

在<form></form>之间可以使用输入文本框、编辑框、选择框等可与用户进行交互的表单控件，这些控件的值就是表单数据。

3．提交表单数据的方法

<form action="目标程序">，在 form 标签中通过 action 属性指明数据提交的目标；在表单内包含提交按钮，便于用户提交数据。

4．表单提交的信息

假设代码中存在一文本框，如<input type="text" name="username"/>，其中，表单控件的名称（控件的 name 属性值）为“username”，表单提交的信息是指“username”这个表单控件中用户输入的值（本文框、编辑框等），或选取的值 （选择框、复选框、列表框等），即表单控件的 value 值。

5．在表单中获取数据的方法

在 form 标签指定的“目标程序”中可获取表单数据，方法代码如下：

```
request.getParameter ("参数名") ;
```

说明：参数名即表单控件的 name 属性值，以上方法调用可以获取指定表单控件的值。

【实施过程】

（1）在 MyEclipse 中创建 Web 项目 jspchap04。

（2）在项目的 WebRoot 结点下新建 html 文件 input1.html，其运行结果如图 4-2 所示。

```
1    <html>
2    <body>
3      <form action="requestdemo1.jsp" method="post" >
4        <input type="text" name="who">
5        <input type="submit" value="Enter" name="submit">
6      </form>
7    </body>
8    </html>
```

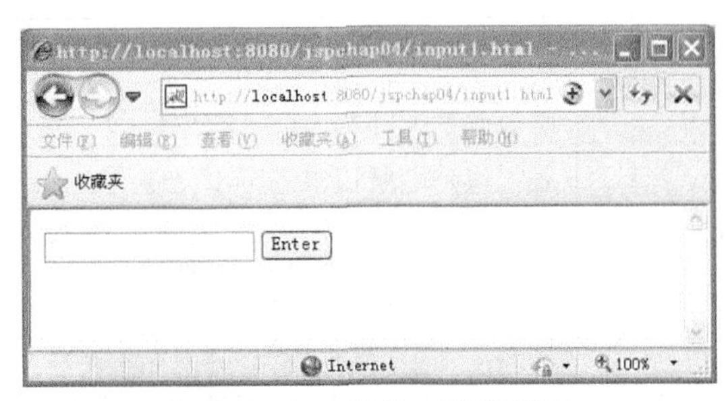

图 4-2　input1.html 运行界面

（3）新建获取用户输入信息的 JSP 文件 requestdemo1.jsp，代码如下：

```
1    <%@ page contentType="text/html;charset= UTF-8" %>
2    <html>
3    <body bgcolor="white"><font size=4>
4    <p>获取文本框提交的信息：
5      <%String boy=request.getParameter ("who") ;  %>
6      <%=boy%>
7    <p> 获取按钮的名字：
8      <%String submit=request.getParameter ("submit") ;  %>
9      <%=submit%>
10    </font>
11    </body>
12    </html>
```

（4）部署项目并测试运行，结果如图 4-3 所示。

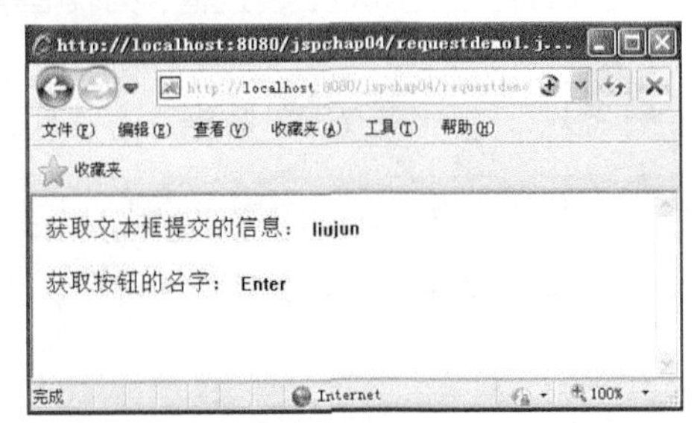

图 4-3　程序 requestdemo1.jsp 运行结果

说明：本案例需要注意以下几点。

① 如果不执行 input1.html 文件，直接打开 requestdemo1.jsp 文件，则 who 和 submit 的值均为空（null），如图 4-4 所示。

② 要避免使用空对象，否则会出现 NullPointer Exception 异常，所以要经常对空对象（null）进行处理，以增强程序的健壮性。

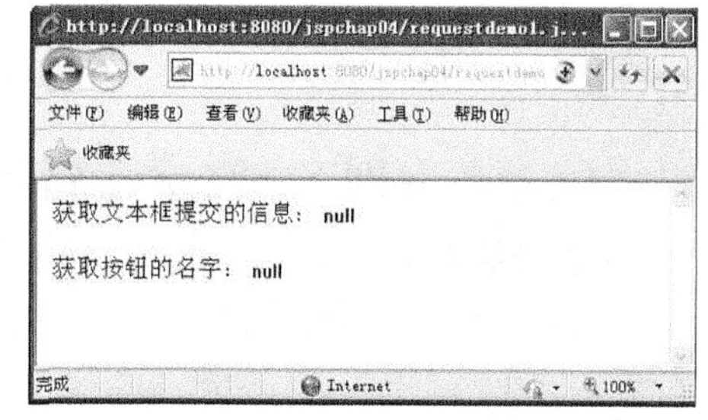

图 4-4　requestdemo1.jsp 直接打开结果

【拓展提高】

为了避免出现空值，增强程序的健壮性，可以在调用 requese 对象获取表单值后增加判空处理，在页面上给出相应的提示信息，如文件 requestdemo2.jsp，代码如下：

```
1    <%@ page pageEncoding=" UTF-8"%>
2    <html>
3    <head><title>处理NULL值</title></head>
4    <body>
5    <%
6     String who = request.getParameter ("who") ;
7     if (who == null) {
8        %>
9    <h2>用户未提交信息</h2>
10     <%
11     } else {
12     %>
13     获取文本框提交的信息：<%=who%> <br>
14     <%}%>
15    <%String submit = request.getParameter ("submit") ;
16     if (submit == null) {
17     %>
18    <h2>未获取按钮信息</h2>
19     <%
20     } else {
21     %>
22     获取按钮的名字：<%=submit%>
23     <%
24     }
25     %>
26    </body>
27    </html>
```

【案例总结】

（1）不管用户以 get 方式提交请求或是以 post 方式提交，我们在获取用户提交的表单信息时，都是使用 request 对象的 getParameter ( ) 方法。

（2）表单的<form>标签一定要通过“action”属性指向目标程序，这样才能建立请求页面与响应页面之间的联系。

4.2.2 案例 3 汉字乱码问题的处理

【设计要求】

当 request 对象获取客户提交的汉字字符时，会出现乱码。在这种情况下，必须进行特殊处理。

【学习目标】

掌握 request 对象获取汉字出现乱码问题时的解决方法。

【知识准备】

request 对象获取的汉字信息出现乱码时，有以下两种解决方案。

（1）对获取数据进行再编码。将获取的字符串用 ISO-8859-1 进行编码，并将编码存放到一个字节数组中，然后将这个数组转化为字符串对象即可，代码如下：

```
String name=request.getParameter ("username") ;
bytes[]un=name.getBytes ("iso-8859-1") ;
name=new String (un) ;
```

（2）在获取数据之前，设置 request 对象的字符集编码（用户提交表单方式为 post 时），代码如下：

```
request.setCharacterEncoding ("UTF-8") ;
```

【实施过程】

（1）修改案例 2 中的 input1.html，将表单的 action 改为“requestdemo3.jsp”。

（2）新建 requestdemo3.jsp，采用重新编码的方法处理乱码，测试运行程序，代码如下：

```
1    <%@ page pageEncoding="UTF-8"%>
2    <html>
3    <head><title>乱码问题</title></head>
4    <body>
5      获取文本框提交的信息：
6      <%
7      /*第一种方法*/
8      String who=request.getParameter ("who") ;
9      byte whobytes[]=who.getBytes ("iso-8859-1") ;
10      who=new String (whobytes) ;
11    /*第二种方法*/
12      /*
13      request.setCharacterEncoding ("UTF-8") ;
14      String who=request.getParameter ("who") ;
15      */
16       %>
17      <%=who%>
```

```
18        获取按钮的名字：
19        <%String submit=request.getParameter ("submit") ;  %>
20        <%=submit%>
21      </body>
22      </html>
```

（3）在 input1.html 运行界面中输入中文信息，如图 4-5 所示。

（4）requestdemo3.jsp 的运行结果如图 4-6 所示。

图 4-5 输入中文信息的界面

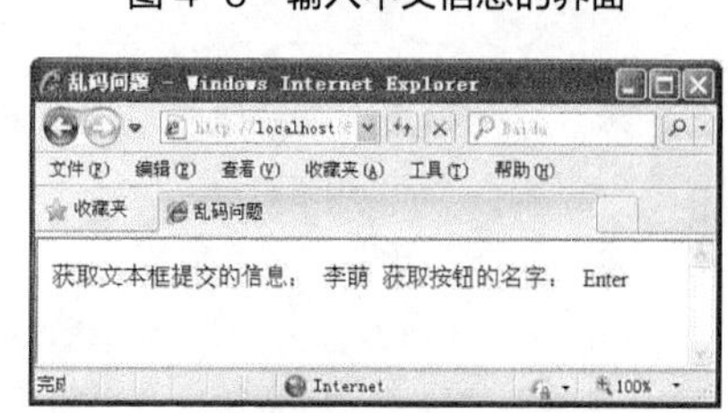

图 4-6 requestdemo3.jsp 的运行界面

【案例总结】

解决 request 中文字符乱码有以下两种方法：

（1）用 ISO-8859-1 进行编码；

（2）设置 request 对象的字符集编码。

4.2.3 案例 4 使用 request 对象获取复杂表单信息

【设计要求】

利用 request 对象获取单选按钮、复选框、列表框等表单元素的信息。

【学习目标】

掌握 request 对象获取复杂表单信息的方法。

【知识准备】

（1）对于"radio"输入控件，如果要获取用户选中的值，应使用 request 对象的 getParameter 方法。

（2）对于"checkbox"输入控件，使用 request 对象的 getParameter ( ) 方法只能获得选中的首选项的值，如果要获取所有选项的值，必须使用 getParameterValues ( ) 方法。需要注意的是，同一组"checkbox"控件的"name"属性值必须相同。

【实施过程】

（1）新建 HTML 文件 input5.html，编写申请表表单，代码如下：

```
1     <html>
2     <head>
3     <meta http-equiv="content-type" content="text/html; charset=UTF-8">
4     </head>
5     <body>
6       <table><tr><td bgcolor="#CCffCC">
7     <center>申请表</center><hr>
8     <form action="request5.jsp" method="post">
9     姓名：<input type="text" name="uname"><br>
10     感兴趣的职位：<br>
11     <input type="radio" value="designer" name="role" checked>
12     Web 设计人员 
```

```
13    <input type="radio" value="manager" name="role">
14    Web 管理人员 
15    <input type="radio" value="developer" name="role">
16    Web 开发人员<br>
17    其他要求<br>
18    <textarea rows="3" cols="30" name="other">
19    包括工作地点、薪水待遇等</textarea><br>
20    <input type="checkbox" name="confirm" value="ok">确认<br>
21    工作经验:
22    <select name="experience">
23    <option value="0">无经验</option>
24    <option value="1" selected>1 年</option>
25    <option value="2">2 年</option>
26    <option value="3">3 年</option>
27    </select><br>
28    个人爱好:
29    <input type="checkbox" name="favor" value="音乐">音乐 
30    <input type="checkbox" name="favor" value="蓝球">蓝球 
31    <input type="checkbox" name="favor" value="足球">足球 
32    <br>
33    <input type="submit" value="确定" name="ok">  
34    <input type="reset" value="重置" name="reset">
35    </form>
36    </td></tr>
37    </table>
38    </body>
39    </html>
```

说明: 关于单选按钮和复选按钮控件需要注意以下几点。

① 同一组"radio"控件的"name"属性值必须相同;

② 同一组"checkbox"控件的"name"属性值必须相同;

③ 对于"checkbox"输入控件,使用 request 对象的 getParameter ( ) 方法只能获得选中的首选项的值,如果要获取所有选项的值,必须使用 getParameterValues ( ) 方法。

(2) 创建 requestdemo5.jsp 文件,获取 input5.html 提交的表单数据并输出,代码如下:

```
1    <%@ page pageEncoding=" UTF-8"%>
2    <html>
3    <head><title>乱码问题</title></head>
4    <body>
5     <%
6    request.setCharacterEncoding ("UTF-8") ;
7    String uname = request.getParameter ("uname") ;
```

```
8     String role = request.getParameter ("role") ;
9     String other = request.getParameter ("other") ;
10    String confirm = request.getParameter ("confirm") ;
11    String experience = request.getParameter ("experience") ;
12    String favors[]= request.getParameterValues ("favor") ;
13    String ok = request.getParameter ("ok") ;
14    %>
15    姓名：<%=uname%><br>
16    职位：<%=role%><br>
17    其他说明：<%=other%><br>
18    确认：<%=confirm%><br>
19    经验说明：<%=experience%><br>
20    爱好：
21    <%
22    for (int i=0;i<favors.length;i++)
23       out.print (favors[i]+" ") ;
24    %>
25    <br>
26    提交按钮：<%=ok%>
27    </body>
28    </html>
```

说明：获取复选按钮控件值的时候需要注意以下几点。

① 对于“checkbox”输入控件，使用 request 对象的 getParameter ( ) 方法只能获得选中的首选项的值，如果要获取所有选项的值，必须使用 getParameterValues ( ) 方法，见文件 requestdemo5.jsp 第 12 行；

② 如果需要处理复选框控件中选中的值，还需要使用循环遍历结果数组，见文件 requestdemo5.jsp 第 22、23 行。

（3）测试运行程序，结果如图 4-7 所示。

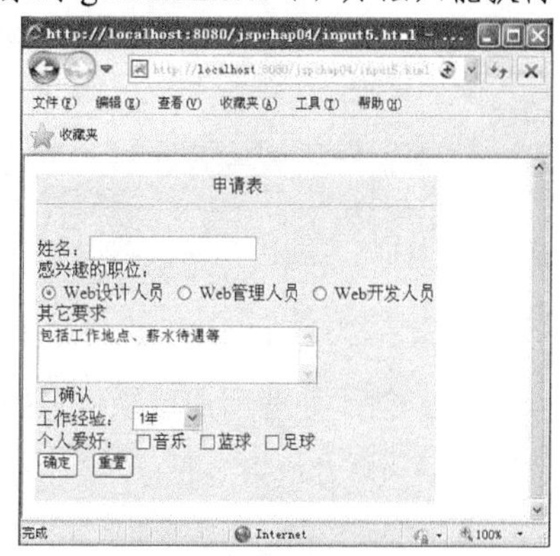

图 4-7 申请表表单运行界面

【案例总结】

本例中，学习了对于复杂表单的处理，尤其是单选按钮控件和复选按钮控件的使用方法。

4.3 HTML 响应机制与 response 对象

用户通过浏览器访问一个 Web 站点时，首先向服务器发送一个连接请求，内容包括服务器地址和页面路径。服务器根据用户的请求，找到相应的页面，返回客户端。客户端向服务器提交数据的方式有多种，常用的是 post 和 get 方式。服务器端向客户端响应时信息封装在一个名为 response 的 HttpServletResponse 类对象中，通过 response 对象可以向客户端发送数据。

本节我们将介绍 HTML 响应机制及 response 对象的使用。

本节要点

- HTML 响应机制原理。
- post 和 get 两种提交数据的方法。
- response 对象的使用方法。

4.3.1 案例 5 get 方式提交数据

【设计要求】

客户端使用 get 方式提交数据信息。

【学习目标】

掌握使用 get 方式提交数据的方法。

【知识准备】

1．客户端提交数据常用的方式

常用的方式有 get 和 post。

2．get 方式提交数据的特点

（1）get 是把参数数据队列加到提交表单的 action 属性所指的 URL 中，值和表单内各个字段一一对应，在 URL 中可以看到。

（2）get 传送的数据量较小，不能大于 2KB。

（3）get 传送数据方式的安全性低。

【实施过程】

（1）jspchap04 项目中创建用户登录的 HTML 表单文件 login.htm，其核心代码如下：

```
1    <form action="login.jsp" method="get">
2    用户名：<input type="text" name="name"><br>
3    密码：<input type="password" name="pwd"><br>
4    <input type="submit" value="提交"> 
5    <input type="reset" value="重置">
6    </form>
```

注意：第 1 行中关于提交方式的代码：method="get"，规定了表单的提交数据方式为 get。

（2）创建处理用户登录信息的 JSP 文件 login.jsp，代码如下：

```
1    <%
2     request.setCharacterEncoding("UTF-8");
3     String name=request.getParameter("name");
4     String pwd=request.getParameter("pwd");
5     if("lucky".equals(name)&&"123".equals(pwd)){
6     %>
8     <h2><%=name %>，欢迎你</h2>
9    <%}else{ %>
10     <h2>对不起，用户名或密码错误，登录失败</h2>
11     <%} %>
```

（3）在 login.htm 页面中输入用户名和密码信息后，单击“提交”按钮，如图 4-8 所示，运行结果如图 4-9 所示，可以看到地址栏中显示出用户提交的信息。

说明：关于 get 方式提交数据需要注意，通过 get 方式提交数据，会将所有数据显示在 URL 地址栏的后面，同时会将一些隐藏信息显示出来，存在不安全因素。

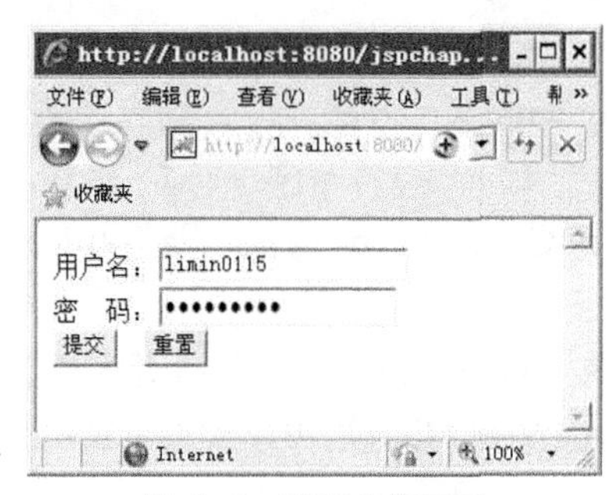

图 4-8　登录表单界面

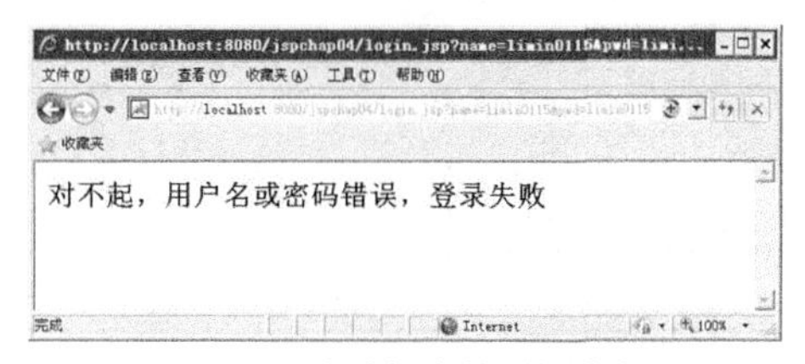

图 4-9　get 方式提交数据的响应界面

【案例总结】

（1）通过 get 方式提交数据，存在安全隐患。

（2）通过地址形式传递数据的方法通常用在超级链接中，当传递参数不多时，可以直接通过链接来传递数据。

4.3.2　案例 6　post 方式提交数据

【设计要求】

学习 post 方式提交数据的方法。

【学习目标】

使用 post 方式提交数据的方法。

【知识准备】

（1）post 方式提交数据是客户端提交数据的常用方式之一。

（2）post 方式提交数据的特点如下：

① post 方式传送的数据量较大；

② post 方式传送数据不会在 URL 中显示，安全性较高。

【实施过程】

将案例 5 login.html 文件中 form 表单的提交方法由“get”改为“post”，其余步骤不变。

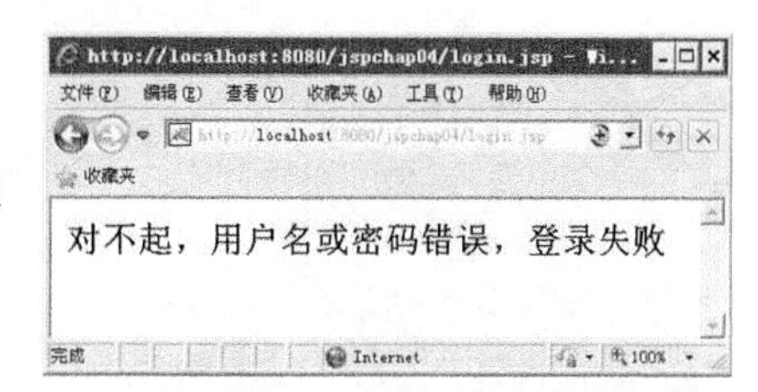

图 4-10　post 方式提交数据的响应界面

说明：使用 post 方式提交数据，浏览器的地址栏中已经看不到参数的具体信息，如图 4-10 所示，和使用 get 方式提交数据相比，安全性有了明显提高。

【案例总结】

（1）通过 post 方式提交数据，较 get 方式更为安全。

（2）通过 post 方式提交数据，较 get 方式传输的数据量更大。

4.3.3 案例 7 使用 response 设置响应头属性

【设计要求】

使用 response 对象的 setContentType 方法，设置响应头属性。

【学习目标】

掌握使用 response 对象的 setContentType 方法以及对响应头属性进行设置的方法。

【知识准备】

response 是和响应相关的内置对象，封装了服务器对客户端的响应，然后被发送到客户端以响应客户请求。通过调用 response 相关方法可以实现 URL 重定向、刷新页面、设置到客户端的响应类型，其常用方法如表 4-3 所示。

表 4-3 response 对象常用方法

序 号	方法名	功 能
1	addHeader（String name,String value）	添加 HTTP 文件头，该 header 将会传递到客户端
2	setHeader（String name,String value）	设置指定名字的 HTTP 文件头值
3	containsHeader（String name）	判断指定名字的 HTTP 文件头是否存在
4	addCookie（Cookie cook）	添加一个 Cookie 对象，用来保存客户端的用户信息
5	encodeURL（）	使用 sessionId 来封装 URL
6	flushBuffer（）	强制将当前缓冲区的内容发送到客户端
7	getBufferSize（）	返回缓冲区的大小
8	sendError（int sc）	向客户端发送错误信息
9	sendRedirect（String location）（）	把响应发送到另一个指定的位置进行处理
10	geOutputStream（）	返回到客户端的输出流对象
11	setContentType（）	动态改变 ContentType 类型

【实施过程】

（1）创建应用 response 对象的 setContentType 方法的 JSP 文件 responsedemo1.jsp，代码如下：

```
1    <%@ page  pageEncoding="UTF-8"%>
2    <html>
3      <head><title>响应文档类型测试</title></head>
4      <body>
5      <p> 没有过不去的事情，只有过不去的心情。很多事情我们之所以过不去是因为我们心里
放不下，大部分人都只在乎事情本身并沉迷于事情带来的不愉快的心情。其实只要把心情变一下，世界
就完全不同了。</p>
6      将本页保存为 Word 文档吗？<br>
7      <form action="" method="post">
8      <input type="submit" value="yes" name="submit">
```

```
9        </form>
10       <%
11        if ("yes".equals (request.getParameter ("submit") ) )
12        response.setContentType ("application/msword;charset=UTF-8") ;
13         %>
14        </body>
15     </html>
```

说明：关于 setContentType 方法的使用补充几点。

① 在 responsedemo1.jsp 文件中的第 12 行，调用 setContentType 方法将响应类型设置为 Word 文档；

② 关于文件类型文件类型与 contentType 的对应关系，可在互联网中搜索“contentType 类型”。

（2）单击“yes”按钮后，运行结果如图 4-11 所示。

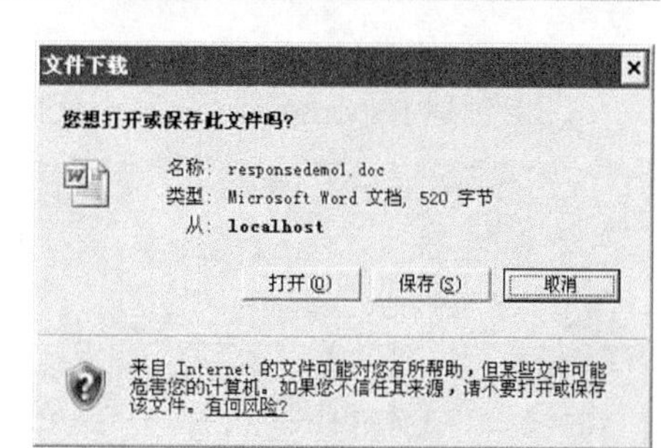

图 4-11　设置文档响应方式为 Word 的界面

【案例总结】

通过 response 对象的 setContentType 方法，可以设置响应头属性。

4.3.4　案例 8　使用 response 对象实现重定向

【设计要求】

使用 response 对象的 sendRedirect 方法，实现页面的重定向。

【学习目标】

掌握使用 response 对象的 sendRedirect 方法的使用。

【知识准备】

（1）什么情况下需要使用 response 对象的重定向功能？

在某些情况下，当响应客户端时，需要将客户重新引导至另一个页面，可以使用 response 的重定向功能实现页面的重定向。

（2）用什么方法实现重定向？

response 对象的 sendRedirect 方法，可以实现重定向，用法如下：

```
response.sendRedirect (url) ;
```

其中，url 是指要跳转的目标地址。

【实施过程】

（1）创建 goto.html，代码如下：

```
1    <html>
2      <head> <title>友情链接</title>
3    <meta http-equiv="content-type" content="text/html; charset=gb18030">
4      </head>
5      <body>
6        <form action="responsedemo2.jsp" method="get">
7        <select name="where">
```

```
8        <option value="csai">希赛顾问团</option>
9        <option value="hnjm">河南经贸职业学院</option>
10        <option value="mldn">魔乐科技</option>
11        </select>
12        <input type="submit" value="go">
13        </form>
14      </body>
15    </html>
```

（2）创建 responsedemo2.jsp，代码如下：

```
1    <%@ page  pageEncoding="UTF-8"%>
2    <html><head><title>网页重定向</title></head>
3      <body>
4        <%
5        String addr=request.getParameter("where");
6        if("csai".equals(addr))    response.sendRedirect("csai.jsp");
7        else if("hnjm".equals(addr))
8          response.sendRedirect("hnjm.jsp");
9        else if("mldn".equals(addr))
10        response.sendRedirect("mldn.jsp");
11         else{
12          %>
13        <h2>未指定友好链接，请<a href="goto.html">单击此处</a>选择</h2>
14          <%} %>
15      </body>
16    </html>
```

【案例总结】

通过 response 对象的 sendRedirect 方法，可以实现重定向。

4.3.5 案例 9 使用 response 对象刷新页面

【设计要求】

使用 response 对象的 setHeader 方法，实现刷新页面。

【学习目标】

掌握使用 response 对象的 setHeader 方法，实现刷新页面的方法。

【知识准备】

setHeader( ) 方法是用来设置响应页面的头 meta 信息，meta 是用来在 HTML 文档中模拟 HTTP 协议的响应头报文（meta 标签用于网页的<head>与</head>中），setHeader( ) 使用方法如下：

response.setHeader（name, content）;

如定时让网页在指定的时间 3 秒内，跳转到页面 http://yourlink/，可以通过以下代码调用实现如上功能：

```
response.setHeader ("refresh","3;url=http://yourlink/") ;
```

说明：如果第 2 个参数只包含时间，不包含地址，则不跳转页面，只是在相应的时间后刷新页面。

【实施过程】

（1）在 jspchap04 项目中创建 responsedemo3.jsp 文件，代码如下：

```
1    <%@ page pageEncoding="GB18030"%>
2    <html>
3      <head><title>即时刷新</title></head>
4      <body>
5        现在时间是：
6        <%= (new java.util.Date () ) .toLocaleString ()  %>
7        <%response.setHeader ("refresh","1") ; %>
8      </body>
9    </html>
```

（2）将 responsedemo3.jsp 文件中第 7 行代码<%response.setHeader（"refresh","1"）; %>替换为<%response.setHeader（"refresh","5;url=index.jsp"）;%>，则 5 秒后，页面跳转到指定的 index.jsp 页面。

【案例总结】

通过 response 对象的 setHeader 方法，可以在指定时间点实现页面的刷新。如果要跳转到指定页面，可以通过加设 URL 参数来进行。

4.4 session 对象

session 对象是与请求相关的 HttpSession 类对象，它封装了属于客户会话的所有信息。那么 session 对象可以用来做什么？如何使用呢？本节将对此进行讲解。

本节要点

- session 对象的功能。
- 使用 session 对象记录表单信息的方法。
- 使用 session 对象制作站点计数器的方法。

4.4.1 案例 10 认识 session 对象

【设计要求】

验证 session 对象的作用范围，理解什么是“一次会话”。

【学习目标】

（1）理解 session 对象的概念。

（2）掌握 session 对象的基本使用方法。

【知识准备】

1．使用 session 对象的意义

HTTP 协议本身是一种无状态的协议，也就是客户端连续发送的多个请求之间没有联系，下一次请求不关心上一次请求的状态。

而实际运用中，却希望服务器能记住客户端请求的状态，如在网上购物系统中，服务器端应该能够识别并跟踪每个登录到系统中的用户，挑选并购买商品的整个流程。为此，Web服务器必须采用一种机制来唯一地标识一个用户，同时记录该用户的状态，这就要用到会话跟踪技术。JSP中使用session对象来跟踪会话和管理会话内的状态。

2．session对象的常用方法

session对象常用方法如表4-4所示。

表4-4　session对象常用方法

序号	方法名	功能
1	getId ( )	获取session对象的唯一标识
2	setAttribute (String name,Object value)	以key-value的形式设置会话属性，它的有效期是在一次会话期间
3	getAttribute (String name)	根据属性名获取session对象中的属性值
4	removeAttribute (String name)	删除session对象中由属性名指定的属性

3．一次会话

用户打开浏览器访问Web应用中的各个网页，到关闭浏览器的过程就是一次会话。一次会话对应于一个session对象。

4．会话的建立过程是怎样的?

会话开始，Web服务器为session对象分配唯一的sessionID，将其发送给客户端，当客户再次发送HTTP请求时，客户端将sessionID再传回来。

Web服务器从请求中读取sessionID，然后根据sessionID找到对应的session对象，从而得到客户的状态信息。

会话建立的过程如图4-12所示。

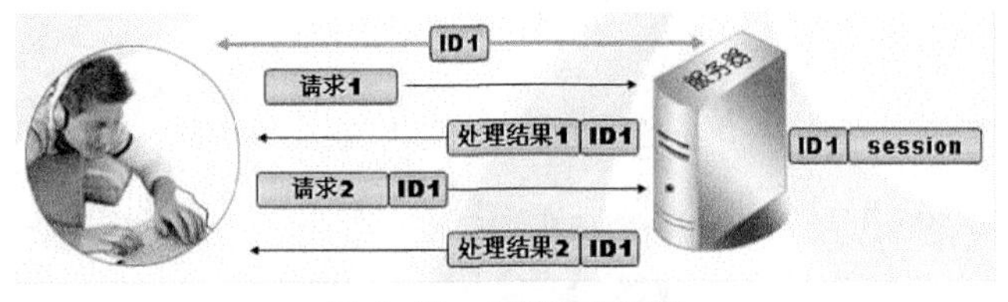

图4-12　会话建立过程

【实施过程】

（1）编写两个网页s1.jsp和s2.jsp，其功能均为获取并输出session对象的ID编码，在s1.jsp文件中设置超链接到s2.jsp。

程序s1.jsp关键代码：

```
<h1>s1.jsp:<%=session.getId () %></h1>
<a href="s2.jsp">单击转到 s2.jsp 页面</a>
```

程序s2.jsp关键代码：

```
<h1>s2.jsp: <%=session.getId () %></h1>
```

（2）分别打开两个浏览器测试这两个网页，比较其 ID 值，运行结果如图 4-13 所示，可以看到两个页面对应的 id 不同。

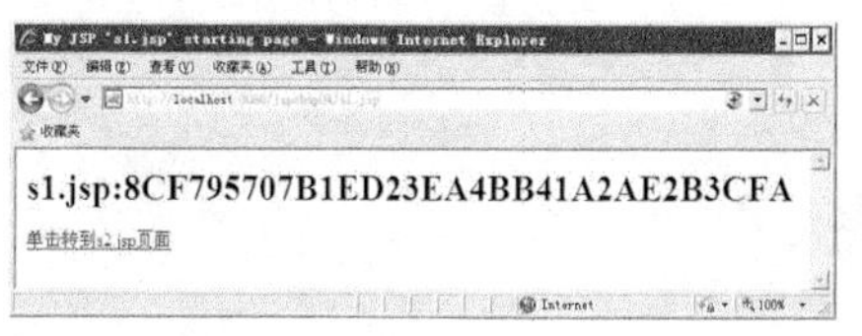

图 4-13　运行结果对比

（3）打开 s1.jsp,并通过链接转到 s2.jsp，比较其 id 值，运行结果如图 4-14 所示，可以看到两个页面的 id 值相同。

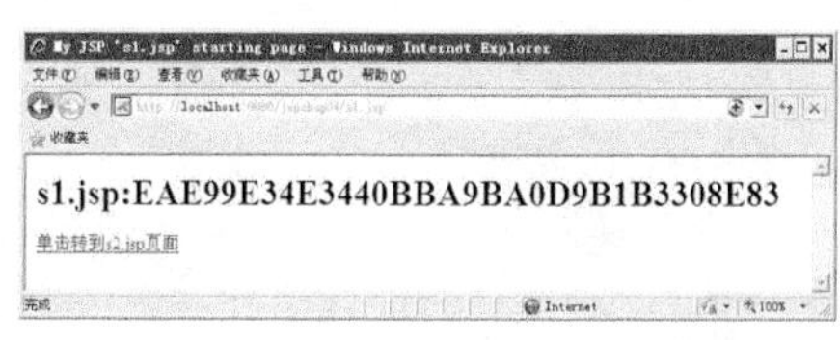

图 4-14　运行结果

【案例总结】

（1）用户打开一次浏览器，访问各个页面的过程，是一次会话，对应一个 session 对象。

（2）分别打开浏览器，则对应的两个会话，对应两个 session 对象。

4.4.2　案例 11　使用 session 记录表单信息

【设计要求】

利用 session 对象获取并保存表单信息。

【学习目标】

掌握 session 对象的 setAttribute ( )、getAttribute ( ) 方法的使用。

【知识准备】

（1）如何使用 session 对象获取表单信息？

先使用 request 对象获取表单信息，然后使用 session 对象的 setAttribute ( ) 方法，将获取到的信息写入 session，需要使用的时候，再通过 getAttribute ( ) 方法读取表单信息。

（2）如何利用 session 对象判断用户是否已登录？

用户在登录页面，输入用户名、密码等信息，可以将用户名存入 session，在其他页面，如果 session 中取出的用户名不为 null，则表示用户已登录，否则表示用户未登录，可以跳转到用户登录页。

【实施过程】

（1）设计一个网页 index.jsp ，用户登录成功才能正常访问（如个人信息显示），如果用户没有登录，则提示用户未登录，并转到用户登录页。index.jsp 的核心代码如下：

```
1    <%
2        String username = (String) session.getAttribute ("user") ;
3        if (username == null) {
4    %>
5    <h2>你尚未登录，不能访问本页</h2>
```

```
6    <h2>请先<a href="login.html">登录</a>，3 秒钟后自动转到登录...</h2>
7    <%
8       response.setHeader ("refresh","3;url=login.html") ;
9       } else {
10    %>
11    <h2><%=username%>，欢迎光临！</h2>
12    <%
13       }
14    %>
```

（2）设计用户登录表单页（login.html），其核心代码如下：

```
1    <form action="login.jsp" method="post">
2    用户名:<input type="text" name="name" ><br>
3    密码:<input type="password" name="pwd" ><br>
4    <input type="submit" value="提交">
5    </form>
```

（3）设计登录处理页（login.jsp），其核心代码如下：

```
1    <%
2       request.setCharacterEncoding ("gb18030") ;
3       String name=request.getParameter ("name") ;
4       String pwd=request.getParameter ("pwd") ;
5       if ("lucky".equals (name) &&"123".equals (pwd)
6       ||"wjz".equals (name) &&"456".equals (pwd) ) {
7       session.setAttribute ("user",name) ;
8       response.sendRedirect ("index.jsp") ;
9        }else{
10        response.sendRedirect ("fail.jsp") ;
11        } %>
```

（4）设计登录失败页（fail.jsp），其核心代码如下，效果如图 4-15 所示；

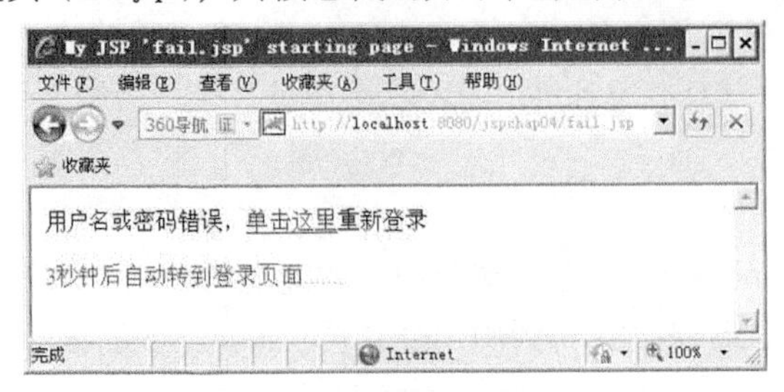

图 4-15　登录失败界面

```
1    用户名或密码错误，<a href="login.html">单击这里</a>重新登录
2    <br>
3    <br>
```

```
4    <font style="color:red">3 秒钟后自动转到登录页面……</font>
5    <%
6    response.setHeader ("refresh","3;url=login.html") ;
7     %>
```


【案例总结】

用户会话期间需要记录的信息，可以先使用 request 对象取出，存放到 session 对象中，在需要的时候，可以使用 session 对象的 getAttribute 方法取出来，进行有关处理。

4.4.3 案例 12 使用 session 对象制作站点计数器

【设计要求】

利用 session 对象制作站点计数器。

【学习目标】

了解 session 对象的 isNew ( ) 方法的作用与应用方法，掌握使用 session 对象制作站点计数器的方法。

【知识准备】

如何判断 session 对象是不是新的？调用 session 对象的 isNew ( )方法，如果返回值为"true"，则表示该 session 是新的，否则表示该 session 不是新的。

【实施过程】

（1）创建 session1.jsp，在 JSP 中声明一个变量作计数器，在 JSP 脚本片段中，判断 session 是不是新的，如果是，则使计数器加 1，显示计数器的值，其核心代码如下：

```
1    <%!
2       int number = 0;
3    %>
4    <%
5       if (session.isNew () ) {
6       number++;
7       session.setAttribute ("count", number + "") ;
8    }
9    %>
10    <p>
11    您是第<%= (String) session.getAttribute ("count") %>个访问本站的人。<br>
共有<%=number%>人访问本站。
```

说明：request 对象的 getAttribute ( ) 方法返回类型为 Object，应强制转换为该属性保存时的类型才能正常使用。

（2）分别打开 3 个浏览器，访问该页面，案例测试结果如图 4-16 所示。

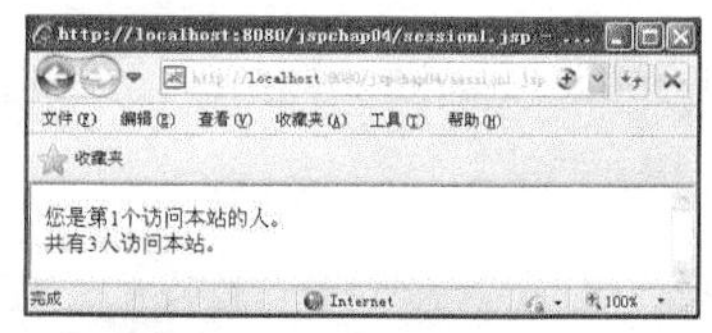

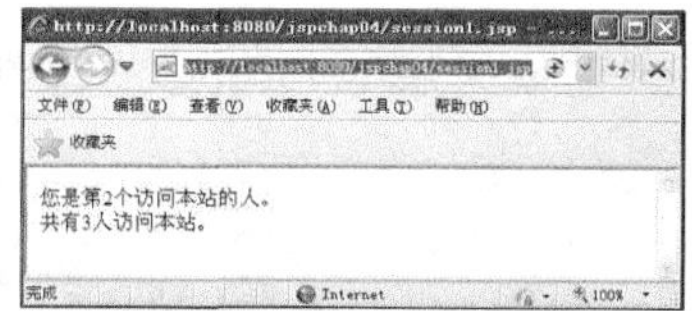

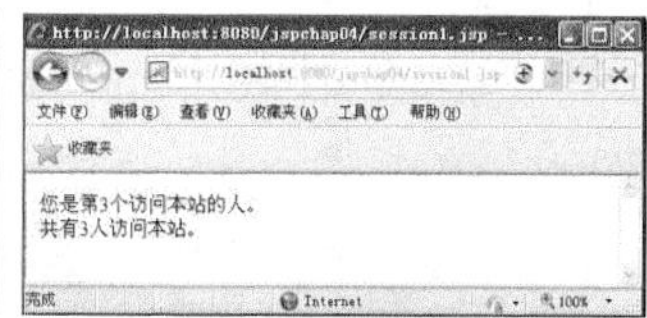

图 4-16 案例运行结果

【案例总结】

通过使用 session 对象的 isNew（ ）方法，可以判断当前 session 是不是新的，由此可记录当前页面被不同 session 访问的次数。

4.5 application 对象

前面我们学习了 session 对象，它是针对客户端会话而存在的。如果不同的客户端之间需要共享数据信息，就不适合使用 session 对象了。本节我们将要学习的 application 对象，将会解决这一问题。

本节要点

- application 对象的功能。
- 使用 application 对象读写属性值的方法。
- 使用 application 对象制作站点计数器的方法。

4.5.1 案例 13 使用 application 读写属性值

【设计要求】

使用 application 对象，对属性值进行读写。

【学习目标】

（1）理解 application 对象的功能。

（2）掌握使用 application 对象读写属性的方法。

【知识准备】

1．application 对象

application 对象用于多个页面或者多个用户之间共享数据。

服务器启动后就产生了这个 application 对象，当客户在所访问的网站的各个页面之间浏览时，这个 application 对象都是同一个，直到服务器关闭。

与 session 不同的是，所有客户的 application 对象都是同一个，即所有客户共享这个内置的 application 对象。

2．application 对象的常用方法

application 对象的常用方法如表 4-5 所示。

表 4-5　application 对象常用方法

序号	方法名	功能
1	setAttribute（String name,Object value）	将一个对象值作为属性存放到 application 对象中
2	getAttribute（String name）	根据属性名称获取 session 对象中的属性值

【实施过程】

（1）编写一个使用 application 对象保存属性值的 JSP 文件 applicationdemo1.jsp，其关键代码如下：

```
1    <%
2        application.setAttribute("user", "liu")  ;
```

```
3        application.setAttribute ("pass", "liu518") ;
4     %>
5     <jsp :forward page= "applicationdemo2.jsp">
```

（2）再编写一个使用 application 对象读取属性值的 jsp 文件 applicationdemo2.jsp，其关键代码如下：

```
1     <%
2       String name = (String) applicationgetAttribute ("user") ;
3       String password = (String) applicationgetAttribute ("pass") ;
4       out.println ( ("user="+user) ;
5       out.println ( ("pass="+ password) ;
6     %>
```

（3）在浏览器中运行 applicationdemo1.jsp。

【案例总结】

（1）使用 application 对象的 setAttribute（ ）方法可以设置属性信息。

（2）使用 application 对象的 getAttribute（ ）方法可以设置属性信息。

4.5.2 案例 14 使用 application 制作站点计数器

【设计要求】

利用 application 对象制作站点计数器。

【学习目标】

掌握利用 application 对象制作站点计数器的方法。

【知识准备】

使用 application 对象制作站点计数器的原理：在服务器端设置一个 application 对象的属性，记录网页被访问的次数，每次网页被访问，就取出该属性的值加 1 后再写回 application 对象，从而达到计数的目的。

说明：application 对象的属性信息在服务器启动的情况下一直存在，只有当服务器重启后值才会被重置。

【实施过程】

（1）设计一个网页 applicationdemo3.jsp ，实现站点计数的功能，其核心代码如下：

```
1     <%
2         String StrNum = (String) application.getAttribute ("num") ;
3         int num=0 ;
4         if (StrNum != null)
5             num = Integer.parseInt (StrNum) +1 ;
6         application.setAttribute ("num",String.valueOf (num) )
7     %>
8     访问次数为：
9     <font  color= red><%=num%></font>< br>
```

（2）打开浏览器，访问页面 applicationdemo3.jsp。

（3）在另一台电脑上进行测试，访问该页面，查看计数器的值。

【案例总结】

application 对象的属性信息是所有客户共享的，并不会随着某客户端会话结束而消失。

4.6 Cookie 对象与内置对象拾遗

浏览器与服务器之间是通过 HTTP 进行通信的，当请求发送到服务器时，无论是否第一次来访，服务器都会当作第一次来访处理，这样的缺点可想而知。为了弥补这一缺陷，Netscape 开发了 Cookie 这个有效的工具来保存某个用户的识别信息，被人们昵称为“小甜饼”。本节我们将对其进行介绍。

本节要点

- Cookie 的概念和功能。
- Cookie 的用途。
- Cookie 的创建与方法。
- 内置对象的作用范围。

4.6.1 案例 15 预设用户登录信息

【设计要求】

模拟 163 邮箱的用户名预置功能，初次登录时，用户名没有预设值，再次登录时预设值为上一次的登录值，如图 4-17 所示。

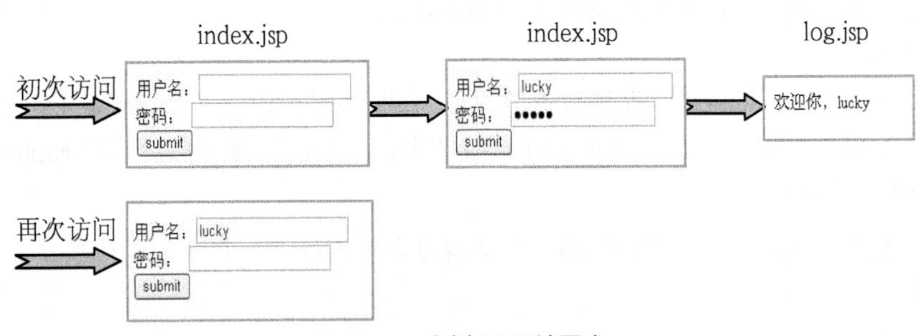

图 4-17 案例 15 设计要求

【学习目标】

（1）了解 Cookie 对象的特点。

（2）掌握 Cookie 对象的基本应用。

【知识准备】

1. Cookie 的概念

Cookie 是 Web 服务器保存在用户硬盘上的一小段文本，随着响应信息一起发送到客户端的信息。

2. Cookie 应用原理

Cookie 应用原理如图 4-18 所示。

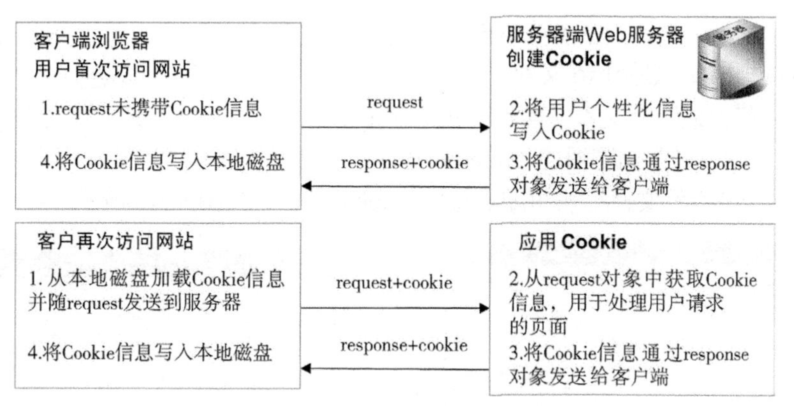

图 4-18　Cookie 应用原理

3．Cookie 的用途

使用 Cookie，可以维护网站与客户端的持久关联，常见用途如下。

（1）存储用户在特定网站上的登录 ID 和密码。

如有些论坛或社区允许设置登录的有效期，在有效期内不必登录就可以直接进入。

（2）网站可以跟踪用户的访问过程（访问哪些网页，选购了哪些商品等）。

（3）测定多少人访问网站，多久访问一次网站等。

4．Cookie 基本操作

（1）创建 Cookie 对象，设置对象生命周期

```
Cookie c=new Cookie ("user","lucky") ;
c.setMaxAge (3600) ;
```

Cookie 没有内置对象，要通过 new 命令创建（Cookie 类所在的包是 javax.servlet.http），“user”是 Cookie 键名，“lucky”是 Cookie 值。

void setMaxAge（int age）——设置 Cookie 对象的生命周期，单位为秒。

（2）发送 Cookie 到客户端

```
response.addCookie (c) ;
```

将 Cookie 对象绑定到 response 对象，调用 response 对象的方法——addCookie(Cookie cookie)

（3）读取 Cookie 信息

① 通过 request.getCookies（）获取 Cookie 数组。

② 在数组中查找指定键名的 Cookie，并获取其中的值，代码如下：

```
Cookie[] cookies=request.getCookies ()
  if (cookies!=null) {
  for (int i=0;i<cookies.length;i++) {
     if ("username".equals (cookies[i].getName () ) )
        out.println (cookies[i].getValue () ) ;
  }
```

5．Cookie 对象的常用方法

String getName（）——获取 Cookie 对象的键名，返回类型是字符串。

String getValue ( ) ——获取 Cookie 对象的值。

6．查看磁盘上的 Cookie 文件

Cookie 一般会以一个文本文件的形式保存在浏览器的临时文件夹中，查看方法：单击浏览器“工具”菜单，打开浏览器的“Internet 选项”对话框，选择“常规”选项卡，再单击“设置”按钮，单击“查看文件”按钮即可查看 Cookie 文件，如图 4-19 所示。

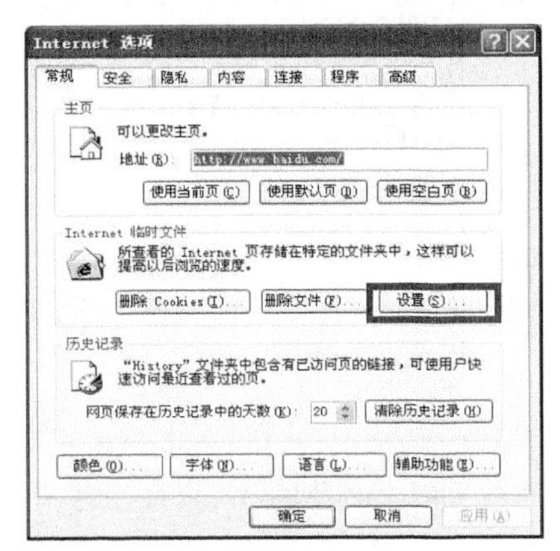

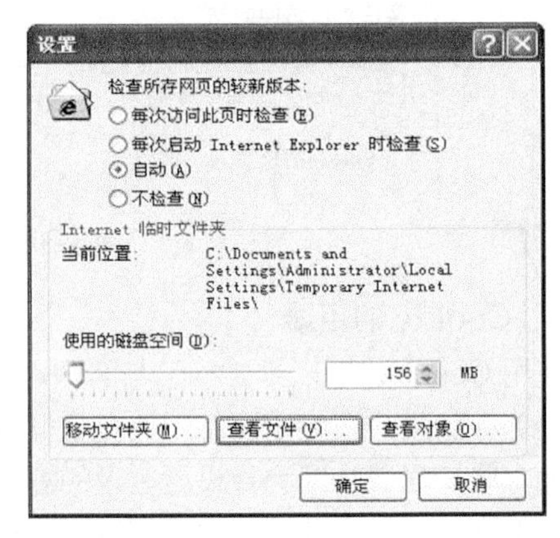

图 4-19　查看 Cookie 文件

【实施过程】

（1）index.jsp 提供登录表单（预设用户名，需要用到动态代码，因此使用 JSP 文件）。

（2）log.jsp 处理登录数据：获取表单信息，同时将用户名保存在 Cookie 对象中。

（3）index.jsp 获取 Cookie 对象中的用户名，并对用户名文本框预设初值。

（4）代码实现（核心代码）。

index.jsp 的核心代码如下：

```
1    <%  //从 request 中读取客户端传来的 Cookie 信息
2    request.setCharacterEncoding ("gb18030") ;
3    Cookie cooks[]=request.getCookies () ;
4    String name=null;
5    if (cooks!=null)
6         for (int i=0;i<cooks.length;i++) {
7              if (cooks[i].getName () .equals ("userName") ) {
8                   name=cooks[i].getValue () ;
9                   break;
10             }
11    }
12    if (name==null)  name="";
13    %>
14    <form action="log.jsp" method="post">
15         用户名：<input type="text" name="name" value="<%=name%>"><br>
16         密码： <input type="password" name="pwd"><br>
17         <input type="submit" value="submit">
18    </form>
```

log.jsp 的核心代码如下：

```
1   <%
2           //获取表单数据
3           request.setCharacterEncoding ("gb18030") ;
4           String name=request.getParameter ("name") ;
5           String pwd=request.getParameter ("pwd") ;
6           //设置 Cookie 对象
7           Cookie cookieName=new Cookie ("userName",name) ;
8           cookieName.setMaxAge (500000000) ;
9           response.addCookie (cookieName) ;
10           //输出用户名
11           out.print ("欢迎你，"+name+"<br>") ;
12   %>
```

（5）在浏览器中分两次运行 index.jsp。

【案例总结】

使用 Cookie 对象可以预设用户登录信息。

4.6.2 案例 16 对象作用范围的认识

【设计要求】

通过程序反映内置对象的不同作用域。

【学习目标】

理解内部对象的作用域。

【知识准备】

JSP 内置对象作用域种类如表 4-6 所示。

表 4-6 JSP 内置对象作用域

序号	名称	作用域
1	application	在所有应用程序中有效
2	session	在当前会话中有效
3	request	在当前请求中有效
4	page	在当前页面中有效

【实施过程】

（1）设计一个页面 page01.jsp ，在其中定义 4 个变量，分别设置成相应的 4 种作用域，存储该页面的信息,跳转到第 2 个页面 page02.jsp。

page01.jsp 代码如下：

```
1   <%@ page language="java" contentType="text/html; charset=UTF-8"
2       pageEncoding="UTF-8"%>
3   <!DOCTYPE html PUBLIC "-//W3C//DTD HTML 4.01 Transitional//EN" "http:
//www.w3.org/TR/ html4/loose.dtd">
```

```
4   <jsp:useBean id="pagevar" scope="page" class="java.lang.StringBuffer"/>
5   <jsp:useBean id="requestvar" scope="request" class="java.lang.StringBuffer"/>
6   <jsp:useBean id="sessionvar" scope="session" class="java.lang.StringBuffer"/>
7   <jsp:useBean id="applicationvar"scope="application" class="java.lang.
String Buffer"/>
8   <html>
9   <head>
10  <meta http-equiv="Content-Type" content="text/html; charset=UTF-8">
11  <title>JSP 内置对象作用域</title>
12  </head>
13  <body>
14    <%
15        pagevar.append ("page01") ;
16        requestvar.append ("page01") ;
17        sessionvar.append ("page01") ;
18        applicationvar.append ("page01") ;
19    %>
20    <jsp:forward page="page02.jsp"/>
21    </body>
22    </html>
```

（2）设计另一个页面 page02.jsp，在其中定义 4 个变量（与 page01.jsp 中的变量同名），分别设置成相应的 4 种作用域，存储该页面的信息，并输出 4 个变量的值。

page02.jsp 代码如下：

```
1   <%@ page language="java" contentType="text/html; charset=UTF-8"
2   pageEncoding="UTF-8"%>
3   <!DOCTYPE html PUBLIC "-//W3C//DTD HTML 4.01 Transitional//EN" "http:
//www.w3.org/ TR/html4/loose.dtd">
4   <jsp:useBean id="pagevar" scope="page" class="java.lang.StringBuffer"/>
5   <jsp:useBean id="requestvar" scope="request" class="java.lang.StringBuffer"/>
6   <jsp:useBean id="sessionvar" scope="session" class="java.lang.StringBuffer"/>
7   <jsp:useBean id="applicationvar" scope="application" class="java. lang.
StringBuffer"/>
8   <html>
9   <head>
10   <meta http-equiv="Content-Type" content="text/html; charset=UTF-8">
11   <title>JSP 内置对象作用域</title>
12   </head>
13   <body>
14   <%
15   pagevar.append ("page02") ;
16   requestvar.append ("page02") ;
```

```
17    sessionvar.append ("page02") ;
18    applicationvar.append ("page02") ;
19    %>
20    <p><% out.println ("page="+pagevar) ;  %>
21    <p><%out.println ("request="+requestvar) ; %>
22    <p><%out.println ("session="+sessionvar) ; %>
23    <p><% out.println ("application="+applicationvar) ; %>
24    </body>
25    </html>
```

（3）按照以下方法测试程序。

情况一：直接运行程序 1 代码的结果如图 4-20 所示。

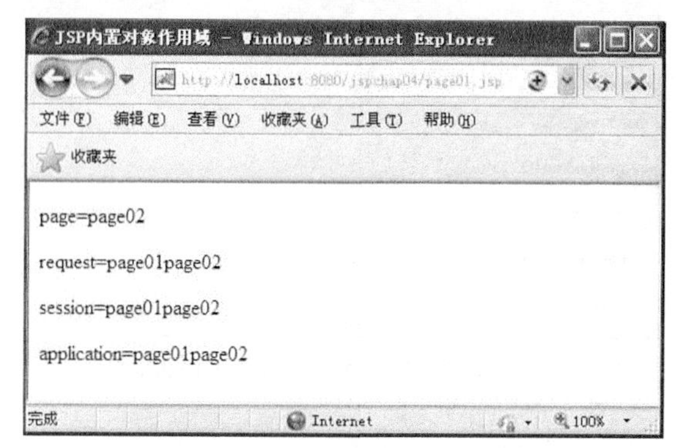

图 4-20　page01.jsp 运行结果

我们看到，page 作用域的值为 page02，说明确实只在当前的页面起作用，即跳转到的 page02 页面；request 的作用域在当前请求中有效，所以其值为程序 1 和跳转到的程序 2 之和；session 的作用域为当前会话，所以其值也是程序 1 和跳转到的程序 2 之和；而 application 对所有应用有效，即只要在应用，都要叠加，即程序 1 中的值与程序 2 中的值的叠加。

情况二：不要关闭程序 1 运行的浏览器，直接运行程序 2，其结果如图 4-21 所示。

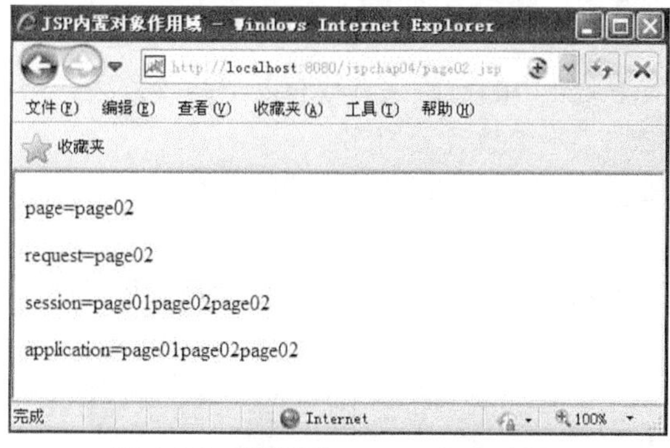

图 4-21　直接运行 page02.jsp 结果

对比图 4-20 的结果，我们发现 page 作用域没有变化，它的值只是程序 2 里的值；request 作用域仅在当前请求作用，故也以程序 2 的值为准，变成 page02；session 的作用域为当前会话，因为运行程序 1 的浏览器保持着，说明还处于同一会话中，所以要在之前的基础上叠加一个 page02；而 application 对所有应用有效，即只要在应用，都要叠加，需要在之前的基础上叠加上一个程序 2 的 page02。

情况三：将上两步运行程序 1 和程序 2 的浏览器关闭，但不关闭服务器，重新运行程序 2，其结果如图 4-22 所示。

对比之前的结果，我们发现 page 作用域依旧没有变化，它的值只是程序 2 所在页面里的值；request 作用域仅在当前请求作用，故也以程序 2 的值为准，变成 page02；session 的作用域为当前会话，因为前两步运行程序的浏览器关闭了，说明之前的会话都结束了，所以其值恢复成当前的程序 2 里的值 page02；而 application 对所有应用有效，即只要在应用（服务器还没重启清空），都要叠加，需要在之前的基础上再叠加上一个程序 2 的 page02。

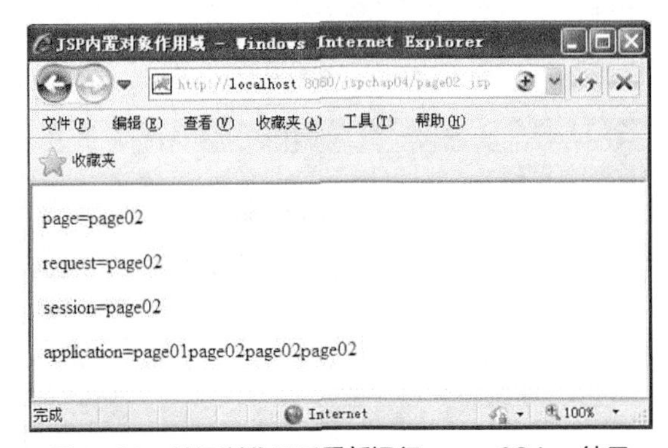

图 4-22　关闭浏览器后重新运行 page02.jsp 结果

【案例总结】

内置对象离开自己的作用域就不存在了，在编程时需要注意。

4.6.3　案例 17　web.xml 中初始化参数的读取

【设计要求】

在 JSP 文件中读取 web.xml 中的初始化参数。

【学习目标】

掌握在 JSP 文件中读取 web.xml 中的初始化参数的方法。

【知识准备】

在 JSP 文件中读取 web.xml 中的初始化参数有以下两种方法：

（1）在 web.xml 中增加关于参数设置的部分；

（2）在 JSP 文件中通过 ServletConfig 对象来读取参数。

【实施过程】

（1）在 web.xml 中进行初始化参数的设置，例如编写如下代码：

```
1    <servlet>
2        <servlet-name>ReadInitParam</servlet-name>
3        <jsp-file>ReadInitParam.jsp</jsp-file>
4        <init-param>
5          <param-name>param1</param-name>
6          <param-value>value1</param-value>
7        </init-param>
```

```
8        <init-param>
9          <param-name>param2</param-name>
10         <param-value>value2</param-value>
11       </init-param>
12     </servlet>
```

（2）在 servlet-mapping 中也要配置好，代码如下：

```
1     <servlet-mapping>
2       <servlet-name>ReadInitParam</servlet-name>
3       <url-pattern>ReadInitParam.jsp</url-pattern>
4     </servlet-mapping>
```

（3）在 jsp 文件中通过 ServletConfig 对象读取参数，代码如下：

```
1   <%
2       String str1 = getServletConfig () .getInitParameter ("param1") ;
3       String str2 = getServletConfig () .getInitParameter ("param2") ;
4    %>
```

【案例总结】

在 JSP 中是由 ServletConfig 对象来读取 web.xml 文件中的初始化参数的，前提是参数需要预先在文件中设置。

4.7 小 结

本章我们学习了各种 JSP 内置对象的使用方法，了解了内置对象的不同作用域的区别。内置对象不需要声明就可以直接使用，掌握好内置对象的使用方法，对编写 JSP 程序很有帮助。

4.8 练一练

一、选择题

1. 以下对象中的（ ）不是 JSP 的内置对象。

A. request　　B. session　　C. application　　D. bean

2. 以下哪个对象提供了访问和放置页面中共享数据的方式。（ ）

A. pageContext　　B. response　　C. request　　D. session

3. out 对象是一个输出流，其输出各种类型数据并换行的方法是（ ）。

A. out.print（ ）　　B. out.newLine（ ）

C. out.println（ ）　　D. out.write（ ）

4. 能在浏览器的地址栏中看到提交数据的表单提交方式是（ ）。

A. submit　　B. post　　C. get　　D. out

5. 利用 request 对象的哪个方法可以获得客户端的表单信息。（ ）

A. request.getParameter（ ）　　B. request.outParameter（ ）

C. request.writeParameter（ ）　　D. request.handleParameter（ ）

6. 使用 responset 对象进行重定向时，使用的是（　）方法。

A. getAttribute　　B. setContentType

C. sendRedirect　　D. setAttribute

二、填空题

1. 在 JSP 内置对象中，与请求相关的对象是______对象；与响应相关的对象是______对象。

2. response 对象中用来动态改变 contentType 属性的方法是________。

3. ________封装了属于客户会话的所有信息，该对象可以使用________方法来设置指定名称的属性。

4. 在 JSP 中为内置对象定义了 4 种访问范围，即________、________、________和________。

三、简答题

1. 请说出 JSP 中常用的内置对象。

2. 比较 Cookie 对象和 session 对象的异同。

3. 如何处理表单中的汉字？

4. 怎样使用 session、request、application 对象进行参数读取？

PART 5

第 5 章 数据库访问技术

本章要点

- JDBC API 接口的应用。
- JDBC 与 Oracle 数据库的连接与访问。
- 存储过程的定义与调用。
- 数据库连接池的配置与应用。

5.1 JDBC 与 Oracle 数据库的连接

现在很多应用程序中都要涉及有关数据库的操作，其中相当一部分应用程序还是以数据库为核心来构造整个系统的，因此，对数据库的访问和操作是 Java 程序设计中比较重要的一部分，但由于历史等原因，Internet 上连接的数据库大多数在使用的硬件平台、操作系统或数据库管理系统等方面各不相同，如何对这些异构数据库进行查询和使用就成了首要问题。JDBC 为对多种关系数据库访问提供了统一的规范，它由一组用 Java 语言编写的类和接口组成。在本章中，我们将讨论如何使用 JDBC 对数据库进行连接和访问。

本节要点

- ➢ 各种连接数据库的方法，通过 JDBC 连接数据库的步骤。
- ➢ JDBC API 接口中各种方法的应用。

案例 1 使用 JDBC 驱动连接 Oracle 数据库

【设计要求】

能利用 JDBC API 接口实现对 Oracle 数据库的连接。

【学习目标】

（1）掌握 JDBC API 接口的作用，以及常用接口 Driver Manager 的应用。

（2）掌握通过 JDBC API 接口连接 Oracle 数据库的步骤和方法。

【知识准备】

1．JDBC

Java 数据库连接（Java Data Base Connectivity，JDBC）是一种用于执行 SQL 语句的 Java API，可以为多种关系数据库提供统一访问，它由一组用 Java 语言编写的类和接口组成。数据库前端应用要完成对数据库中数据的操作，必须要使用 SQL 语言的有关语句，但是 SQL

是一种非过程语言，除了对数据库基本操作外，它所能完成的功能非常有限，并不能适应整个前端的应用编程。为此，需要其他的语言来实现 SQL 语言的功能以完成对数据库的操作。为了达到这个目的，Java 中专门设置了一个 java.sql 包，这个包里定义了很多用来实现 SQL 功能的类，使用这些类，编程人员就可以很方便地开发出对数据库前端的应用。有了 JDBC，向各种关系数据发送 SQL 语句就是一件很容易的事。程序员只需用 JDBC API，写一个程序就够了，它可向相应数据库发送 SQL 调用。同时，将 Java 语言和 JDBC 结合起来，使程序员不必为不同的平台编写不同的应用程序，只需写一遍程序就可以让它在任何平台上运行，这也是 Java 语言“编写一次，处处运行”的优势。

2．JDBC 访问数据库的层次结构

由图 5-1 可知，JDBC 由两层组成。上面一层是 JDBC API，负责与 Java 应用程序通信，向 Java 应用程序提供数据（Java 应用程序通过 JDBC 中提供的相关类来管理 JDBC 的驱动程序），下面一层是 JDBC Driver API，主要负责和具体数据环境的连接。

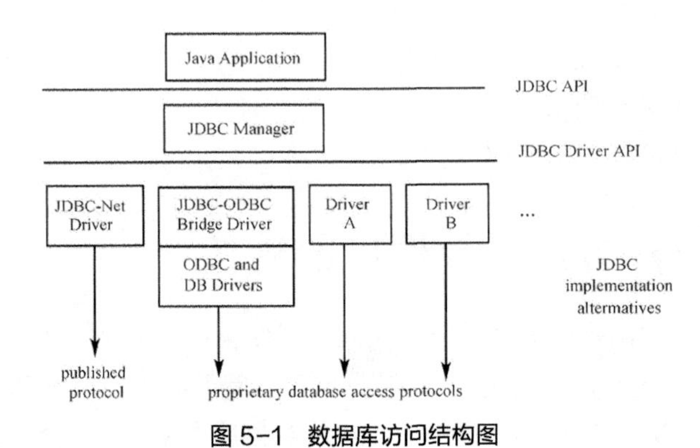

图 5-1　数据库访问结构图

3．JDBC 驱动程序的类型

JDBC 驱动程序有以下 4 种类型。

（1）JDBC-ODBC Bridge

JDBC-ODBC Bridge 是 JDK 提供的标准 API，这种类型的驱动实际是把所有 JDBC 的调用传递给 ODBC，再由 ODBC 调用本地数据库驱动代码，只要本地机装有相关的 ODBC 驱动，那么采用 JDBC-ODBC Bridge 几乎可以访问所有的数据库。JDBC-ODBC 方法对于客户端已经具备 ODBC Driver 的应用还是可行的，但是，由于 JDBC-ODBC 先调用 ODBC，再由 ODBC 去调用本地数据库接口访问数据库，所以执行效率比较低，不适合大数据量存取的应用，而且，这种方法要求客户端必须已安装 ODBC 驱动。

（2）基于本地 API 的 Java 驱动

本地 API 驱动直接把 JDBC 调用转变为数据库的标准调用再去访问数据库，这种方法需要本地数据库驱动代码，比起 JDBC-ODBC Bridge 执行效率大大提高了，但是，它仍然需要在客户端加载数据库厂商提供的代码库。

（3）纯 Java JDBC 网络驱动

这种类型的驱动程序是由 JDBC 先把对数据库的访问请求传递给网络上的中间层服务器，中间层服务器把请求翻译为符合数据库规范的调用，再把这种调用传给数据库服务器，由于这种驱动是基于 Server 的，所以它不需要在客户端加载数据库厂商提供的代码库，而且在执行效率和可升级性方面比较好。因为大部分功能实现都在 Server 端，所以这种驱动可以设计的很小，可以非常快速地加载到内存中。

（4）纯 Java 本地协议

这种驱动直接把 JDBC 调用转换为符合相关数据库系统规范的请求，由于这种驱动不需要先把 JDBC 的调用传给 ODBC 或本地数据库接口或者是中间层服务器，所以它的执行效率非常高，而且，它根本不需要在客户端或服务器端装载任何的软件或驱动，这种驱动程序可以动态地被下载，但是对于不同的数据库需要下载不同的驱动程序。

从发展趋势来看，第（3）、（4）类驱动程序将成为从 JDBC 访问数据库的首选方法。第（1）、（2）类驱动程序在直接地纯 Java 驱动程序还没有上市前会作为过渡方案来使用。第（3）、（4）类驱动程序展现了 Java 的所有优点，包括自动安装。目前商业项目中，使用第（3）类居多。

4. DriverManager

DriverManager 类是 JDBC 的管理层，作用于用户和驱动程序之间，它跟踪可用的驱动程序，并在数据库和相应驱动程序之间建立连接。对于简单的应用程序，一般程序员需要在此类中直接使用的方法是 getConnection，该方法将建立与数据库的连接。

DriverManager 类包含一列 Driver 类，它们通过调用方法 registerDriver 对自己进行了注册。通过调用方法 forName，可显式地加载驱动程序类，然后自动在 DriverManager 类中注册。

以下代码可加载 Oracle 数据库驱动程序：

```
Class.forName ("oracle.jdbc.driver.OracleDriver ")
```

加载 Driver 类并在 DriverManager 类中注册后，它们即可用来与数据库建立连接。当调用 DriverManager.getConnection 方法发出连接请求时，DriverManager 将检查每个驱动程序，查看它是否可以建立连接。

getConnection（）方法会返回一个 JDBC Connection 对象，应该把它存储在程序中，以便以后调用。调用 getConnection（）方法的语法如下：

```
DriverManager.getConnection ( URL,  username,  password)
```

其中，URL 是数据库连接字符串，不同的 JDBC 驱动程序有不同的格式，username 是程序连接时所用的数据库用户名，password 是该用户名的密码。

【实施过程】

（1）从 Oracle 公司官方网站下载 JDBC Driver 文件，如图 5-2 所示，网址：http://www.oracle.com/technetwork/cn/articles/oem/jdbc-112010-094555-zhs.html。

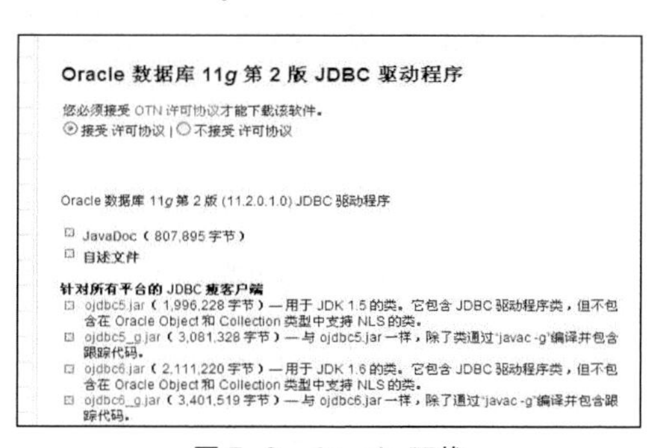

图 5-2　Oracle 下载

（2）将 ojdbc6.jar 复制到项目的 lib 文件夹，如图 5-3 所示，MyEclipse 将自动部署。

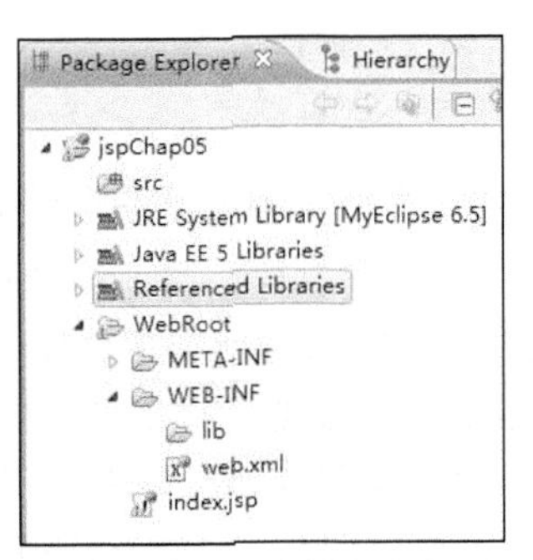

图 5-3　项目目录结构

（3）在 jspChap05 项目的 webRoot 根目录创建 sqlconn.jsp，其核心代码如下：

```
1   <%
2     try{
3        Class.forName ("oracle.jdbc.driver.OracleDriver ") ;
4        String url="jdbc:oracle:thin:@127.0.0.1:1521:sunnyBuy ";
5        String user="system";
6        String pass="Sa123456";
7        Connection conn=DriverManager.getConnection (url, user, pass) ;
8        out.println ("数据库连接成功") ;
9        conn.close () ;
10       }catch (Exception e) {
11        out.println ("连接失败") ;
12       e.printStackTrace () ;
13     }
14  %>
```

第 4 行代码代表的含义是连接数据库的 URL 地址，其中 jdbc:oracle:thin:表示协议，相当于上网用的“http”。127.0.0.1:表示数据库 IP 地址，用 ipconfig 可以查到。1521:表示 Oracle 数据库的端口，通常不用修改。sunnyBuy:是全局数据库名，通常在安装时指定，默认为 orcl。

（4）在浏览器地址栏中输入 http://localhost:8080/jspChap05/sqlconn.jsp，运行结果如图 5-4 所示。

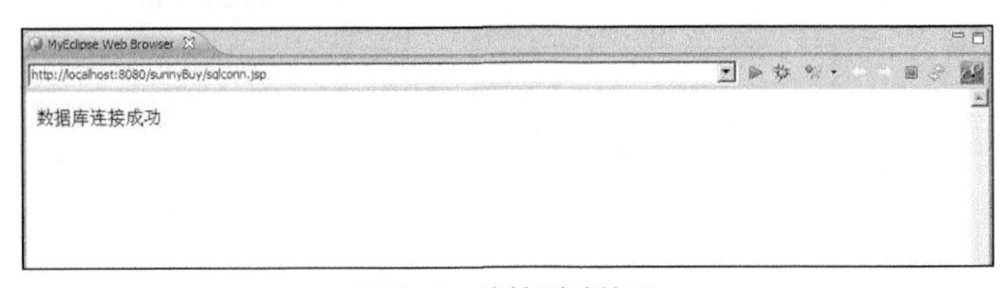

图 5-4　连接测试结果

【案例总结】

数据库连接步骤如下。

（1）注册加载驱动

驱动名：DRIVER="oracle.jdbc.driver.OracleDriver"

Class.forName（"驱动类名"）

（2）获得连接

数据库 URL 地址：URL="jdbc:oracle:thin:@127.0.0.1:1521:sunnyBuy "

Connection con = DriverManager.getConnection（数据库 URL 地址，用户名，密码）

（3）进行对数据库的操作

（4）依次关闭连接

说明： 连接数据库时需要注意。

① 在此过程中需要加载连接 Oracle 数据库的驱动程序 ojdbc6.jar。

② 将此 jar 包复制到项目目录结构 WEB-INF 下 lib 目录里，并且添加到“构建路径”。

【拓展提高】

（1）启动时报错：IO 异常: The Network Adapter could not establish the connection。

分析一：要连接到数据库，首先要保证服务器端 Oracle 服务要启动。所以先启动 OracleServiceORCL。

分析二：要访问所有的网络程序，就要求网络程序都必须运行一个在某个端口监听的程序。Java 程序要连接到 Oracle，必须先连接到监听器。对 Oracle 来讲，这就是监听服务：OracleoracleTNSListener。Oracle10G 的监听服务名称不同，但仍然是以“TNSListener”结尾的名称。

（2）SQL Server 数据库的连接。

SQL Server 数据库是由美国 Microsoft 公司推出的一种关系型数据库系统。SQL Server 是一个可扩展的、高性能的、为分布式客户机/服务器计算所设计的数据库管理系统，它实现了与 Windows NT 的有机结合，提供了基于事务的企业级信息管理系统方案。连接 SQL Server 数据库的驱动程序和 URL 地址表示如下：

```
String driverName = "com.microsoft.sqlserver.jdbc.SQLServerDriver"; //驱动程序的名字
String dbURL = "jdbc:sqlserver://localhost:1433; DatabaseName=test"; //数据库的 URL 地址
```

（3）MySQL 数据库的连接。

MySQL 是一个小型关系型数据库管理系统，由于其体积小、速度快、总体拥有成本低，尤其是具有开放源码这一特点，许多中小型网站为了降低网站总体拥有成本而选择了 MySQL 作为网站数据库。而使用 MySQL 数据库管理系统与 PHP 脚本语言相结合的数据库解决方案，正被越来越多的网站所采用。连接 MySQL 数据库的驱动程序和 URL 地址表示如下：

```
String driverName = "com.mysql.jdbc.Driver";//驱动程序的名字
String dbURL = "jdbc:mysql://127.0.0.1:3306/scutcs";//数据库的 URL 地址
```

5.2 Oracle 数据库的访问

在前面已经学习了通过 JDBC API 接口连接 Oracle 数据库的方法，连接数据库后我们就可以对数据库中的数据进行增、删、查、修等相关操作，在这一小节我们通过几个典型案例，学习如何利用 JDBC API 接口中其他的类来实现对商品的添加、商品信息的修改、商品信息的查询和商品信息的删除等相关操作。

本节要点

➢ 使用 Statement、PreparedStatement 对象访问数据库并执行相应的 SQL 语句。

➢ 如何对 ResultSet 结果集进行遍历。

5.2.1 案例 2 商品检索与显示

【设计要求】

通过创建 Statement 接口和 ResultSet 接口检索数据库中的数据，并在 JSP 的页面中输出检索到的信息。

【学习目标】

（1）掌握 Statement 接口的创建方法。

（2）掌握 ResultSet 接口中进行信息遍历的方法。

【知识准备】

1．Statement

Statement 对象用于将 SQL 语句发送到数据库中。实际上有 3 种 Statement 对象，它们都作为在给定连接上执行 SQL 语句的包容器：Statement、PreparedStatement（它从 Statement 继承而来）和 CallableStatement（它从 PreparedStatement 继承而来）。它们都专用于发送特定类型的 SQL 语句：Statement 对象用于执行不带参数的简单 SQL 语句；PreparedStatement 对象用于执行带或不带 IN 参数的预编译 SQL 语句；CallableStatement 对象用于执行对数据库已存储过程的调用。

Statement 接口常用方法如表 5-1 所示。

表 5-1 Statement 接口常用方法

序号	方法名	功能
1	void close（）	立即释放此 Statement 对象的数据库和 JDBC 资源，而不是等待该对象自动关闭时发生此操作
2	boolean execute（String sql）	执行给定的 SQL 语句，该语句可能返回多个结果
3	ResultSet executeQuery（String sql）	执行给定的 SQL 语句，该语句返回单个 ResultSet 对象
4	int executeUpdate（String sql）	执行给定 SQL 语句，如 INSERT、UPDATE 或 DELETE 语句，或者不返回任何内容的 SQL 语句（如 DDL 语句）

2．ResultSet

结果集（ResultSet）是数据中查询结果返回的一种对象，可以说，结果集是一个存储查询结果的对象，但是结果集并不仅仅具有存储的功能，它同时还具有操纵数据的功能，可以完成对数据的更新等，ResultSet 接口中的常用方法如表 5-2 所示。

表 5-2 ResultSet 接口常用方法

序号	方法名	功能
1	boolean absolute（int row）	将行指针移动到此 ResultSet 对象给定行编号的行
2	void close（）	立即释放此 ResultSet 对象的数据库和 JDBC 资源，而不是等待该对象自动关闭发生此操作
3	boolean first（）	将行指针移动到此 ResultSet 对象的第一行。
4	Date getDate（int columnIndex）	以 Java 编程语言中 java.sql.Date 对象的形式获取此 ResultSet 对象当前行中指定列的值

续表

序号	方法名	功能
5	double getDouble（int columnIndex）	以 Java 编程语言中 double 的形式获取此 ResultSet 对象的当前行中指定列的值
6	int getInt（int columnIndex）	以 Java 编程语言中 int 的形式获取此 ResultSet 对象的当前行中指定列的值
7	String getString（int columnIndex）	以 Java 编程语言中 String 的形式获取此 ResultSet 对象的当前行中指定列的值
8	boolean last（）	将行指针移动到此 ResultSet 对象的最后一行
9	boolean next（）	将行指针从当前位置向前移一行

【实施过程】

（1）在 jspChap05 项目的 WebRoot 根目录创建 query.jsp，其核心代码如下：

```
1 <form action="../SearchManyCommInfo.jsp">
2   <p>
3    <input  type="text" name="keywords" value="产品名称 | 关键字"/>
4     <input  type="submit" class="tijiao" value="" />
5  </p>
6   </form>
```

（2）在 WebRoot 根目录创建 SearchManyCommInfo.jsp，其核心代码如下：

```
1        <%
2       Connection conn=null;
3        String sql=null;
4        Statement ps=null;
5        ResultSet rs=null;
6        try{
7            Class.forName ("oracle.jdbc.driver.OracleDriver") ;
8            String url="jdbc:oracle:thin:@127.0.0.1:1521:sunnyBuy ";
9            String user="system";
10            String pass="Sa123456";
11            conn=DriverManager.getConnection (url, user, pass) ;
12            out.println ("数据库连接成功") ;
13            conn.close () ;
14          }catch (Exception e) {
15              out.println ("连接失败") ;
16              e.printStackTrace () ;
17          }
18           try{
19              String keywords = "";
```

```
20                    if (session.getAttribute("keywords") != null) {
21                    keywords = session.getAttribute("keywords").toString();
22                  }
23              sql="select * from shop_comminfo where name like'%" +keywords+""%";
24              ps = conn.createStatement();
25              rs = ps.executeQuery(sql);
26          %>
27         <div class="list-pic">
28            <ul>
29           <%
30              while (rs.next()){
31        %>
32             <li>
33                 <p>
34                    <img src="../upload/<%=rs.getString("image")%>"
                     width="151" height="158" />
35                     </p>
36             <h3>
37            <a href="detail.html" target="_top"><%=rs.getString("name")%></a>
38            </h3>
39              <span>¥<%=new java.text.DecimalFormat("0.00").format(
                    rs.getDouble("price")*rs.getInt("salescount") *0.1)%> 元
40          </span>
41             <h4>
42                 <input value="购买" type="submit" />
43            </h4>
44            </li>
45          <%
46           }
47          }catch(Exception e1){
48              e1.printStackTrace();
49          }
50           %>
51        </ul>
52        </div>
```

第 25 行代码的 rs 对象用来获取最终的查询结果，第 30 行代码利用 ResultSet 对象的 next( ) 方法对结果集进行遍历，并通过 get×××( ) 方法逐行输出每个商品的每个字段的详细购买信息，其中×××和字段的数据类型有关，例如，商品名称字段 name 为 nvarchar 类型，那么就可以利用 getString("name") 取出当前记录 name 这个字段相应的值。

(3)在浏览器的地址栏中输入 http://localhost:8080/jspChap05/index.jsp，运行结果如图 5-5 所示。

图 5-5　商品检索

（4）在检索文本框中输入检索的关键字，检索结果如图 5-6 所示。

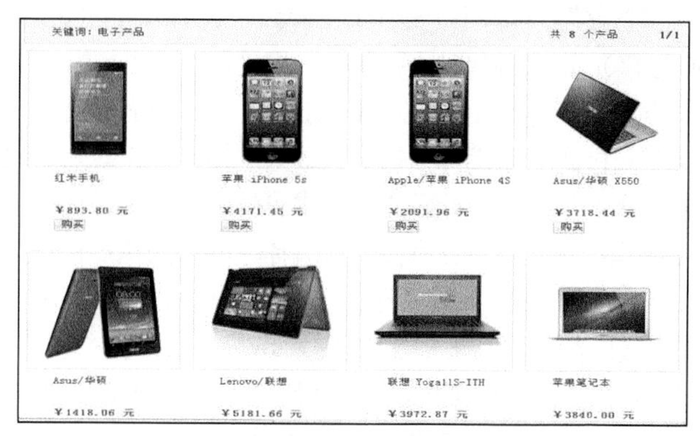

图 5-6　检索结果

【案例总结】

1．数据查询步骤

（1）连接数据库。

（2）编写 SQL 语句，创建 Statement 对象。

（3）调用 executeQuery 方法执行 SQL 语句，返回结果集。

（4）通过 while 循环输出 rs 中的值。

2．ResultSet 使用技巧

ResultSet 表示数据库结果集，通常由执行查询数据库的语句生成。ResultSet 类型的对象是一个指向其当前数据行的指针。最初，指针被置于第一行之前。next 方法将指针移动到下一行，因为该方法在 ResultSet 类型的对象中没有下一行时将返回 false，所以可以在 while 循环中使用它来迭代结果集。

ResultSet 接口提供用于从当前行检索列值的获取方法（getBoolean、getLong 等），可以使用列的索引编号或列的名称检索值。一般情况下，使用列索引较为高效，列从 1 开始编号。为了获得最大的可移值性，应该按从左到右的顺序读取每行中的结果集列，而且每列只能读取一次。

用作获取方法的输入的列名称不区分大小写。用列名称调用获取方法时，如果多个列具有这一名称，则返回第一个匹配列的值。列名称选项在生成结果集的 SQL 查询中使用列名称时使用。对于没有在查询中显示命名的列，最好使用列编号。如果使用列名称，程序员无法保证名称实际所指的就是预期的列，如 SearchManyCommInfo.jsp 页面中第 34 行代码 rs.getString（"image"）可以替换成 rs.getString（9），其中，9 是 image 这个字段在数据表的列索引号。

5.2.2　案例 3　商品添加与删除

【设计要求】

通过创建 PreparedStatement 接口以调用接口中的 executeUpdate ( ) 方法来执行 INSERT 和 DELETE 两个 SQL 语句，以实现对商品信息的添加与删除。

【学习目标】

(1) 掌握 PreparedStatement 接口的创建方法。

(2) 掌握通过 PreparedStatement 接口执行商品添加与删除的 SQL 语句。

【知识准备】

PreparedStatement

Java 中的 PreparedStatement 接口继承了 Statement，PreparedStatement 实例包含已编译的 SQL 语句，这就是使语句“准备好”。包含于 PreparedStatement 对象中的 SQL 语句可具有一个或多个 IN 参数。IN 参数的值在 SQL 语句创建时未被指定。相反地，该语句为每个 IN 参数保留一个问号“？”作为占位符。每个问号的值必须在该语句执行之前，通过适当的 set×××方法来提供。

每一种数据库都会尽可能地对预编译语句提供最大的性能优化。因为预编译语句有可能被重复调用，所以语句在被 DB 的编译器编译后的执行代码被缓存下来，那么下次调用时只要是相同的预编译语句就不需要编译，只要将参数直接传入编译过的语句执行代码中（相当于一个函数）就会得到执行。由于 PreparedStatement 对象已被预编译过，所以其执行速度要快于 Statement 对象。因此，多次执行的 SQL 语句经常被创建为 PreparedStatement 对象，以提高效率。

作为 Statement 的子类，PreparedStatement 继承了 Statement 的所有功能。另外，它还添加了一整套方法，如表 5-3 所示，这些方法的 Statement 形式（接受 SQL 语句参数的形式）不应该用于 PreparedStatement 对象。

表 5-3　PreparedStatement 接口常用方法

序号	方法名	功能
1	ResultSet　executeQuery ( )	在此 PreparedStatement 对象中执行 SQL 查询，并返回该查询生成的 ResultSet 对象
2	int executeUpdate ( )	在此 PreparedStatement 对象中执行 SQL 语句，该语句必须是 SQL 数据操作语言（Data Manipulation Language，DML）语句，如 INSERT、UPDATE 或 DELETE 语句；或者是无返回内容的 SQL 语句，如 DDL 语句
3	void setDate (int parameterIndex,Date x)	使用运行应用程序的默认时区将指定参数设置为给定 java.sql.Date 值
4	void setDouble (int parameterIndex,double x)	将指定参数设置为给定 Java double 值
5	void setInt (int parameterIndex， int x)	将指定参数设置为给定 Java　int 值
6	void setString (int parameterIndex，String x)	将指定参数设置为给定 Java String 值

【实施过程】

(1) 在 jspChap05 项目的 WebRoot 根目录创建 add_comminfo.jsp，其核心代码如下：

```
1  <form action="<%=basePath%>/do_insert.jsp" method="post"
```

```
    enctype="multipart/form-data">
2   <div class="weizhi">当前位置 >> 商品管理 >&gt; 添加商品</div>
3   <div class="ddlb" style="height: auto !important;height:
      490px; min-height: 490px;">
4   <h2>添加商品</h2>
5     <div class="chakan">
6     <table width="610" class="tab3" height="336"
          border="0" cellspacing="0" cellpadding="2">
7    <tr>
8       <td width="100" align="center">商品名:
9       </td>
10      <td><input name="name" class="kuang"  type="text" />
11      </td>
12    </tr>
13    <tr>
14       <td align="center">价格:
15       </td>
16       <td><input name="price" class="kuang"  type="text" />
17       </td>
18     </tr>
19     <tr>
20          <td align="center">库存量:
21          </td>
22          <td><input name="num" class="kuang" type="text" /> 25
23          </td>
24      </tr>
25       <tr>
26          <td align="center">分类: </td>
27          <td><select class="kuang " name="type">
28   <%
29      CommTypeDao ctd = new CommTypeDao () ;
30      List<CommType> list = ctd.selectAllCommType () ;
31      for (int i = 0; i < list.size () ; i++) {
32      CommType ct = new CommType () ;
33      ct = list.get (i) ;
34      %>
35        <option value="<%=ct.getType () %>" >
36            <%=ct.getType () %>
37        </option>
38    <%
39    }
```

```
40        %>
41       </select></td>
42      </tr>
43      <tr>
44        <td align="center">折扣：</td>
45        <td><input name="discount" class="kuang" type="text"  /> </td>
46       </tr>
47       <tr>
48            <td align="center">图片</td>
49            <td ><input type="file" class="kuang"  name="image"/></td>
50        </tr>
51        <tr>
52             <td align="center">描述信息</td>
53             <td><textarea name="description" rows="10"  cols="10">
54             </textarea></td>
55        </tr>
56        <tr>
57            <td align="center" colspan="2" height="40">
58            <input name="" type="submit" value="添加"  class="jian" />
59            <input name="" type="reset" value="重置"  class="jian" />
60            </td>
61         </tr>
62      </table>
63      </div>
64      </div>
65    </form>
```

第29、30行代码用来获取数据表中关于商品类别的信息，并通过下拉列表Select来显示所有商品的类别信息。

（2）在jspChap05项目的WebRoot根目录创建do_add_comminfo.jsp，其核心代码如下：

```
1   <%
2      response.setContentType("text/html;charset=utf-8");
3     request.setCharacterEncoding("utf-8");
4     response.setCharacterEncoding("utf-8");
5       String name=request.getParameter("name");
6       double price=Double.parseDouble(request.getParameter("price"));
7     int number=Integer.parseInt(request.getParameter("number"));
8     String type= request.getParameter("type");
9     String description= request.getParameter("description");
10    Double discount=Double.parseDouble(request.getParameter("discount"));
11    String image=request.getParameter("image")  ;
12    String sql="insert into shop_comminfo (name, price, stock, type,
```

```
description, addtime,  discount, image, salescount)values(? , ? , ? , ? , ? , sysdate, ? , ? , ? )";
13      PreparedStatement ps;
14     try{
15         Class.forName ("oracle.jdbc.driver.OracleDriver") ;
16         String url="jdbc:oracle:thin:@127.0.0.1:1521:sunnyBuy ";
17         String user="system";
18         String pass="Sa123456";
19         Connection conn=DriverManager.getConnection (url, user, pass) ;
20         out.println ("数据库连接成功") ;
21         conn.close () ;
22      }catch (Exception e) {
23       out.println ("连接失败") ;
24         e.printStackTrace () ;
25      }
26            try {
27                ps = conn.prepareStatement (sql) ;
28                ps.setString (1,  name) ;
29                ps.setDouble (2,  price) ;
30                ps.setInt (3,  number) ;
31                ps.setString (4,  type) ;
32                ps.setString (5,  description) ;
33                ps.setDouble (6,  discount) ;
34                ps.setString (7,  image) ;
35                ps.setInt (8,  0) ;
36                ps.executeUpdate ()  ;
37      } catch  (SQLException e)  {
38               e.printStackTrace () ;
39            }
40   %>
```

第 12 行代码中的 addtime 字段的值是采用系统当前时间来定的，通过 sysdate 可以设置 addtime 字段的值。

（3）在 jspChap05 项目的 WebRoot 根目录创建 del_comminfo.jsp，其核心代码如下：

```
1   <%
2     int id=Integer.parseInt (request.getParameter ("id") ) ;
3     Connection conn=null ;
4     PreparedStatement ps=null ;
5     String sql ;
6     try{
7         Class.forName ("oracle.jdbc.driver.OracleDriver") ;
8         String url="jdbc:oracle:thin:@127.0.0.1:1521:sunnyBuy ";
```

```
9          String user="system";
10          String pass="Sa123456";
11          Connection conn=DriverManager.getConnection (url, user, pass);
12          out.println ("数据库连接成功");
13           conn.close ();
14      }catch (Exception e){
15     sql = "delete from shop_comminfo where id='" + id + "'";
16     try {
17          ps = conn.prepareStatement (sql);
18          if  (ps.executeUpdate ()  >=1)  {
19             alert ("删除成功");
20          }
21        } catch  (SQLException e)  {
22          e.printStackTrace ();
23          }
24     %>
```

第 2 行代码用来获取所删除商品的 id 字段的值，第 18 行代码利用 PreparedStatement 接口中 executeUpdate 方法的返回值来判断删除操作是否成功，如果返回值小于 1，表示操作不成功，否则删除成功，并返回操作记录相应的索引值。

（4）在浏览器地址栏中输入 http://localhost:8080/jspChap05/add_comminfo.jsp，运行结果如图 5-7 所示。

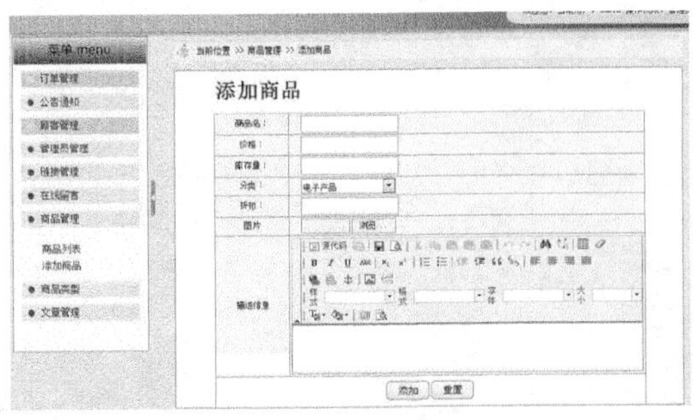

图 5-7　商品添加

（5）输入相关数据，单击“添加”按钮，运行结果如图 5-8 所示，页面将显示所有商品信息。

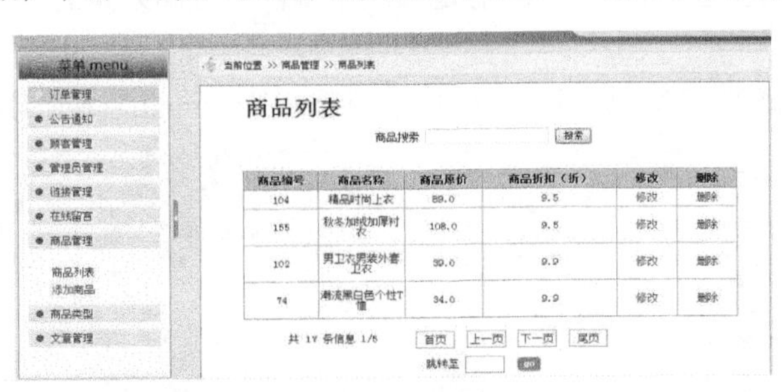

图 5-8　商品添加

（6）单击商品列表中的“删除”按钮，信息被删除。

【案例总结】

PreparedStatement 的用法如下。

（1）创建 PreparedStatement 对象，指定要执行的 SQL 语句（可带有参数占位符“？”的 SQL 语句字符串）：

```
String sql="INSERT INTO users (u_name, u_pass) VALUES (? , ? ) ";
PreparedStatement psm=con.prepareStatement (sql) ;
```

（2）设置参数值，为 SQL 语句中的参数占位符“？”设置参数值：

```
psm.setString (1, "zhao") ;
psm.setString (2, "zhao0212") ;
```

一般格式：set×××（int index，×××value）；

（3）执行预编译的 SQL 语句：

```
int f=psm.executeUpdate () ;
ResultSet rs=psm.executeQuery () ;
```

说明：创建和使用预编译语句 PreparedStatement 时需要注意以下几点。

① 用来设置 IN 参数值的 setter 方法必须指定与输入参数的已定义 SQL 类型兼容的类型。例如，如果 IN 参数具有 SQL 类型 INTEGER，那么应该使用 setInt 方法。

② 执行 executeQuery（）方法时，其返回值是 ResultSet 类型，表示查询的结果集。

③ 执行 executeUpdate（）方法时，其返回值是 int 类型，如果返回值小于 0，表示操作不成功；如果大于 0，表示操作成功，并返回操作的这条记录的索引值。

【拓展提高】

Statement 和 PreparedStatement 区别如下。

（1）都可以执行 SQL 语句实现对数据表的操作。

（2）后者在使用时必须用事先准备好的 SQL 语句作参数。

（3）从安全性上来看，PreparedStatement 是通过“？”来传递参数的，避免了因为拼接 SQL 语句字符串导致的 SQL 注入攻击的安全问题，所以安全性较好。

（4）PreparedStatement 表示预编译的 SQL 语句的对象，SQL 语句被编译并存储在对象中。被封装的 SQL 语句代表某一类操作，SQL 语句中允许包含动态参数“？”，在执行时可以为“？”动态设置参数值。

（5）在使用 PreparedStatement 对象执行 SQL 命令时，SQL 命令被数据库进行解析和编译，然后被放到命令缓冲区。然后每当执行 PreparedStatement 对象时，它就会被再解析一次，但是不会被再次编译。在缓冲区可以发现预编译的命令，并且可以重复使用。

5.2.3 案例 4 商品更新

【设计要求】

通过创建PreparedStatement接口，利用接口中的executeUpdate方法来实现对数据的更新操作。

【学习目标】

巩固 PreparedStatement 的用法。

【知识准备】

JSP 页面间传递参数是经常要运用到的功能，有时还需在多个 JSP 页面间传递参数，参数传递方式如下。

（1）直接在 URL 请求后添加，代码如下：

```
< a href="thexuan.jsp? action=params&detail=directe">直接传递参数</a>
```

特别是在运用 response.sendR edirect 做页面转向的时候，也可以用如下代码：

```
response.sendRedirect ("thexuan.jsp? action=transparams&detail=directe")
```

（2）使用 jsp:param。

它可以实现主页面向包含页面传递参数，代码如下：

```
< jsp:include page="Relative URL">
< jsp:param name="param name" value="paramvalue" />
< /jsp:include>
```

还可以实现在运用 jsp:forward 动作做页面跳转时传递参数，代码如下：

```
< jsp:forward page="Relative URL">
< jsp:param name="paramname" value="paramvalue" />
< /jsp:forward>
```

通过这种方式传递的参数和一般的表单传递参数一样的，其参数值可以通过 request.getParameter（name）取得。

（3）配置 session 和 request。

通过把参数放置到 session 和 request 中，以达到传递参数的目的，代码如下：

```
session.setAttribute (name, value) ;
request.setAttribute (name, value)
```

取参数：

```
value= (数据类型) session.getAttribute (name) ;
value= (数据类型) request.getAttribute (name) ;
```

【实施过程】

（1）在 jspChap05 项目的 WebR oot 目录创建 showone_comminfo.jsp，其核心代码如下：

```
1    <%
2         int  id=Integer.parseInt (request.getParameters (″id″) ) ;
3         try{
4              Class.forName ("oracle.jdbc.driver.OracleDriver ") ;
5              String url="jdbc:oracle:thin:@127.0.0.1:1521:sunnyBuy ";
6              String user="system";
7              String pass="Sa123456";
8              conn=DriverManager.getConnection (url, user, pass) ;
9               out.println ("数据库连接成功") ;
```

```
10              conn.close () ;
11          }catch (Exception e) {
12              out.println ("连接失败") ;
13               e.printStackTrace () ;
14          }
15          try{
16              sql="select * from shop_comminfo where id=? ;
17              ps = conn.createStatement () ;
18              ps.setInt (1, id)  ;
19              rs = ps.executeQuery (sql) ;
20          %>
21      <div class="weizhi">
22            当前位置 >> 商品管理 >&gt; 修改商品
23        </div>
24      <form action="../UpdateCommInfo.jsp? id=<%=id%>"
          method="post" enctype="multipart/form-data">
25        <div class="ddlb">
26          <h2>修改商品</h2>
27          <div class="chakan">
28          <table width="610" class="tab3" height="336" border="0"
              cellspacing="0" cellpadding="0">
29              <tr>
30                  <td width="100" align="center">
31                      商品名:
32                  </td>
33                  <td>
34                  <input name="name" class="kuang" type="text"
                        value="<%=rs.getString (“name”) %>" />
35                  </td>
36              </tr>
37              <tr>
38                  <td align="center">价格: </td>
39                  <td>
40                      <input name="price" class="kuang" type="text"
                          value="<%= rs.getDouble (”price”) %>" />
41                  </td>
42              </tr>
43              <tr>
44                  <td align="center">库存量: </td>
45                  <td>
46                      <input name="number" class="kuang" type="text"
```

```
                    value="<%= rs.getDouble ("number") %>" />
47                 </td>
48             </tr>
49             <tr>
50                 <td align="center">分类：</td>
51                 <td>
52                     <select class="kuang " name="type">
53                         <option value="<%= rs.getString ("type") %>">
54                        <%= rs.getString ("type") %>
55                         </option>
56            <%
57             }
58            %>
59                     </select>
60                 </td>
61               </tr>
62               <tr>
63                 <td align="center">折扣：</td>
64                 <td>
65                     <input name="discount" class="kuang" type="text"
                       value="<%= rs.getDouble ("discount") %>" />
66                 </td>
67         </tr>
68         <tr>
69                 <td align="center">修改图片</td>
70   <input type="hidden" name="image2" value=<%=rs.getString ("image") %>>
71                 <td><input type="file" class="kuang" name="image" />
72                 </td>
73             </tr>
74             <tr>
75                 <td align="center">描述信息</td>
76                 <td>
77  <textarea name="description" rows="10" cols="10">
78     <%= rs.getString ("description") %>
79  </textarea>
80                 </td>
81             </tr>
82             <tr>
83                 <td align="center" colspan="2" height="40">
84                     <input name=""type="submit"value="修改"class="jian"/>
83                     <input name="" type="reset" value="重置" class="jian" />
```

```
86                  </td>
87              </tr>
88          </table>
89    </div>
90     </form>
```

第 24 行代码用来在表单提交请求的时候，由 action 属性指定的目标程序对请求进行处理，并在处理的过程中向目标程序传递参数，以表示要对此商品的信息进行修改。

（2）建立 UpdateCommInfo.jsp 页面，其核心代码如下：

```
1   <%
2     response.setContentType ("text/html;charset=utf-8") ;
3     request.setCharacterEncoding ("utf-8") ;
4     int  id=Integer.parseInt (request.getParameter ("id") ) ;
5     String name=request.getParameter ("name") ;
6     double price=Double.parseDouble (request.getParameter ("price") ) ;
7     int number=Integer.parseInt (request.getParameter ("number") ) ;
8     String type= request.getParameter ("type") ;
9     String description= request.getParameter ("description") ;
10    double discount=Double.parseDouble (request.getParameter ("discount") ) ;
11     String image=request.getParameter ("image")  ;
12      String sql="update shop_comminfo set name= ? , price= ? , stock= ? ,
type= ? , description= ? discount= ? , image= ? , salescount= ?  where  id= ? ";
13     PreparedStatement ps;
14     try{
15         Class.forName ("oracle.jdbc.driver.OracleDriver") ;
16         String url="jdbc:oracle:thin:@127.0.0.1:1521:sunnyBuy ";
17         String user="system";
18         String pass="Sa123456";
19         Connection conn=DriverManager.getConnection (url, user, pass) ;
20         out.println ("数据库连接成功") ;
21         conn.close () ;
22      }catch (Exception e) {
23       out.println ("连接失败") ;
24         e.printStackTrace () ;
25      }
26          try {
27              ps = conn.prepareStatement (sql) ;
28              ps.setString (1,  name) ;
29              ps.setDouble (2,  price) ;
30              ps.setInt (3,  number) ;
31              ps.setString (4,  type) ;
32              ps.setString (5,  description) ;
```

```
33                  ps.setDouble (6,  discount) ;
34                  ps.setString (7,  image) ;
35                  ps.setInt (8,  0) ;
36                  ps.setInt (9, int)  ;
37                  ps.executeUpdate ()  ;
38          } catch  (SQLException e)  {
39                 e.printStackTrace () ;
40          }
41     %>
```

第 3 行代码用来表示在提交的请求中所包含的参数信息，第 4~10 行代码用来获取文本框中修改后的信息，第 28~37 行代码用来给 PreparedStatement 对象中的占位符（？）设置参数值。

（3）在浏览器地址栏中输入 http://localhost:8080/jspChap05/ showone_comminfo.jsp，运行结果如图 5-9 所示。

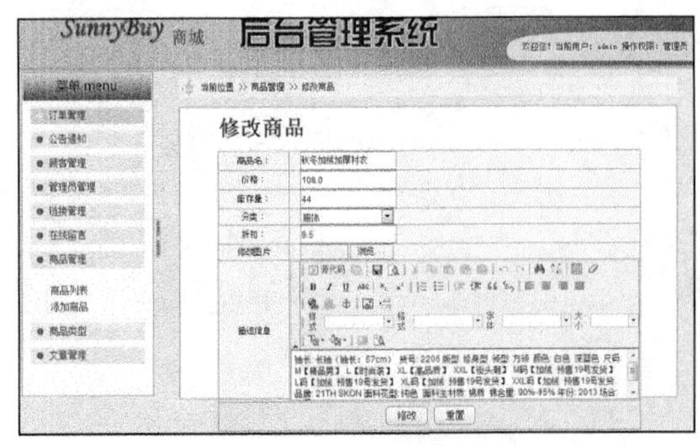

图 5-9　商品更新

【案例总结】

在使用 JSP 的过程中，经常会遇到中文乱码的问题，大致有以下几种情况。

1．JSP 页面显示乱码

一般产生这种情况的原因是由于服务器使用的编码方式和浏览器对不同的字符显示结果不同。通常只需要在 JSP 页面中指定编码方式（UTF-8）就可以消除乱码了，即在页面的第一行加上以下代码：

```
<%@ page contentType="text/html; charset=UTF-8"%>
```

2．只在提交中文时出现乱码

如果页面提交英文字符能正确显示，但是提交中文字符时出现乱码，那么原因是浏览器默认使用 UTF-8 编码方式来发送请求，而 UTF- 8 和 GB2312 编码方式在表示字符时不一样，这样就出现了不能识别字符的情况。可以通过 request.setCharacterEncoding （"UTF-8"）对请求进行统一编码，就可以实现中文的正常显示了。

5.2.4　案例 5　存储过程的定义和调用

【设计要求】

创建 CallableStatement 并通过调用 prepareCall 来调用在 Oracle 数据库中定义的存储过程。

【学习目标】

（1）掌握在 Oracle 数据库中定义存储过程的方法。

（2）掌握利用 JDBC 在客户端调用服务器上的 Oracle 数据库中定义的存储过程。

【知识准备】

1．存储过程

存储过程（Stored Procedure）是在大型数据库系统中，一组为了完成特定功能的 SQL 语句集，经编译后存储在数据库中，用户通过指定存储过程的名字并给出参数（如果该存储过程带有参数）来执行它。

2．存储过程的优点

（1）存储过程只在创造时进行编译，以后每次执行存储过程都不需再重新编译，而一般 SQL 语句每执行一次就编译一次，所以使用存储过程可提高数据库执行速度。

（2）当对数据库进行复杂操作时（如对多个表进行 UPDATE、INSERT、QUERY、DELETE），可将此复杂操作用存储过程封装起来与数据库提供的事务处理结合在一起使用。

（3）存储过程可以重复使用，可减少数据库开发人员的工作量。

3．CallableStatement

CallableStatement 对象为所有的 DBMS 提供了一种以标准形式调用已储存过程的方法，已储存过程储存在数据库中。对已储存过程的调用是 CallableStatement 对象所含的内容。这种调用用一种换码语法来写，有两种形式：一种形式带有结果参数，另一种形式不带结果参数。结果参数是一种输出（OUT）参数，是已储存过程的返回值。两种形式都可带有数量可变的输入（IN 参数）、输出（OUT 参数）或输入和输出（INOUT 参数）的参数。

在 JDBC 中调用已储存过程的语法如下：

```
{call 过程名[(?, ?, …)]}
```

返回结果参数的过程的语法：

```
{? = call 过程名[(?, ?, …)]}
```

不带参数的储存过程的语法类似：

```
{call 过程名}
```

CallableStatement 接口的主要方法如表 5-4 所示。

表 5-4　　CallableStatement 接口常用方法

序号	方法名	功 能
1	void registerOutParameter（int parameterIndex，int sqlType）	按顺序位置 parameterIndex 将 OUT 参数注册为 JDBC 类型 sqlType
2	void registerOutParameter(String parameter Name，int sqlType）	将名为 parameterName 的 OUT 参数注册为 JDBC 类型 sqlType
3	Void setBoolean（String parameterName，boolean x）	将指定参数设置为给定的 Java boolean 值

续表

序号	方法名	功 能
4	void setDate（String parameterName，Date x）	使用运行应用程序的虚拟机默认时区将指定参数设置为给定的 java.sql.Date 值
5	void setInt（String parameterName，int x）	将指定参数设置为给定的 Java int 值
6	void setString（String parameterName，String x）	将指定参数设置为给定的 Java String 值

【实施过程】

（1）在数据库中创建一个统计所有商品总价的存储过程 sp_count，其核心代码如下：

```
1   CREATE PROCEDURE sp_count (iSum out number,  commType  in varchar)
2   BEGIN
3        select sum (price*quantity)  into iSum from product
4        where type=commType
5   END  sp_count
```

第 3 行代码利用 sum 函数求出某种商品的总价。

（2）在 jspChap05 项目的 WebRoot 根目录创建 callProcedure.jsp，其核心代码如下：

```
1    <%
2      Connection conn = null;
3      try {
4        Class.forName ("oracle.jdbc.driver.OracleDriver") ;
5        String url="jdbc:oracle:thin:@127.0.0.1:1521:sunnyBuy ";
6        String user="system";
7        String pass="Sa123456";
8        conn=DriverManager.getConnection (url, user, pass) ;
9        CallableStatement cst = conn.prepareCall("{call sp_count(? , ? )}");
10       cst.registerOutParameter (1, Types.NUMBER) ;
11       cst.setString (2, "电子产品") ;
12       cst.execute () ;
13       long sum=cst.getLong (1) ;
14       out.println ("<h2>商品总价为:"+sum+"元</h2>") ;
15       conn.close () ;
16       } catch  (Exception e)  {
17           e.printStackTrace () ;
18       }
19   %>
```

第 9 行代码通过 Connection 接口中的 prepareCall（ ）方法来调用已定义的存储过程，第 10~11 行代码为存储过程中的参数传递相应的值。

（3）在浏览器地址栏中输入 http://localhost:8080/jspChap05/callProcedure.jsp，运行结果如图 5-10 所示。

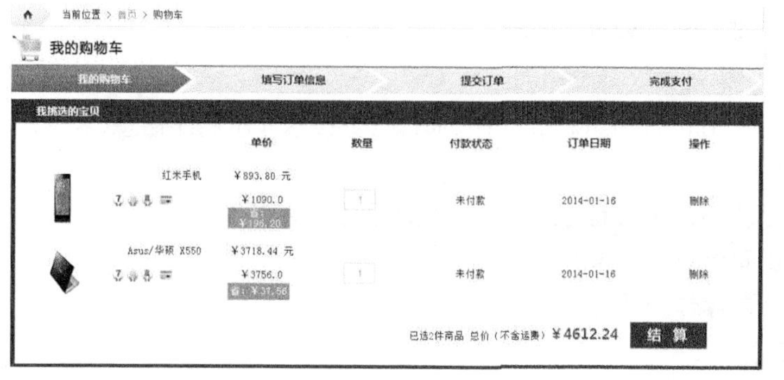

图 5-10 商品总价

【案例总结】

1．创建 CallableStatement 对象

CallableStatement 对象是用 Connection 方法 prepareCall 创建的。本例创建的 cst 对象就是 CallableStatement 的实例，其中含有对已储存过程 getTestData 调用。该过程有两个变量，但不含结果参数：

```
CallableStatement cstmt = con.prepareCall ( "{call getTestData ( ? ,  ? ) }" ) ;
```

其中“?”占位符为 IN、OUT 还是 INOUT 参数，取决于已储存过程 getTestData。

2．IN 和 OUT 参数

将 IN 参数传给 CallableStatement 对象是通过 set×××方法完成的。该方法继承自 PreparedStatement。所传入参数的类型决定了所用的 set×××方法（例如，用 setFloat 来传入 float 值等）。

如果已储存过程返回 OUT 参数，则在执行 CallableStatement 对象以前必须先注册每个 OUT 参数的 JDBC 类型（这是必需的，因为某些 DBMS 要求使用JDBC 类型）。注册 JDBC 类型是用 registerOutParameter 方法来完成的。语句执行完后，CallableStatement 的 get×××方法将取回参数值。正确的 get×××方法是将各参数所注册的 JDBC 类型转换为所对应的 Java 类型。换言之，registerOutParameter 使用的是 JDBC 类型（因此它与数据库返回的 JDBC 类型匹配），而 get×××将之转换为 Java 类型。

5.3 数据库的典型应用

在前面已经学习了通过 JDBC API 接口来实现对数据库的访问，利用 Statement 接口和 PreparedStatement 接口执行相应的 SQL 语句，并通过 ResultSet 接口实现对数据的遍历的方法。在这一小节，我们通过几个典型案例，看一下在数据遍历的过程中如何分页显示数据以及怎样通过配置数据库连接池来提高数据库访问效率。

本节要点

- 数据分页的计算方法和实现过程。
- 数据库连接池的配置和应用。

5.3.1　案例 6　数据分页

【设计要求】

编写商品展示 comminfo_list.jsp 文件，通过分页技术显示商品信息，要求每页显示 4 行数据。

【学习目标】

（1）巩固通过 PreparedStatement 接口来获取要显示的数据的方法。

（2）掌握页面大小的设置方法。

（3）掌握分页操作的处理。

【知识准备】

1．分页概述

在 Web 开发过程中，常有这样的需求：实现大量同结构数据在网页上的列表显示。而面临很多数据列表的时候，经常会使用翻页功能。翻页的实现，有很多种方法，考虑到显示在页面的数据更新问题，多数实现方法往往采用前台、后台交互功能，利用后台逻辑来实现分页功能。这是常规的做法，然而这样做的代价是增加了前后台交互的次数，每一次翻页都要请求后台程序，后台程序根据所需将数据返回给前台，增加了用户等待时间。

2．分页中的关键技术

（1）可滚动的 ResultSet

PreparedStatement pstmt = conn.prepareStatement（sql,type,concurrency）；其中，type 表示 ResuleSet 的类型，而 concurrency 表示是否可以使用 ResuleSet 来更新数据库。

type 和 concurrency 的取值以及含义如下。

① ResultSet.TYPE_FORWARD_ONLY——结果集不能滚动，这是默认值。

② ResultSet.TYPE_SCROLL_SENSITIVE——结果集可以滚动，并且 ResuleSet 对数据库中发生的改变敏感。

③ ResultSet.CONCUR_UPDATABLE——可更新结果集，可以用于更新数据库。

当使用 TYPE_SCROLL_SENSITIVE 来创建 PreparedStatement 对象时，可以使用 ResultSet 的 first（）/last（）/beforeFirst（）/afterLast（）/relative（）/absolute（）等方法在结果集中随意前后移动。

（2）计算总行数

创建 PreparedStatement 对象时，指定结果集（ResultSet）类型，使 ResultSet 对象的记录指针可以随机定位。ResultSet 对象提供了一系列与记录指针相关的方法：

```
boolean last()； //将记录指针指向最后一行
boolean absolute(int row)； //将记录指针指向指定行
int getRow()； //获取当前行的行号
```

结论：总行数 = 最后一行的行号

（3）计算总页数

总页数 = （总行数%页大小==0） ? 总行数/页大小 : 总行数/页大小+1

（4）如何传递页码与获取页码

通过 URL 地址参数传递，一般格式：

```
url? page=1
```

在 URL 中获取页码：

```
String str=request.getParameter ("page") ;
```

处理特殊情况：没有传递参数、页码超范围

（5）读取第 n 页的数据

指针定位：（n−1）*页大小+1，循环读取某页数据并输出（注意：最后 1 页的特殊情况）。

（6）实现分页导航

如果当前页为 currentPage，总页数为 totalPage，使用以下代码实现分页导航：

```
<a href="url? page=1">首页</a>
<a href="url? page=<%=currentPage+1%>">下一页</a>
<a href="url? page=<%=currentPage-1%>">上一页</a>
<a href="url? page=totalPage">尾页</a>
```

说明：实现分页功能时需要注意以下几点。

① 如果当前页为第 1 页，则不显示“首页”和“上一页”；

② 如果当前页为最后一页，则不显示“下一页”和“尾页”。

【实施过程】

（1）在 jspChap05 项目的 WebRoot 根目录创建 comminfo_list.jsp，其核心代码如下：

```
1    <%
2        int currentpage = 1;//从 session 中获取所有商品显示的当前页数
3        if  (session.getAttribute ("currentpage")  != null)
4            currentpage = Integer.parseInt (session.getAttribute (
"currentpage") .toString () ) ;
5        sql = "select * from shop_comminfo ";
6        int count = 0;
7        try
8            {
9            ps = conn.prepareStatement (sql) ;
10           rs = ps.executeQuery () ;
11           while  (rs.next () )  {
12                   count++;
13                   }
14               } catch  (SQLException e)  {
15               e.printStackTrace () ;
16           }
17           int CommInfopage = count  /  4;//每页显示 4 个产品，共有多少页
18               if  (count % 4 != 0)
19                       CommInfopage = CommInfopage + 1;
20               if  (currentpage > CommInfopage)
21                           currentpage = CommInfopage;
```

```
22                  if  (currentpage <= 1)
23                  currentpage = 1;
24              sql="select t1.* from (select rownum num, t.* from shop_comminfo
t) t1 wheret1.num >= "+ ( (currentpage - 1) *pagesize +1) +" and  t1.num<=" +
 (  (currentpage-1) *pagesize+pagesize) ;
25                  ps = conn.prepareStatement (sql) ;
26                  rs = ps.executeQuery () ;
27     %>
28    <div class="list-right">
29           <div class="zonghe">
30               <ul>
31                   <li class="zong">
32                       <a href="#" target="_parent">
33                      综合
34                     </a>
35                    </li>
36                  </ul>
37                  <h4> <span>共<label><%=count%></label>个产品
38                    </span><%=currentpage%>/<%=CommInfopage%>
39                  </h4>
40              </div>
41              <div class="list-pic">
42                  <ul>
43                      <%
44                                    while  (rs.next () )  {
45                           %>
46                    <li>
47                   <p>
48                   <a href="../ShowOneCommInfoServlet? id=<%=rs.getInt ("id")%>">
49                       <img src="../upload/<%= rs.getString ("image")  %>
50                           " width="151" height="158" />
51              </a>
52                      </p>
53                      <h3>
54                     <a  href="../ShowOneCommInfoServlet? id=<%= rs.getInt
("id") %>">
55                     <%= rs.getString ("name") %> </a>
56                      </h3>
57                      <span>¥<%=new java.text.DecimalFormat ("0.00") .format (rs
.getDouble ("price") * p.getDouble ("discount")  * 0.1) %> 元
58                    </span>
```

```
59                  <form action="../AddCommOrderServlet_One? id= <%=rs.getInt
("id") &&name=<%=rs.getString ("name") %>&& price=<%rs.getDouble ("price")
%>&&discount=<%= rs.getDoulbe ("discout") %>&&image=<%=rs .getString ("image")
%>&&number=1" method="post">
60                 <h4>
61                <input name="" value="购买" class="gou" type="submit"  />
62                 </h4>
63           </form>
64              </li>
65           <%
66                  }
67           %>
68              </ul>
69             </div>
70        <div class="clear"></div>
71                  <div class="fan">
72                      <ul>
73                          <%
74                              if (currentpage == 1) {
75                          %>
76                          <li class="shang">
77                              &lt;&lt;上一页
78                          </li>
79                          <%
80                              } else {
81                          %>
82                          <li class="xia">
83                              <a href="../PageCommInfoServlet? currentpage=
                        <%=currentpage - 1%>">&lt;&lt;上一页</a>
84                          </li>
85                      <%
86                          }
87                          for (int i =1 ; i< currentpage; i++) {
88                      %>
89                        <li>
90                          <a href="../PageCommInfoServlet? currentpage=
                      <%=i%>"><%=i%></a>
91                          </li>
92                      <%
93                          }
94                      %>
```

```
95                     <li class="yi"><%=currentpage%>
96                     </li>
97                     <%
98                 for (int i = currentpage; i < CommInfopage && i <
currentpage+ 9; i++) {
99                 %>
100                    <li>
101                  <a href="../PageCommInfoServlet? currentpage=<%=i
                       + 1%>"><%=i + 1%></a>
102                    </li>
103                <%
104                    }
105                        if (currentpage == CommInfopage) {
106                    %>
107                        <li class="shang">下一页&gt;&gt;
108                        </li>
109                    <%
110                            } else {
111                    %>
112                        <li class="xia">
113                            <a  href="../PageCommInfoServlet? currentpage=
  <%=currentpage + 1%>">下一页 &gt;&gt;</a>
114                        </li>
115                    <%
116                        }
117                    %>
118                    </ul>
119                    </div>
120            </div>
```

第 2 行代码用于初始访问时从第 1 页开始分页显示所有商品信息。第 20 行代码用于判断当前页是不是最后一页，如果是最后一页，当点击下一页时，当前页设置为最后一页的页码。第 22 行代码用于判断当前页是不是第一页，如果是第一页，当前页设置为首页页码的值。

（2）启动服务，在浏览器地址栏中输入 http://localhost:8080/jspChap05/comminfo_list.jsp，显示结果如图 5-11 所示。

图 5-11 分页显示

【案例总结】

ResultSet 为查询结果集对象，在该对象中有一个“光标”的概念，光标通过上、下移动定位查询结果集中的行，从而获取数据。所以通过移动“光标”，可以设置 ResultSet 对象中记录的起始位置和结束位置，以实现数据的分页显示。具体分页显示实现过程：利用查询的结果集 ResultSet 的 last( ) 方法和 getRow( ) 方法知道一共要显示多少信息，通过每页显示多少记录信息可以得到一共需要多少页来显示所有的信息，从而可以得出某一页需要显示的信息是从第几条到第几条，在这里可以利用 absolute( ) 方法，实现读取某一页的第一条信息。

5.3.2 案例 7 配置数据库连接池

在 Web 开发中，如果使用 JDBC 连接数据库，那么每次访问请求都必须建立连接—打开数据库—存取数据库—关闭连接等一系列步骤。但是我们知道打开数据库的连接不仅费时，而且消耗比较多的系统资源。如果进行数据库操作的次数比较少，那么还不至于有多大的影响，但是假如频繁地进行数据库操作，系统的性能将会受到很大影响。

为了解决上述问题，引入了数据库连接池技术。用一句话概括数据库连接池技术那就是负责分配、管理和释放数据库连接。

【设计要求】

创建数据库连接池并进行配置，通过数据库连接池来获取可用的连接以实现对数据库的访问。

【学习目标】

（1）了解数据库连接池的工作原理，掌握数据库连接池的创建与配置。

（2）掌握获取数据库连接池中可用连接的方法。

【知识准备】

（1）数据库连接池的工作原理。

数据库连接的建立及关闭对系统而言特别耗费资源，尤其是在多层结构中。数据库连接池的解决方案是在应用程序启动时建立足够的数据库连接，并将这些连接组成一个连接池，有应用程序动态地对池中的连接进行申请、使用和释放。DataSource 接口代表了数据源，它是一个能够提供简单的 JDBC 连接和更多高级服务的接口。在 Tomcat 中配置了数据源，Tomcat 就会把这个数据源绑定到 JNDI 名称空间，可以通过 lookup( ) 查找这个数据源，然后建立连接。数据库效率和性能得到提高。

（2）在 Java 语言中，DataSource 对象就是一个代表数据源实体的对象。一个数据源就是一个用来存储数据的工具，它可以是复杂的大型企业级数据库，也可以是简单得只有行和列的文件。数据源可以位于服务器端，也可以位于客户端。

应用程序通过一个连接来访问数据源，那么一个 DataSource 对象就是用于提供连接数据源的工具。DataSource 接口提供了两种方法用于建立和数据源的连接，虽然两者的使用范围都很相似，并且都提供了方法用于建立和数据库的连接、设置连接的最大超时时间、获取流、登录，但使用 DataSource 对象建立和数据库的连接比起使用 DriverManager 接口更加高效。

但两者之间的区别更加明显。和 DriverManager 不同，一个 DataSource 对象能够识别和描述它所代表的数据源的属性，而且 DataSource 对象的工作与 Java 命名和目录接口（Java Naming and Directory Interfaceti，JNDI）具有密切的关系，DataSource 的建立、发布、独立于应用程序的管理都依靠 JNDI 技术。

（3）JNDI 是一组在 Java 应用中访问命名和目录服务的 API。命名服务将名称和对象联系起来，使得读者可以用名称访问对象。目录服务是一种命名服务，在这种服务里，对象不但有名称，还有属性。

JNDI 的主要功能可以这样描述，它使用一张哈希表存储对象（大多数的 J2EE 容器也的确是这样做的），然后，开发人员可以使用键值——也就是一个字符串来获取这个对象。这里就包括取 JNDI 的两个最主要操作：bind 和 lookup。bind 操作负责往哈希表里存对象，存对象的时候要定义好对象的键值字符串，lookup 则根据这个键值字符串往外取对象。

【实施过程】

（1）在 tomcat 服务器目录下面的 conf 中找到一个叫 context.xml 的配置文件，在其中加入以下代码，其中参数含义如下所示。

```
1  Resource name="jdbc/DBPool"!    --数据源名称，最好起一个有意义的名称--
2  auth="Container"!    --这个默认，无需修改--
3  type="javax.sql.DataSource"!    --这个默认，无需修改--
4  driverClassName=" oracle.jdbc.driver.OracleDriver "!--这是连接 Oracle 数据库的驱动包--
5  url= jdbc:oracle:thin:@127.0.0.1:1521:sunnyBuy "!--这里是连接到 Oracle 数据库的 URL--
6  username="system"!--登录数据库的用户名--
7  password="Sa123456"!--登录数据库的密码--
8  maxIdle="5"!--这个默认，无需修改--
9  maxWait="5000"!--这个默认，无需修改–
10 maxActive="10"!--这个默认，无需修改--
```

（2）将数据驱动程序 ojdbc6.jar 文件放入 Tomcat 目录下的 lib 下面。

（3）打开 jspChap05 应用程序的 web.xml 文件，添加以下配置代码：

```
1  <resource-ref>
2     <res-ref-name> jdbc/DBPool </res-ref-name>
3     <res-type>javax.sql.DataSource</res-type>
4     <res-auth>Container</res-auth>
5   </resource-ref>
```

第 2 行代码为数据源的引用名，第 3 行代码为数据源的数据类型。

（4）创建测试页面 DataSourceTest.jsp，其核心代码如下：

```
1  <%
2  try{
3   Context c = new InitialContext ();
4   DataSource ds = (DataSource) c.lookup ("java:comp/env /jdbc/DBPool ");
5   conn = ds.getConnection ();
6  }catch (Exception e) {
7   e.printStackTrace ();
8  }
9  %>
```

第 4 行代码通过 JDBC 的方式获取数据库连接池 jdbc/DBPool，第 5 行代码用于从数据库连接池中获取可用的连接。

（5）在浏览器地址栏中输入 http://localhost:8080/jspChap05/DataSourceTest.jsp，运行结果如图 5-12 所示。

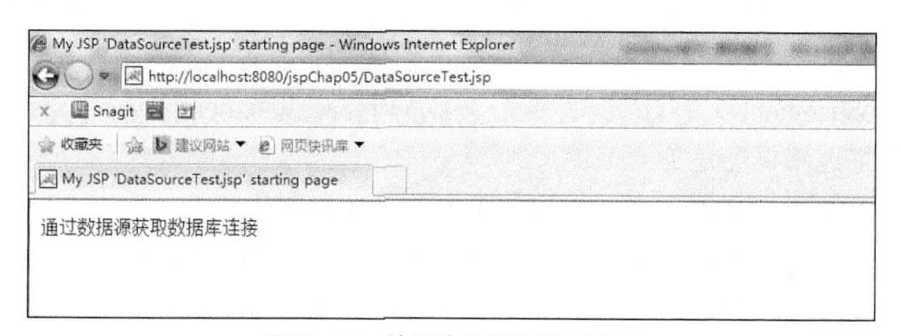

图 5-12　数据库连接池运行结果

【案例总结】

数据库连接池的主要操作步骤

（1）建立数据库连接池对象（服务器启动）。

（2）按照事先指定的参数创建初始数量的数据库连接（即空闲连接数）。

（3）对于一个数据库访问请求，直接从连接池中得到一个连接。如果数据库连接池对象中没有空闲的连接，且连接数没有达到最大，创建一个新的数据库连接。

（4）存取数据库。

（5）关闭数据库，释放所有数据库连接（此时的关闭数据库连接，并非真正关闭，而是将其放入空闲队列中。如实际空闲连接数大于初始空闲连接数则释放连接）。

（6）释放数据库连接池对象（服务器停止、维护期间，释放数据库连接池对象，并释放所有连接）。

5.4　小　结

这一章主要介绍了在 Java Web 项目开发中如何对数据库编程；Java 中连接数据库的技术 JDBC 以及如何用 JDBC 对数据库进行连接和编程等内容。

在 Java 中系统提供了 JDBC 接口技术实现对数据库的连接和操作。用户可调用 JDBC API

中的 DriverManager、Connection、Statement、ResultSet 类连接和操纵数据库。其中，DriverManager 是用来管理数据库驱动的（文中主要用到了 JDBC-ODBC 驱动和数据库的 JDBC 专用驱动）；Connection 用来建立数据的连接；Statement 执行 SQL 语言的返回数据到 ResultSet 结果集中，用户就可以在 ResultSet 中使用数据库中的数据；Statement 也可以执行 SQL 语句的修改、添加和删除数据操作。

5.5 练一练

一、选择题

1. 典型的 JDBC 程序按（　）顺序编写。

A. 释放资源　　B. 获得与数据库的物理连接

C. 执行 SQL 命令　　D. 注册 JDBC Driver

E. 创建不同类型的 Statement　　F. 如果有结果集，处理结果集

2. JDBC 驱动程序的种类有（　）。

A. 2 种　　B. 3 种　　C. 4 种　　D. 5 种

3. 在 JDBC 中可以调用数据库的存储过程的接口是（　）

A. Statement　　B. PreparedStatement

C. CallableStatement　　D. PrepareStatement

4. 下面的描述错误的是（　）

A. Statement 的 executeQuery（）方法会返回一个结果集

B. Statement 的 executeUpdate（）方法会返回是否更新成功的 boolean 值

C. 使用 ResultSet 中的 getString（）可以获得一个对应于数据库中 char 类型的值

D. ResultSet 中的 next（）方法会使结果集中的下一行成为当前行

二、填空题

1. 接口 Statement 中定义的 executeQuery 方法的返回类型是________，代表的含义是________；executeUpdate 返回的类型是________，代表的含义是_______。

2. JDBC 中，通过 Statement 类所提供的方法，可以利用标准的 SQL 对数据库进行__________、__________、__________操作。

3. 在 JDBC 中，可对数据库进行遍历，以数组形式得到数据表、表字段属性、数据库版本号等信息，通过__________接口可以实现。

三、简答题

1. JDBC 的主要功能是什么？它由哪些部分组成？JDBC 中驱动程序的主要功能是什么？简述 Java 程序中连接数据库的基本步骤。

2. JDBC API 是什么？它主要由哪些部分组成，各有什么功能？请举例说明。

3. 简述数据连接池的工作机制。

PART 6

第6章 JavaBean技术

本章要点

- JavaBean的概念和创建。
- JavaBean与HTML表单的交互。
- JavaBean封装数据库的操作。
- JavaBean在JSP中的典型应用。

6.1 JavaBean定义及基本应用

在上一章，我们学习了在JSP页面中使用JDBC API接口连接数据库，只要是需要连接数据库的页面都需要写数据库连接的代码，而且很多页面都写的是相同的代码。那么有没有一种方法能把每个页面重复的代码提取出来放到一个公共组件中，然后每个页面去访问这个组件，这样就避免了在每个页面中写重复代码的操作了。答案是肯定的，那个公共组件就是JavaBean。

本节要点

➢ JavaBean分类和JavaBean的定义。
➢ JavaBean在程序开发中的基本应用。

6.1.1 案例1 创建一个简单的JavaBean

【设计要求】

创建一个简单的JavaBean。

【学习目标】

（1）掌握JavaBean的编写规范。
（2）掌握JavaBean的定义要求。

【知识准备】

1．JavaBean

JavaBean是基于Java的组件模型，由属性、方法和事件3部分组成。在该模型中，JavaBean可以被修改或与其他组件结合以生成新组件或完整的程序。它是一种Java类，通过封装成为具有某种功能或者处理某个业务的对象。因此，也可以通过嵌在JSP页面内的Java代码访问Bean及其属性。Bean的含义是可重复使用的Java组件。所谓组件，就是一个由可以自行进行内部管理的一个或几个类组成的、外界不了解其内部信息和运行方式的群体。使用它的对象只能通过接口来操作。

2．JavaBean 的优点

（1）提高代码的可复用性：对于通用的事务处理逻辑，数据库操作等都可以封装在 JavaBean 中，通过调用 JavaBean 的属性和方法可快速进行程序设计。

（2）程序易于开发维护：实现逻辑的封装，使事务处理和显示互不干扰。

（3）支持分布式运用：多用 JavaBean，尽量减少 Java 代码和 HTML 的混编。

3．JavaBean 编写规范

实际上是根据 JavaBean 技术标准所指定 Bean 的命名和设计规范编写的 Java 类。Bean 并不需要继承特别的基类（Base Class）或实现特定的接口（Interface）。Bean 的编写规范使 Bean 的容器（Container）能够分析一个 Java 类文件，并将其方法（Methods）翻译成属性（Properties），即把 Java 类作为一个 Bean 类使用。Bean 的编写规范包括 Bean 类的构造方法、定义属性和访问方法编写规则，具体规范如下：

（1）JavaBean 类必须是一个公共类；

（2）JavaBean 类必须有一个无参数的构造方法；

（3）JavaBean 类的成员变量的访问权限都是私有的，一般称为属性；

（4）用一组公有（public）的 set×××()/get×××()或 is×××()方法来设置/获取属性值。

说明：创建 JavaBean 时需要注意以下几点。

① ×××称为属性，它是首字母小写的合法标识符，其在对应的存取方法中首字母必须大写；

② JavaBean 不要求对属性同时设置 set 和 get 方法，如果一个属性只提供了 set×××()方法，则称×××为只写属性，如果只提供了 get×××()或 is×××()方法，则称×××为只读属性,如果两个都有，则称可读写属性。

【实施过程】

JavaBean 就是一个普通的 Java 类，下面我们利用 MyEclipse 来演示创建一个 JavaBean。

（1）右击 jspChap06 项目的 src 下的 beans 包，在弹出的快捷菜单中执行“New”→“Class”命令，如图 6-1 所示。

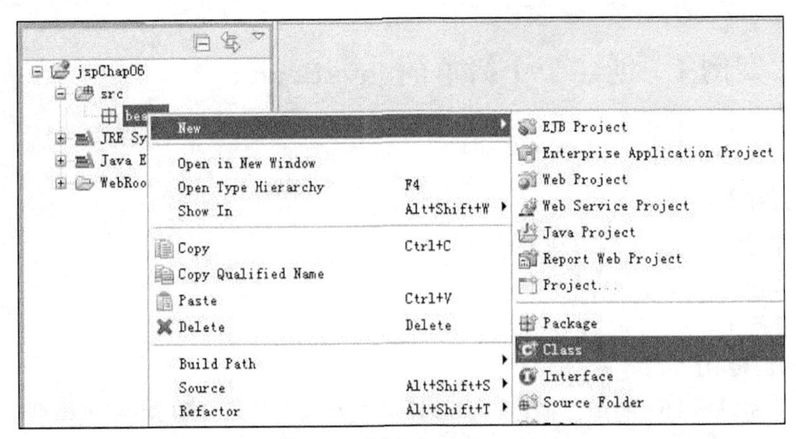

图 6-1　创建 JavaBean

（2）在弹出的对话框中填入 JavaBean 类名称等信息，如图 6-2 所示。

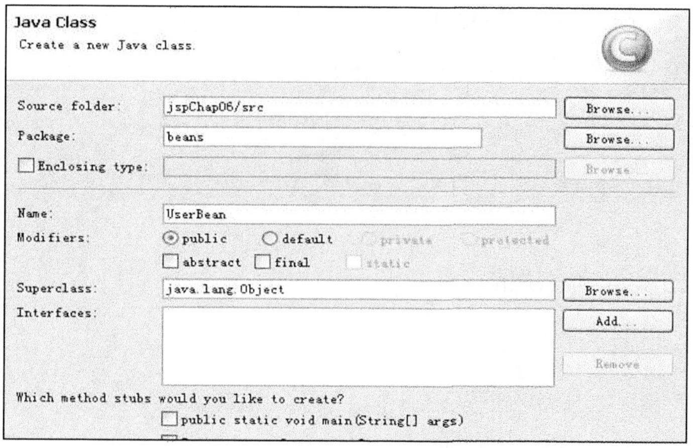

图 6-2　创建 JavaBean 的对话框

（3）单击“Finish”按钮，JavaBean 就创建好了。UserBean.java 的程序代码如下：

```
1   package beans;
2   public class UserBean {
3      private String userName;
4      private String password;
5      private String email;
6      private int age;
7      public UserBean(){             //JavaBean类无参构造方法
8   }
9      public String getUserName() {
10         return userName;
11     }
12     public void setUserName(String userName) {
13         this.userName = userName;
14     }
15     public String getPassword() {
16         return password;
17     }
18     public void setPassword(String password) {
19         this.password = password;
20     }
21     public String getEmail() {
22         return email;
23     }
24     public void setEmail(String email) {
25         this.email = email;
26     }
27     public int getAge() {
28         return age;
```

```
29        }
30        public void setAge(int age) {
31            this.age = age;
32        }
33    }
```

【案例总结】

1．定义 JavaBean 命名规范

（1）包命名：全部字母小写。

（2）类命名：每个单词首字母大写。

（3）属性名：第一个单词全部小写，之后每个单词首字母大写。

（4）方法名：与属性命名方法相同。

（5）常量名：全部字母大写。

2．创建 JavaBean 的要点

（1）JavaBean 类必须有一个没有参数的构造函数。

（2）JavaBean 类所有的属性最好定义为私有的。

（3）JavaBean 类中定义函数 set×××() 和 get×××()来对属性进行操作。其中，×××是首字母大写的私有变量名称。

【拓展提高】

在 UserBean 类体定义中可以利用 MyEclipse 工具自动生成各属性相应的 set 和 get 方法，右击界面，在弹出的快捷菜单中执行“Source”→“generate Getters and Setters”命令，如图 6-3 所示。

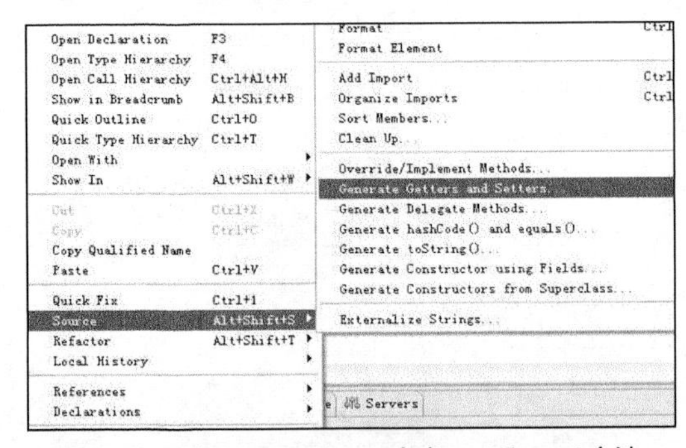

图 6-3　利用 MyEclipse 定义 set 和 get 方法

在弹出的对话框中单击 Select All 按钮，如图 6-4 所示，即可生成 set 和 get。

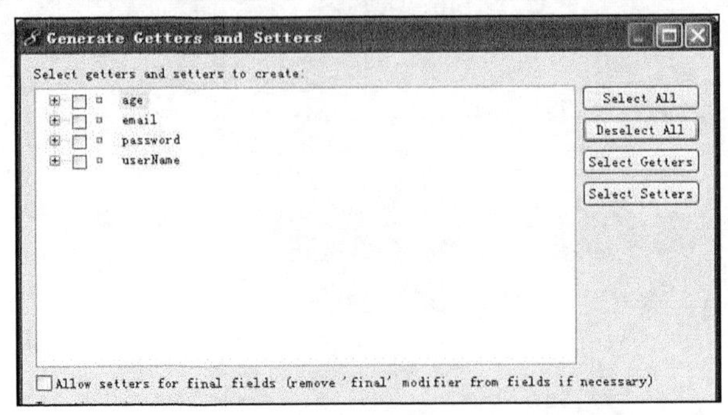

图 6-4　自动生成 set 和 get 方法的对话框

6.1.2 案例2 在JSP中使用JavaBean

【设计要求】

在 JSP 中通过动作元素<jsp:useBean>、<jsp:setProperty>、<jsp:getProperty> 使用案例 1 中创建的 JavaBean 类 UserBean。

【学习目标】

（1）掌握 JavaBean 的应用模式。

（2）掌握 JavaBean 在 JSP 中的应用。

【知识准备】

1．JavaBean 在 JSP 中的应用

在前面一节我们学习了 JavaBean 的编写。由于 JavaBean 是可以重复使用的程序段落，具有“Write once, run anywhere, reuse everywhere”，即“一次性编写，任何地方执行，所有地方可重用”的特点，所以可以为 JSP 平台提供一个简单的、紧凑的和优秀的问题解决方案，能大幅度提高系统的功能上限、加快执行速度，而且不需要牺牲系统的性能。同时，采用 JavaBean 技术可以使系统更易于维护，因此极大地提高了 JSP 的应用范围。

2．JavaBean 在 JSP 中的应用模式

业务 Bean：将复杂的业务逻辑封装在 JavaBean 中，在 JSP 中通过简单的方法调用来完成业务处理（程序要实现的功能，主要通过数据库的操作实现），用于分离业务逻辑和表示逻辑（数据处理结果在网页中的显示风格与布局）。

数据 Bean：用于表示页面中要处理的数据实体（商品信息、用户信息、订单信息等）。这种数据实体可在一定范围内共享，可减少代码编写工作量，提高代码可维护性。

3．JavaBean 在 JSP 中的用法

（1）通过 JSP 动作元素<jsp:useBean >来使用

功能：实例化一个 JavaBean 或者定位一个 JavaBean 实例并把实例的引用赋给一个变量。

其语法格式如下：

```
<jsp:useBean  id="…" scope="…" class="…" />
```

说明：使用动作元素<jsp:useBean >实例化 JavaBean 对象时需要注意以下几点。

① id 是一个 JavaBean 对象的名字，它也是 JSP 的脚本变量；

② scope 表示 JavaBean 对象的作用范围，可以取值 request、session 等；

③ class 指定 JavaBean 完整的类的限定名（含包名）。

（2）通过 JSP 动作元素<jsp:setProperty >来使用

功能：设置 Javabean 对象的属性值。

其语法格式如下：

```
<jsp:setProperty name="…" property="…" value="…"/> 或
<jsp:setProperty name="…" property="…" param="…"/>或
<jsp:setProperty name="…" property="*"/>
```

说明：使用动作元素<jsp:useBean >设置属性值时需要注意以下几点。

① name：JavaBean 对象的名字。

② property：JavaBean 对象的属性名，当 property 为“*”时，JSP 会用名称相同的

请求参数的值为对应的 JavaBean 属性赋值。

③ value：属性值，此属性不能与 param 属性同时使用。

④ param：请求参数名，用请求参数的值为 Bean 的属性赋值。

（3）通过 JSP 动作元素<jsp:getProperty >来使用

功能：获取 JavaBean 的属性值，并将其转换成 String 类型，输出到客户端

其语法格式如下：

```
<jsp:getProperty name="…" property="…"/>
```

4．JavaBean 的生命周期

JavaBean 的生命周期是通过 scope 属性来描述的，也就是 JavaBean 的实例 id 在 JSP 程序中存在的范围。下面看看具体的 scope4 个值的含义。

（1）page-JavaBean 对象保存在 pageContext 对象中，有 page 范围的 JavaBean 实例只能在当前创建这个 JavaBean 的 JSP 文件中进行操作，这个实例只有在请求返回给客户端后或者转移到另外的 JSP 页面后才会被释放掉。page 范围的 JavaBean 常用于进行一次性操作的 JavaBean，这样的 Bean 用得最多，如大部分表单提交、Bean 的一些计算处理等都可以使用 page 范围的 JavaBean。

（2）request-JavaBean 对象保存在 request 对象中，有 request 范围的 JavaBean 实例可以在处理请求的所有 JSP 页面中都存在，这个对象只有在请求全部处理完毕后才会被释放掉。request 范围的 JavaBean 常用于共享同一次请求的 JSP 页面中，如判断用户登录功能，如果用户名密码合法就可以 forward 到一个合法页面中，否则就 forward 到一个出错页面，当然，转移后的页面仍然能够得到用户的输入。

（3）session－JavaBean 对象是保存在 session 范围的 JavaBean 实例，其生命周期是整个 session，只有当 session 过期后才能被释放掉，常用于共享同一 session 的 JSP 页面，例如，购物车一般就是放在 session 中的，登录后的用户信息等也可以在 session 中。注意，<%@page 标签中不要设置 session=false，否则在这个 JSP 页面中 session 将不会起作用，但 JSP 默认 session=true，所以可以不必处理。

（4）application-JavaBean 对象保存在 application 对象中，有 application 范围的 JavaBean 对象的生命周期是整个 application。这就意味着这样的 JavaBean 的生命周期是整个应用程序，当 Web Server 停掉才会消失。这样的 JavaBean 常用于共享同一 application 的 JSP 程序中，如程序中一些经常用到配置的东西，如数据库连接 URL、全局的计数器或者是聊天室中人员信息等。

【实施过程】

下面我们利用 MyEclipse 在 JSP 页面中演示怎么引用已经定义好的 UserBean。

（1）右击 jspChap06 项目的 WebRoot 目录，在弹出的快捷菜单中选择“New”→“JSP”。

（2）在弹出的对话框中填入 JSP 页面名字信息 page1.jsp。单击“Finish”按钮，JSP 页面就创建好了。

（3）在 page1.jsp 页面中通过动作元素<jsp:userBean>实例化 UserBean，并通过动作元素<jsp:setProperty>设置 UserBean 属性的值，核心代码如下：

```
1    <jsp:useBean id="user" class="beans.UserBean" scope="session"/>
2    <jsp:useBean id="user" class="beans.UserBean" scope="session"/>
3    <jsp:setProperty name="user" property="userName" value="lucky"/>
4    <jsp:setProperty name="user" property="password" value="123"/>
```

```
5    <jsp:setProperty name="user" property="email" value="lucky@163.com"/>
6    <jsp:setProperty name="user" property="age" value="25"/>
7    <h2><a href="page2.jsp">转到page2.jsp输出JavaBean的属性值</a></h2>
```

（4）创建page2.jsp，在page2.jsp页面中通过动作元素<jsp:getProperty>获取UserBean属性值，其核心代码如下：

```
1    <jsp:useBean id="user" class="beans.UserBean" scope="session" />
2    userName: <jsp:getProperty property="userName" name="user" />
3    <br>
4    password: <jsp:getProperty property="password" name="user" /><br>
5    email:<jsp:getProperty property="email" name="user" /><br>
6    age:<jsp:getProperty property="age" name="user" /><br>
```

（5）部署项目，在浏览器地址栏中输入http://localhost:8080/jspChap06/page1.jsp，运行结果如图6-5所示。

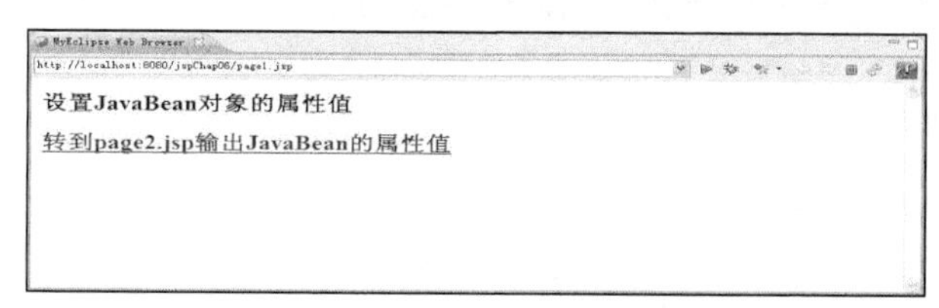

图6-5 page1.jsp访问结果

（6）点击页面中的链接，在结果页面page2.jsp中，输出了UserBean实例化对象user属性的值，运行结果如图6-6所示。

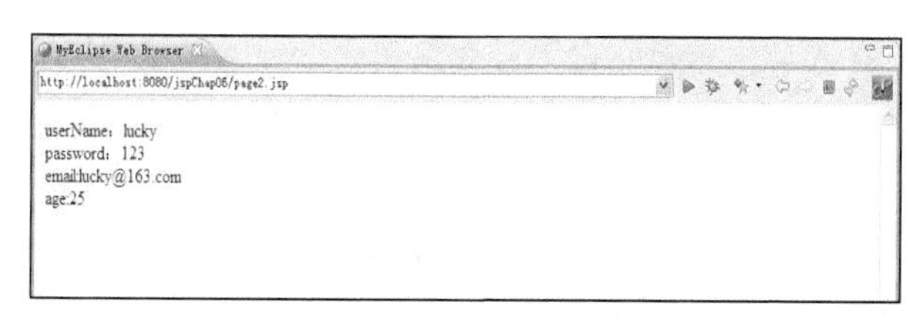

图6-6 page2.jsp访问结果

【案例总结】

1．JavaBean的工作过程

<jsp:useBean id="" scope="request|session|application" class="package.class" />，首先，我们通过标记其中的id属性标记Bean，以使JSP页面的其余部分可以正确地识别该Bean。其次，使用scope属性来确定该Bean的使用范围。最后，class属性通知JSP页面从何处查找Bean，即找到Bean的.class文件。在此我们必须同时指定JavaBean的包（package）名和类（class）名，即class="package.class"，否则JSP引擎将无法找到相应的Bean。

2．jsp设置bean属性的动作元素<jsp:setProperty>的用法

（1）<jsp:setProperty name = "emp" property= "*" />，其中*号可以代表emp对象的所有属性会自动赋值，只需要表单控件名与对象属性名相同即可，代替了为每个属性的单独赋值。

（2）<jsp:setProperty name = "emp" property = "name" />只对name属性赋值，属于单个赋值。

（3）<jsp:setProperty name = "emp" property = "name" param = "password" /> 对name属性

赋值为 password 参数值。

（4）<jsp:setProperty name = "emp" property = "name" value ="password" /> 用自己的 value 值赋值 name 属性，与表单无关。但是，如果输入的值是一个变量，则需要用表达式输出。

```
<% String name = "jinqunli"; %>
eg: <jsp:setProperty name = "emp" property = "name" value ="<%=name%>" />
```

6.1.3　案例 3　JavaBean 与 HTML 表单交互

【设计要求】

模拟用户登录系统，设计一个用户登录表单文件 login.html，登录信息提交给一个 JSP 页面处理（login.jsp），在此 JSP 页面中获取用户提交的信息，并在页面中输出登录信息。

【学习目标】

（1）巩固 JavaBean 定义的规范与要求。

（2）掌握在 JSP 页面中引用 JavaBean 的动作元素的语法要求。

（3）掌握通过动作元素来获取客户端发送信息的方法。

【知识准备】

用户数据的获取

```
<jsp:userBean id="login" class="beans.LoginBean" />，用于定义或定位一个JavaBean 对象：login。
<jsp:setProperty name="login" property="*"/>，用于将用户提交的请求参数（或表单控件）的值自动赋给 login 的对应属性。
```

说明：利用 userBean 获取用户数据需要注意以下几点。

① 需要通过 userBean 动作元素的 id 属性先实例化 JavaBean 类的对象。

② 页面在设计时，请求参数名（或表单控件名）必须与 JavaBean 的属性同名且要全部一致。

【实施过程】

在此登录系统中，需要先创建含有表单元素的 login.html 文件，再创建处理页面 login.jsp，通过动作元素<jsp:getProperty>来获取表单数据。

（1）在创建的 jspChap06 项目 src 目录下 beans 中创建 LoginBean.java，代码如下：

```
1  package beans;
2  public class LoginBean {
3   private String name;
4   private String pass;
5   public String getName () {
6       return name;
7   }
8   public void setName (String name) {
9       this.name = name;
10      }
11      public String getPass () {
```

```
12            return pass;
13        }
14        public void setPass (String pass) {
15            this.pass = pass;
16        }
17    }
```

（2）在 jspChap06 项目的 WebRoot 根目录创建 login.html，其核心代码如下：

```
1  <form action="login.jsp"  method="post">
2      用户名：<input type="text" name="name"><br>
3      密  码：<input type="password" name="pass"><br>
4              <input type="submit" value="登录">
5  </form>
```

（3）在 jspChap06 项目的 WebRoot 根目录创建 login.jsp 页面，其核心代码如下：

```
1  <jsp:useBean id="login" class="beans.LoginBean"/>
2  <jsp:setProperty name="login" property="*"/>
3      用户名：<jsp:getProperty name="login" property="name"/><br>
4      密  码：<jsp:getProperty name="login" property="pass"/><br>
```

（4）启动 Tomcat 服务，在图 6-7 所示的 login.html 中输入用户名和密码进行测试并点击登录。

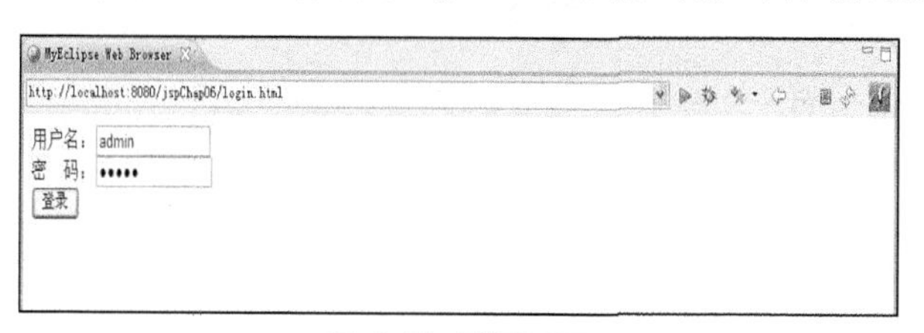

图 6-7　登录页面

（5）在 login.jsp 页面中输出用户提交的用户名和密码信息，如图 6-8 所示。

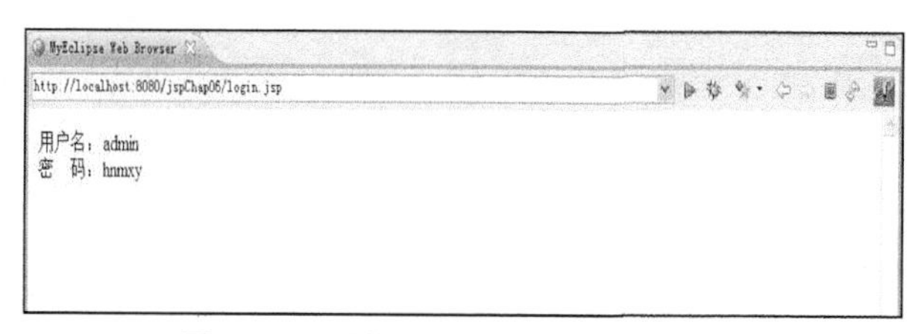

图 6-8　通过 userBean 获取用户信息

【案例总结】

（1）在 login.html 页面设计中，单击 form 表单中的按钮时来处理用户请求的目标程序由 action 属性值来决定，可以是一个 Servlet，也可以是一个 JSP 的页面，在这里，处理用户请求的目标程序是 login.jsp 页面。

（2）在 login.jsp 页面中通过动作元素<jsp:getPropety>来获取用户请求信息时，其 form 表单中控件 name 属性值应为 LoginBean.java 中成员变量属性名。

6.2 JavaBean 的典型应用

在第5章中我们学习了通过JDBC连接数据库以及在数据库中进行数据的查询、修改、插入和删除等操作。在JSP的应用中，数据库的运用有着十分重要的地位，可以说，数据库的运用是JSP应用的关键之一。在数据库的运用中我们可以发现，在数据库相关程序中，这些操作都有很多相似之处，许多语句都是通用的。在学习了JavaBean之后，我们很自然地就想到是否可以将这些语句编写到一个JavaBean中，这样可以为以后编写数据库程序提供极大的方便。

本节要点

- JavaBean封装数据库的连接、访问的方法与技巧。
- 业务Bean在JSP中的基本用法。

6.2.1 案例4 JavaBean封装数据库操作

【设计要求】

把对数据库进行的数据查询、记录添加、数据更新、数据删除等相关操作封装成JavaBean，在JSP页面中调用JavaBean中的方法来处理用户不同请求。

【学习目标】

（1）巩固JavaBean的创建。

（2）掌握在JavaBean中封装对数据库的操作。

（3）掌握在JSP中通过JavaBean来实现对数据库的访问。

【知识准备】

1．封装数据的访问的必要性

（1）代码复用

一个Web应用中有多个页面连接数据库，如果每个页面都写连接代码，则造成代码冗余。

（2）代码维护

如果每个页面都写连接代码，一旦数据库基础信息（数据库服务、登录用户等）发生改变，则需要对每个页面进行修改，维护工作量大。

（3）分离表示与业务逻辑

便于界面设计人员与Web程序员分工协作。一般将封装数据库访问的JavaBean称为业务Bean。

2．封装数据访问的一般思路

在业务类中定义方法，实现数据库的连接和业务处理操作。

（1）连接方法

用于返回一个Connection对象，它可以在类的其他方法中引用。

（2）业务方法

将完成某一特定业务的数据库操作进行封装，如用户登录验证、用户信息注册等。

3．封装业务逻辑的技巧

JSP中往往要处理用户提交的数据，可以将用户提交的数据封装在数据Bean对象中，再调用业务Bean中的方法，将要处理的数据Bean对象传递给业务Bean的方法进行处理，通过返回值得到处理结果，并在JSP中输出。

【实施过程】

（1）在创建的 jspChap06 项目的 src 目录下的 beans 中定义描述用户信息的 JavaBean——Customer.java，其核心代码如下：

```
1   package beans;
2   public class Customer {
3      private String name;
4      private String pass;
5      private String header;
6      private String phone;
7      private String question;
8      private String answer;
9      private String address;
10      private String email;
11      public void setName (String name) {
12       this.name=name;
13      }
14      //其他属性相应的 setxxx方法和 getxxx方法
15  }
```

（2）在创建的 jspChap06 项目的 src 目录下的 beans 中定义实现数据连接与访问的业务 Bean——DataBean.java，其核心代码如下：

DataBean.java 类中获取数据库连接的方法

```
1   public Connection getConnection () {
2      Connection conn=null;
3      String driver=" oracle.jdbc.driver.OracleDriver";
4      String url=" jdbc:oracle:thin:@localhost:1521:ORCL";
5      try {
6        Class.forName (driver) ;
7        conn=DriverManager.getConnection (url,"sa","lucky") ;
8       } catch  (Exception e)  {
9          e.printStackTrace () ;
10         }
11         return conn;
12  }
```

DataBean.java 类中实现用户登录处理的方法

```
1   public boolean logCustomer (Customer user) {
2       boolean flag=false;
3       try {
4           Connection conn=getConnection () ;
5           String sql="select * from Customer where c_name=? "
```

```
                 + "and c_pass=?";
6          PreparedStatement pst=conn.prepareStatement (sql) ;
7          pst.setString (1, user.getName () ) ;
8          pst.setString (2,user.getPass () ) ;
9          ResultSet rs=pst.executeQuery () ;
10         if (rs.next () ) {
11                 flag=true;
12             }
13             rs.close () ;pst.close () ;conn.close () ;
14         } catch  (SQLException e)  {
15             e.printStackTrace () ;
16         }
17         return flag;
18     }
```

DataBean.java 类中实现用户注册的方法

```
1      public int regCustomer (Customer user) {
2       int flag = 0;
3       Connection conn = getConnection () ;
4       try {
5             // 首先检查用户名是否已存在
6            String sql = "select * from Customer where c_name=?";
7            PreparedStatement ps = conn.prepareStatement (sql) ;
8            ps.setString (1, user.getName () ) ;
9            ResultSet rs = ps.executeQuery () ;
10               if  (rs.next () ) {//如果用户名已存在，返回-1
11                   flag = -1;
12                   rs.close () ;
13                   ps.close () ;
14               } else {//用户名不存在，创建新的 SQL 语句对象用于添加记录
15          sql = "insert into Customer values  (?,?,?,?,?,?,?,?) ";
16          ps = conn.prepareStatement (sql) ;
17          ps.setString (1, user.getName () ) ;
18          ps.setString (2, user.getPass () ) ;
19          ps.setString (3, user.getHeader () ) ;
20          ps.setString (4, user.getQuestion () ) ;
21           ps.setString (5, user.getAnswer () ) ;
22           ps.setString (6, user.getPhone () ) ;
23           ps.setString (7, user.getEmail () ) ;
24           ps.setString (8, user.getAddress () ) ;
25           flag = ps.executeUpdate () ;
26           ps.close () ;
```

```
27                }
28               conn.close () ;
29             } catch  (SQLException e)  {
30               e.printStackTrace () ;
31             }
32           return flag;
33       }
```

DataBean.java 类中获取所有用户信息的方法

```
1   public ArrayList<Customer> getCustomers () {
2       PreparedStatement pst=null;
3       ArrayList<Customer> list=new ArrayList<Customer> () ;
4       Connection conn=this.getConnection () ;
5       try {
6           pst=conn.prepareStatement ("select * from customer") ;
7           ResultSet rs=pst.executeQuery () ;
8           while  (rs.next () ) {
9               Customer user=new Customer () ;
10                  user.setName (rs.getString ("c_name") ) ;
11                  user.setEmail (rs.getString ("c_email") ) ;
12                  user.setPhone (rs.getString ("c_phone") ) ;
13                  user.setAddress (rs.getString ("c_address") ) ;
14                  list.add (user) ;
15              }
16              rs.close () ;pst.close () ;conn.close () ;
17          } catch  (SQLException e)  {
18          e.printStackTrace () ;
19          }
20          return list;
21      }
22  }
```

（3）在创建的 jspChap06 项目 WebRoot 根目录下创建 customer_login.jsp 页面，其核心代码如下：

```
1  <%
2  String name =  (String)  session.getAttribute ("name") ;
3  if  (name == null)  {//用户未登录情况，显示登录表单
4  %>
5  <form action="log_customer.jsp" method="post">
6     用户名：<input type="text" name="name">
7     密码：<input type="password" name="pass">
8   <input type="submit" value="登录"> 
```

```
9        <a href="reg_customer.jsp">注册</a>
10   </form>
11   <%
12   } else {//用户已登录，显示欢迎信息
13   %>
14   <h2><%=name%>，欢迎你！<a href="exit.jsp">退出</a></h2>
15   <h2><a href="customer.jsp">单击查看所有用户信息</a></h2>
16   <%
17   }
18   %>
```

（4）在创建的 jspChap06 项目 WebRoot 根目录下创建 log_customer.jsp 页面，其核心代码如下：

```
1   <%
2    request.setCharacterEncoding("UTF-8");
3   %>
4   <!--使用数据 Bean 获取用户提交的数据-->
5   <jsp:useBean id="user" class="beans.Customer"/>
6   <jsp:setProperty name="user" property="*" />
7   <!--使用业务 Bean 处理用户提交的数据-->
8   <jsp:useBean id="dataBean" class="beans.DataBean" />
9   <%//对结果进行处理
10   if (dataBean.logCustomer(user)) {
11       session.setAttribute("name", user.getName());
12       response.sendRedirect("index.jsp");
13       return;
14   } else {
15   %>
16        <h2>用户名或密码错误，单击<a href="index.jsp">此处</a>重新登录！</h2>
17   <%
18   }
19   %>
```

（5）在创建的 jspChap06 项目 WebRoot 根目录下创建 reg.jsp 页面，其核心代码如下：

```
1   <form action="reg_customer.jsp" method="post" name="reg">
2   <table>
3   <tr><td>用户名：</td><td><input type="text" name="name"></td></tr>
4   <tr><td>密码：</td><td><input type="password" name="pass"></td></tr>
5   <tr><td>确认密码：</td><td><input type="password"  name="pass2"></td></tr>
6   <tr><td>密码问题：</td><td><input type="text"  name="question"></td></tr>
7   <tr><td>回答：</td><td><input type="text" name="answer"></td></tr>
8   <tr><td>头像：</td><td><input type="text" name="header"></td></tr>
```

```
9   <tr><td>电话：</td><td><input type="text" name="phone"></td></tr>
10   <tr><td>E-mail：</td><td><input type="text" name="email"></td></tr>
11   <tr><td>住址：</td><td><input type="text" name="address"></td></tr>
12   <tr><td colspan="2">
13   <input type="submit" value="注册">
14    <input type="reset" value="重置"></td></tr>
15   </table>
16   </form>
```

（6）在创建的 jspChap06 项目 WebRoot 根目录下创建 reg_customer.jsp 页面，其核心代码如下：

```
1   <%
2         request.setCharacterEncoding ("UTF-8") ;
3   %>
4   <jsp:useBean id="user" class="beans.Customer"/>
5   <jsp:setProperty name="user" property="*" />
6   <jsp:useBean id="dataBean" class="beans.DataBean" />
7   <%int flag=dataBean.regCustomer (user) ;
8   if (flag>0) {
9        session.setAttribute ("name", user.getName () ) ;
10   %>
11        <h2>用户注册成功，单击<a href="index.jsp">此处</a>转到首页</h2>
12   <%
13   } else if (flag<0) {
14   %>
15      用户名已经存在，<a href="javascript:history.back (-1) ">返回重新注册</a>
16   <%}else{%>
17        <h2>用户注册失败，请重新注册！</h2>
18   <%} %>
```

（7）在创建的 jspChap06 项目 WebRoot 根目录下创建 customer.jsp 页面，其核心代码如下：

```
1   <table border="1">
2    <tr><th>用户名</th><th>Email</th><th>电话</th><th>地址</th></tr>
3   <jsp:useBean id="db" class="beans.DataBean"/>
4   <%
5   ArrayList<Customer> list = db.getCustomers () ;
6   for (int i = 0; i < list.size () ; i++) {
7   Customer c = list.get (i) ;
8   %>
9    <tr>
10        <td><%=c.getName () %></td>
11        <td><%=c.getEmail () %></td>
```

```
12          <td><%=c.getPhone () %></td>
13          <td><%=c.getAddress () %></td>
14       </tr>
15     <%
16        }
17     %>
18   </table>
```

（8）启动服务，在浏览器地址栏输入 http://localhost:8080/jspChap06/customer_ login.jsp，得到如图 6-9 所示结果。

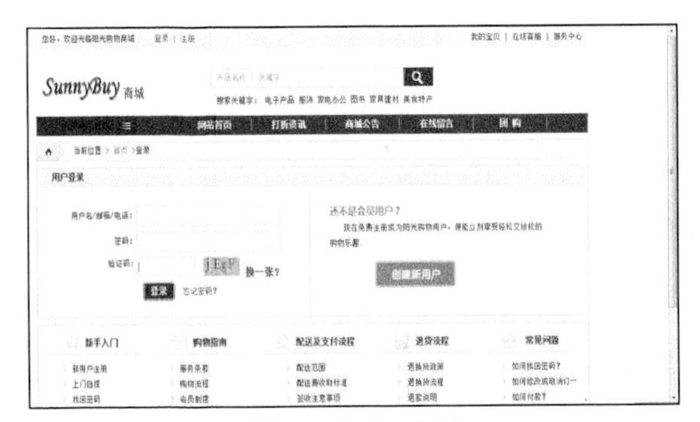

图 6-9　用户登录

（9）输入用户名、密码和验证码后点击登录即可进入主页，效果如图 6-10 所示。

图 6-10　阳光商城主页

（10）如用户还没有注册，可以点击创建新用户，得到如图 6-11 所示结果。

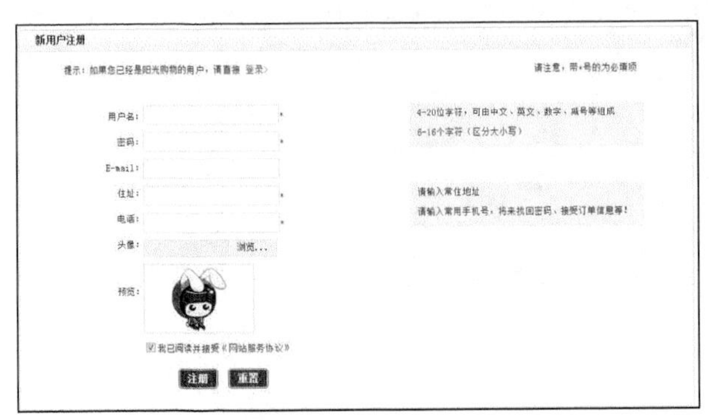

图 6-11　用户注册

【案例总结】

（1）将所有数据库的操作都以方法的形式封装在类中，每一项业务都对应于类中的一个方法，其中方法的参数用于传递要处理的数据，方法返回值用于返回处理结果。

（2）如果处理结果是一个结果集（ResultSet），一般将结果集的每行信息封装到对应的JavaBean对象中，再将JavaBean对象添加到动态数组（ArrayList）对象中进行返回。

（3）在JSP网页中最好不出现直接对数据库的访问，如果客户端提交表单数据，一般使用对应的JavaBean（数据Bean）对象收集数据，并传给业务方法进行处理。

6.2.2 案例5 JavaBean在购物车中的应用

【设计要求】

利用JSP和JavaBean来模拟超市中的购物车功能，即用户在结账前挑选商品的过程和用户结账过程。

【学习目标】

（1）理解购物车业务流程。

（2）掌握购物车的实现。

【知识准备】

1．购物车对象模型

Vector<CartProduct>的元素类型为CartProduct的Vector类。Vector是与ArrayList相似的容器类，CartProduct是描述选购商品的JavaBean类。将其存于session属性中，记录用户挑选的商品信息，称其为购物车。

2．资源文件

在Java语言中，使用一种以.properties为扩展名的文本文件作为资源文件，该类型的文件的内容格式如下：

```
#注释语句
some_key=some_value
```

以#开头的行作为注释行，ResourceBundle类处理时会加以忽略；其余的行可以以“key名=value值”的形式加以记述。Java的ResourceBundle类可以对这种形式的文件加以处理。

（1）资源文件创建

资源文件以properties作为文件的类型名，是一个纯文本文件，创建位置与类相同，MyEclipse项目中，创建在src文件夹下，资源文件内容是以“名=值”的形式组织的，每个“名=值”单独占一行。

如在beans包中创建资源文件data.properties，代码如下：

```
driver= oracle.jdbc.driver.OracleDriver
url= jdbc:oracle:thin:@127.0.0.1:1521:sunnyBuy
user=system
pwd=Sa123456
```

（2）资源文件读取

读取资源文件的代码如下：

```
ResourceBundle rb=ResourceBundle.getBundle("beans.data");
```

```
String urlStr=rb.getString ("url") ;  //  url 是资源文件中定义的键名
```

【实施过程】

（1）在 jspChap06 项目 src 目录下的 beans 包中创建相关 JavaBean，核心代码如下所示。

CartProduct.java 类是一个 JavaBean，其属性说明如下：

```
1   private String id;//编号
2   private float price;//单价
3   private int number;//购买数量
4   private String image;//商品图片
5   private String name;//商品名称
6   //set 和 get 方法……
```

在 DataConn.java 中定义连接方法 getConnction（），方法代码如下：

```
1  public static Connection getConnection() {
2        Connection conn = null;
3        ResourceBundle rb = ResourceBundle.getBundle("beans.data");
4        String driver = rb.getString("driver");
5        String url = rb.getString("url");
6        String user = rb.getString("user");
7        String pwd = rb.getString("pwd");
8        try {
9            Class.forName(driver);
10           conn = DriverManager.getConnection(url, user, pwd);
11       } catch (Exception e) {
12           e.printStackTrace();
13       }
14       return conn;
15   }
```

DataConn.java 中第 3 行代码用于和指定的资源文件建立绑定对象，第 4~7 行代码通过 ResourceBundle 类中的 getxxx（）从资源文件中读取指定参数的值，从而实现和数据库的连接。

CartBean.java 程序的核心方法代码：

```
1          //获取商品信息列表
2          public ArrayList<Product> getProducts () {
3             ArrayList<Product> list = new ArrayList<Product> () ;
4             Connection conn=DataConn.getConnetion () ;
5             String sql="select  * from SHOP_COMMINFO";
6             try {
7             PreparedStatement pst=conn.prepareStatement (sql) ;
8             ResultSet rs=pst.executeQuery () ;
9             while (rs.next () ) {
10                Product p=new Product () ;
```

```
11              p.setId(rs.getString("id"));p.setType(rs.getString("type"));
12              p.setName (rs.getString ("name") ) ;p.setImage (rs.getString
("image") ) ;
13              p.setPrice(rs.getFloat("price"));p.setTime(rs.getString
("time") ) ;
14              list.add (p) ;
15              }
16              rs.close () ;pst.close () ;conn.close () ;
17              } catch  (SQLException e)  {e.printStackTrace () ;
18              }
19              return list;
20          }
21          //向购物车中添加商品
22          public Vector<CartProduct> addCart (Vector<CartProduct> cart,String id) {
23              //如果 id 所标识的商品已经在购物车中，则只需要将数量加 1
24              //如果不在，则将商品信息添加进去
25                  boolean f=false;//商品是否存在
26                  for (int i=0;i<cart.size () ;i++) {
27                      CartProduct cp=cart.get (i) ;
28                      if (cp.getId () .equals (id) ) {//商品存在
29                        cp.setNumber (cp.getNumber () +1) ;
30                        cart.set (i, cp) ;
31                        f=true;
32                        break;
33                      }
34                  }
35              if (!f) {//商品不存在
36                   Connection conn=DataConn.getConnetion () ;
37                   String sql="select * from shop-comminfo where id=?";
38                  try
39                    {
40                      PreparedStatement ps = conn.prepareStatement (sql) ;
41                          ps.setInt (1,id) ;
42                          ResultSet rs=ps.executeQuery () ;
43                          if (rs.next () ) {
44                              CartProduct cp=new CartProduct () ;
45                              cp.setId (id) ;
46                              cp.setImage (rs.getString ("image") ) ;
47                              cp.setNumber (1) ;
48                              cp.setPrice (rs.getFloat ("price") ) ;
49                              cp.setName (rs.getString ("name") ) ;
```

```
50                              cart.add (cp) ;
51                          }
52                          rs.close () ;ps.close () ;conn.close () ;
53                      } catch  (SQLException e)  {e.printStackTrace () ;
54                  }
55              }
56              return cart;
57      }
58      //删除购物车中的指定商品
59      public Vector<CartProduct> delCart (Vector<CartProduct> cart,String id) {
60          for (int i=0;i<cart.size () ;i++) {
61                  if (cart.get (i) .getId () .equals (id) ) {
62                      cart.remove (i) ;
63                      break;
64                  }
65          }
66          return cart;
67      }
68      //修改购物车中指定商品的数量
69      public Vector<CartProduct> modifyCart (Vector<CartProduct> cart,String
                                  id,int  number) {
70          for (int i=0;i<cart.size () ;i++) {
71              CartProduct cp=cart.get (i) ;
72              if (cp.getId () .equals (id) ) {
73                  cp.setNumber (number) ;
74                  cart.set (i, cp) ;
75                  break;
76              }
77          }
78          return cart;
79  }
```

（2）在创建的 jspChap06 项目 WebRoot 根目录下创建相关JSP 页面，代码如下所示。

comminfo_list.jsp 程序核心代码：

```
1   <%
2      sql="select * from  shop_comminfo";
4      ps = conn.createStatement () ;
5      rs = ps.executeQuery (sql) ;
6    %>
7    <div class="list-pic">
8    <ul>
9      <%
```

```
10          while (rs.next()) {
11      %>
12      <li>
13          <p>
14        <img src="../upload/<%=rs.getString("image")%>" width="151"
height="158" />
15        </p>
16          <h3>
17          <a href="detail.html" target="_top">
18            <%=rs.getString("name")%></a>
19        </h3>
20          <span>￥<%=new java.text.DecimalFormat("0.00").format(
              rs.getDouble("price")*rs.getInt("salescount")*0.1)%> 元
21          </span>
22         <h4>
23              <a href="add.jsp?id=<%=rs.getInt("id")%>">购买</a>
24        </h4>
25      </li>
26        <%
27          }
28         }catch(Exception e1){
29             e1.printStackTrace();
30          }
31        %>
32    </ul>
33    </div>
```

add.jsp 程序代码：

```
1  <%@ page  import="java.util.*,beans.*" pageEncoding="UTF-8"%>
2  <jsp:useBean id="cb" class="beans.CartBean"></jsp:useBean>
3  <%
4    Vector<CartProduct> cart=(Vector<CartProduct>)session.getAttribute
("cart");
5    String id=request.getParameter("id");
6    if(cart==null){
7      cart=new Vector<CartProduct>();
8     }
9    cart=cb.addCart(cart,id);
10   session.setAttribute("cart",cart);
11   response.sendRedirect("cart.jsp");
12 %>
```

cart.jsp 程序代码：

```
1  <%
2  float total=0;
3       Vector<CartProduct> cart= (Vector<CartProduct>) session.getAttribute
("cart");
4       if (cart==null||cart.size () ==0) {
5     %>
6  <h2>
7  你的购物车为空，<a href="product.jsp">单击此处选购商品</a>
8  </h2>
9     <%
10  }else{
11        for (int i=0;i<cart.size () ;i++) {
12          CartProduct cp=cart.get (i) ;
13     %>
14     <form action="edit.jsp?id=<%=cp.getId ()  %>" method="post">
15       <table border="1">
16         <tr>
17          <td width="60">
18              <img src="<%=cp.getImage ()  %>" width="50"  height="50">
19          </td>
20          <td width="100"><%=cp.getName ()  %></td>
21          <td width="100"><%=cp.getPrice ()  %></td>
22          <td width="100">
23           <input type="text" name="number" value="<%=cp.getNumber() %>">
24         </td>
25         <td width="150"><input type="submit" value="编辑">
26           <a href="del.jsp?id=<%=cp.getId ()  %>">删除商品</a>
27         </td>
28        </tr>
29       </table>
30      </form>
31      <%
32          total+=cp.getPrice () *cp.getNumber () ;
33         }
34         }
35      %>
36     <br>总价值：<%=total %>元    <br> <a href="product.jsp">继续购物</a>
```

del.jsp 程序代码：

```
1  <%@ page  import="java.util.*,beans.*" pageEncoding="GB18030"%>
```

```
2  <jsp:useBean id="cb" class="beans.CartBean"></jsp:useBean>
3  <%
4     Vector<CartProduct> cart= (Vector<CartProduct>) session.getAttribute
("cart") ;
5     String id=request.getParameter ("id") ;
6     if (cart==null) {
7         cart=new Vector<CartProduct> () ;
8      }
9     cart=cb.delCart (cart,id) ;
10    session.setAttribute ("cart",cart) ;
11    response.sendRedirect ("cart.jsp") ;
12  %>
```

（3）启动 Tomcat，在浏览器地址栏输入 http://localhost:8080/jspChap06/comminfo_list.jsp，得到如图 6-12 所示结果。

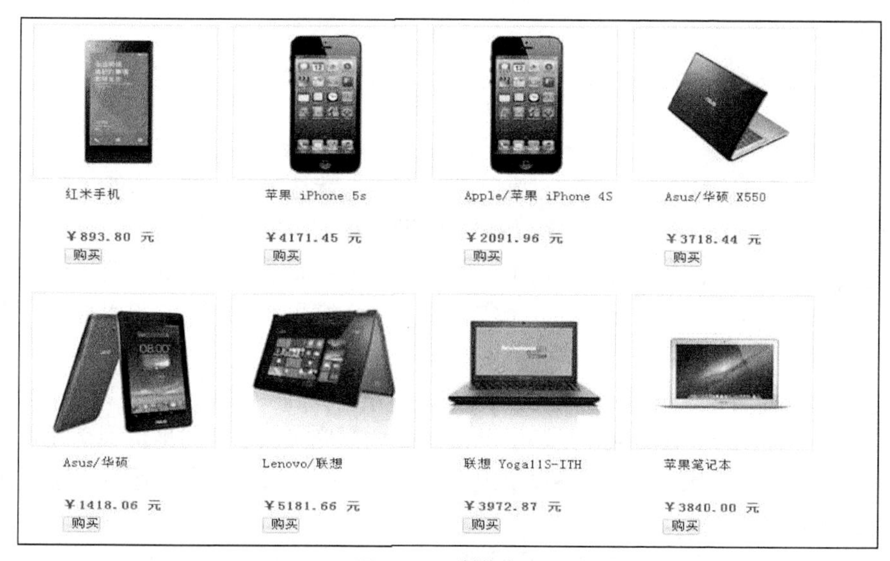

图 6-12 浏览商品

（4）单击“购买”按钮，得到如图 6-13 所示结果。

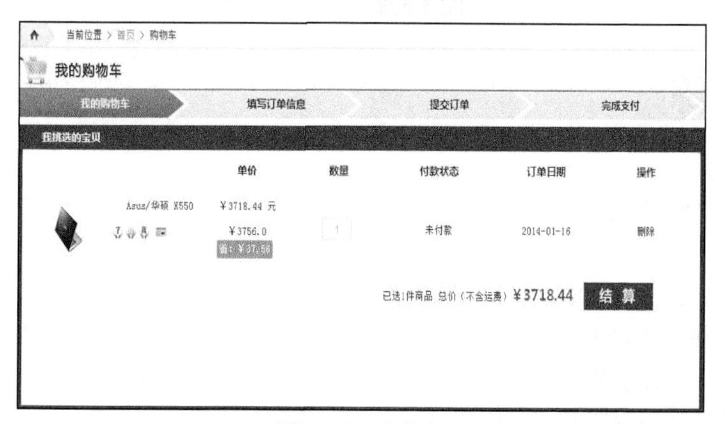

图 6-13 购物车

【案例总结】

1．用户上网购物的一般过程

在浏览物品的过程中如果对某件物品感兴趣，用户会将其添加到购物车（购物篮）中，随时可以查看购物车中的信息，如果不想要某件物品，可以删除，或者修改某种物品的数量，或者整个清空购物车，也可以继续选择物品向购物车中添加。最后，用户可以购买这些物品，经过输入个人的送货地址信息和设定交易方式之后，可以生成订单。网站的管理员可以对订单进行管理。

2．购物车信息组织

（1）在用户访问网站的整个过程中都可以随时访问购物车信息，所以购物车对象应该存放在 session 中。

（2）用户购买的物品的种类和数量都不确定，所以需要使用一个合适的数据结构存储，我们选择 Vector 集合类。

（3）每一种物品都涉及数量，需要进行封装，把物品和数量封装成购物项，使用 CartProduct，每个 CartProduct 对应一种物品以及该种物品的数量。

6.3 小　结

JavaBean 的任务就是“Write once, run anywhere, reuse everywhere”，即“一次性编写，可任何地方执行，任何地方重用”。这个“任何”，实际上就是要解决困扰软件工业的日益增加的复杂性，提供一个简单的、紧凑的和优秀的问题解决方案。

（1）一个开发良好的软件组件应该是一次性地编写，而不需要再重新编写代码以增强或完善功能。因此，JavaBean 应该提供一个实际的方法来增强现有代码的利用率，而不再需要在原有代码上重新进行编程。

（2）JavaBean 组件在任意地方运行是指组件可以在任何环境和平台上使用，这可以满足各种交互式平台的需求。由于 JavaBean 是基于 Java 的，所以它可以很容易地得到交互式平台的支持。JavaBean 组件在任意地方执行不仅指组件可以在不同的操作平台上运行，还包括在分布式网络环境中运行。

（3）JavaBean 组件在任意地方的重用是指它能够在包括应用程序、其他组件、文档、Web 站点和应用程序构造器工具的多种方案中再利用。这也许是 JavaBean 组件最为重要的任务了，因为这正是 JavaBean 组件区别于 Java 程序的特点之一。

6.4 练一练

一、选择题

说明：本章的选择题中有单选题也有多选题，用于读者检查自己对本章中关键概念的掌握程度。

1．编写一个 Bean 必须满足以下哪几点要求？

A．必须放在一个包（Package）中　　B．必须生成 public class 类

C．必须有一个空的构造函数　　D．所有属性必须封装

E．应该通过一组存取方法来访问

2. Java Bean 中的属性命名的规范是（　）。

A. 全部字母小写　　B. 每个单词首字母大写

C. 第一个单词全部小写，之后每个单词首字母大写　　D. 全部字母大写

3. 在 JSP 中引用 Bean 应该使用（　）。

A. page 指令　　B. include 指令　　C. include 动作　　D. useBean 动作

4. 在 useBean 动作中，应该设置下面哪些参数？（　）

A. id　　B. scope　　C. class　　D. name

二、程序阅读题

指出下面 Java Bean 代码中的错误（共 6 处）。

```
package jsp.examples.mybean;
import java.beans.*;
public class Hello {          //类名，应该与文件名相同
//定义属性
String myStr;
public Boolean myBool;
   public hello () {
  myStr = "Hello Java Bean! ";
  myBool = true;
   }
//get 方法
private String getMyStr ()
{ return this.myStr;}
//set 方法
public void setMyStr (String str)
{this.myStr = str;}
public Boolean setMyBool (Boolean bool)
{ this.myBool = bool; }
//is 方法
public void isMyBool ()
{ return this.myBool; }
}
```

三、实际操作题

1. 编写一个用户注册页面，通过调用数据库链接 Bean 将用户输入的注册信息写入数据库，用户注册后转到欢迎页面，并显示用户信息。

2. 编写 JSP 网页，显示商品信息，要求如下：

（1）创建用于描述商品信息的 JavaBean—Product.java，其属性与数据库表 product 对应；

（2）编写用于连接和访问数据库的类 DataBean.java，将数据库的访问封装在该类中；

（3）在 JSP 网页中调用 DataBean 的方法，获取商品信息表，并输出。

PART 7

第 7 章 Servlet 技术

本章要点

- Servlet 基本概念及技术特点。
- Servlet 的创建、配置及调用。
- Servlet 的生命周期及执行过程。
- Servlet 读取表单、使用 session 对象、读取 Cookie 数据。
- Servlet 过滤器的创建、配置及使用。
- Servlet 监听器的创建、配置及使用。

7.1 Servlet 基础

JSP 通常先在服务器内部编译成一个 Servlet 类，那么能不能直接创建 Servlet 来代替 JSP 呢？又应该怎么样去创建和使用 Servlet 呢？Servlet 与 JSP 相比有什么优势和劣势呢？本书将给予解答。

本节要点

- ➢ Servlet 基本原理，Servlet 的创建、配置和调用方法。
- ➢ Servlet 生命周期，Servlet 的调用和执行过程。

案例 1 创建和使用第一个 Servlet

【设计要求】

创建 HelloServlet 并进行配置、调用，在浏览器中输出“Hello,This is my first Servlet！”。

【学习目标】

（1）掌握 Servlet 类的创建方法。

（2）掌握 Servlet 的配置和调用。

【知识准备】

1．Servlet

Servlet（服务小程序）是一个特殊的 Java 类，此类由 Web 服务器（Servlet 容器）管理并解释运行，其功能是处理客户端请求，并向客户端发送响应。Servlet 程序如同 JSP 程序一样可以读取客户端表单、请求参数等显式数据，可以读取客户端 HTTP 请求报头等隐式数据，也可以动态生成网页并发送到客户端，还可以向客户端发送 HTTP 响应报头等隐式数据如图 7-1 所示。

图 7-1 Servlet 的功能

2．Servlet 技术特点

Servlet 采用 Java 语言编写，它不仅继承了 Java 语言的优点，还对 Web 相关应用进行了封装，同时，Servlet 容器还提供了对应用的相关扩展，无论是在功能、性能、安全等方面都十分优秀。

（1）功能强大。Servlet 采用 Java 语言编写，可以调用 Java API 中的对象及方法，并且，Servlet 对 Web 应用进行了封装，提供了 Servlet 对 Web 应用的编程接口，可以对 HTTP 请求进行相应处理，如处理请求数据、会话跟踪、读取和设置 HTTP 头信息等。由于 Servlet 既拥有 Java 提供的 API，又可以调用 Servlet 封装的 API，因此，其业务功能十分强大。

（2）可移植性。Java 语言是跨平台的，一次编码，多平台运行，拥有超强的可移植性。Servlet 继承了 Java 语言的这一特点。

（3）性能高效。Servlet 对象在 Servlet 容器启动时被加载并且初始化，如果存在多个请求，该 Servlet 不会再被实例化，仍然由此 Servlet 对其进行处理，每个请求是一个线程，因此，Servlet 对请求处理的性能是十分高效的。

（4）安全性高。Servlet 使用了 Java 安全框架，同时 Servlet 容器还给 Servlet 提供了额外的安全保障，因此，其安全性很高。

（5）扩展性强。Servlet 继承了 Java 语言面向对象编程的优点。在业务逻辑处理中，Servlet 可以通过封装、继承来扩展实际业务需要，因此，其扩展性强。

3. 为什么要使用 Servlet

相比 JSP，Servlet 存在以下优势。

（1）Servlet 运行速度高。JSP 由 JSP 容器管理，每次执行不同内容的动态 JSP 网页，JSP 容器都要对其自动编译。而 Servlet 需要编译之后才能发布运行，一旦发布完成，Servlet 容器不再需要对其编译，可直接运行，因此执行效率高。

（2）Servlet 有利于保护知识产权。发布后的 Web 应用程序，JSP 程序仍以源码形式存在，而 Servlet 以 class 二进制文件形式存在，有利于保护知识产权。

4．Servlet 相关接口和实现类

javax.servlet.Servlet 接口：编写一个 Servlet 应用必须实现的接口，Servlet 接口的常用方法如表 7-1 所示。

表 7-1　Servlet 接口常用方法

序号	方法名	功能
1	void init()	在 Servlet 实例化之后执行，在 Servlet 的生命周期中仅执行一次；主要是为了让 Servlet 对象在处理请求前可以完成一些初始化工作，如建立数据库连接，获取配置信息等；本方法有一个类型为 ServletConfig 的参数，Servlet 容器通过这个参数向 Servlet 传递配置信息

续表

序号	方法名	功能
2	void　service()	每当客户端请求一个 Servlet 对象时，该对象的 service()方法就要被调用，用来处理客户端的请求；Servlet 在初始化方法调用完成后会构造一个表示客户端请求信息的请求对象（ServletRequest 类型）和一个用于对客户端响应的对象（ServletResponse 类型）作为参数传递给 service()方法，Servlet 对象通过请求对象得到客户端的相关信息和请求信息，在对请求处理完后，调用响应对象的方法设置响应信息
3	void destroy()	在服务器停止且卸装 Servlet 时执行该方法。通常用来将内存中的数据保存到数据库或文件中、关闭数据库连接等
4	ServletConfig getServletConfig()	返回一个 ServletConfig 对象，该对象包含了初始化参数

javax.servlet.GenericServlet 抽象类：一个实现了 Servlet 接口的抽象类，通过继承它可创建与协议无关的 Servlet 应用。

javax.servlet.http.HttpServlet 抽象类：继承自 GenericServlet 类，通过继承它可创建基于 HTTP 的 Servlet 应用，而大部分的网络应用正是基于 HTTP 的，HttpServlet 抽象类的主要方法如表 7-2 所示。

表 7-2　　HttpServlet 类常用方法

序号	方法名	功能
1	void　service()	根据请求方法的类型不同，将导向不同的请求处理方法，如 doGet()、doPost()等，一般不应该覆盖此方法
2	void　doGet()	由 service()方法调用，用来处理来自客户端的一个 HTTP get 请求
3	void　doPost()	由 service()方法调用，用来处理来自客户端的一个 HTTP post 请求

5．创建和使用一个 Servlet 的关键要素

创建和使用 Servlet 要把握三个要素：“建”、“配”、“调”。

所谓“建”，即创建 Servlet 类。Servlet 类必须直接或间接实现 Servlet 接口，通常我们采取继承 HttpServlet 方式间接来实现 Servlet 接口，然后根据请求方式的不同重写 doGet()和 doPost()方法。

所谓“配”，即配置 Servlet。在 Web 应用程序的配置文件 web.xml 中配置 Servlet。

所谓“调”，即调用 Servlet。根据 Servlet 类在 web.xml 中配置的 URL 映射进行调用请求。

创建、配置 Servlet 的具体实施可以有两种方式，一种方式是手工创建和配置，另一种方式是通过 MyEclipse 开发环境提供的工具向导来创建和配置。

【实施过程】

以下是通过 MyEclipse 的 Servlet 创建导航工具来创建和配置一个 Servlet 的过程。Servlet 的导航工具可以帮助我们快速创建一个 Servlet 类，并自动生成该 Servlet 在 web.xml 中的配置。具体过程如下。

（1）为了方便管理 Serlvet 类，我们首先在项目的 src 结点下创建一个名为“com.servlet”的包，接下来在 com.servlet 包上单击右键，在弹出的快捷菜单中执行“New”→“Servlet”命令，如图 7-2 所示。

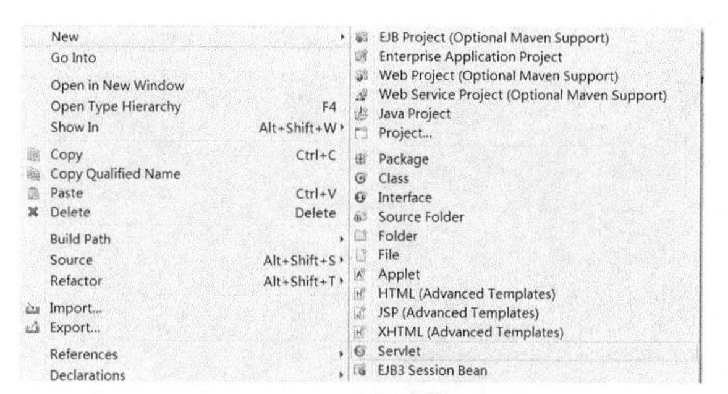

图 7-2 创建 Servlet

（2）在弹出的对话框中填入 Servlet 类名称等信息，如图 7-3 所示。

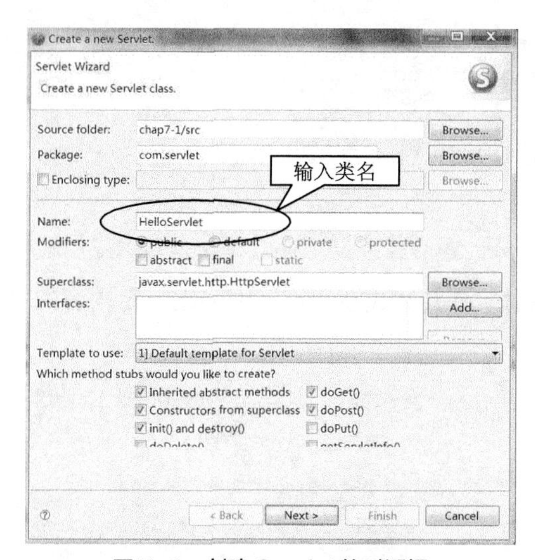

图 7-3 创建 Servlet 的对话框

（3）单击“Next”按钮，进入如图 7-4 所示的 web.xml 配置对话框。

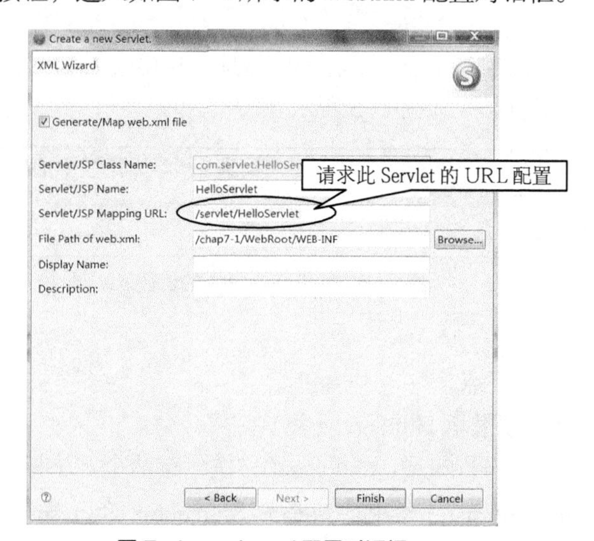

图 7-4 web.xml 配置对话框

（4）单击“Finish”按钮，Servlet 就创建好了。

HelloServlet.java 关键代码如下：

```
1  public class HelloServlet extends HttpServlet {
2   public HelloServlet() {
3       super();
4   }
5   public void destroy() {
6       super.destroy();
7       }
8   public void doGet(HttpServletRequest request, HttpServletResponse response)
throws ServletException, IOException {
9   }
10      public void doPost(HttpServletRequest request, HttpServletResponse response)
11      throws ServletException, IOException {
12      }
13      public void init() throws ServletException {
14      }
15 }
```

（5）修改 doGet 方法体，使其完成在浏览器中输出特定内容的功能。doGet 方法体中的代码如下：

```
1  public void doGet(HttpServletRequest request, HttpServletResponse response)
2          throws ServletException, IOException {
3      PrintWriter out = response.getWriter();
4      out.println("Hello,This is my first Servlet! ");
5      out.flush();
6      out.close();
7  }
```

（6）保存、部署和重启 Tomcat 后，在浏览器地址栏中输入 http://localhost:8080/chap7-1/servlet/HelloServlet，运行结果如图 7-5 所示。

图 7-5　HelloServlet 的运行效果

【案例总结】

1．创建 Servlet 的要点

（1）创建 Servlet 时要继承 HttpServlet 类。

（2）在 Servlet 类中重写 doGet()和 doPost()方法，这两个方法将被 Servlet 容器自动调用。

说明： doGet()或 doPost()方法中的两个参数 request 和 response，即(HttpServletRequest request ,HttpServletResponse response)与 JSP 网页中内置对象 request、response 对象功能完全相同。

2．HttpServlet类中的重要方法

（1）protected void doGet(HttpServletRequest request, HttpServletResponse respose) 处理客户端的 get 请求。

（2）protected void doPost(HttpServletRequest request, HttpServletResponse response) 处理客户端的 post 请求。

（3）protected void service(HttpServletRequest request, HttpServletResponse response)，每当客户端请求一个 Servlet 对象时，这个对象的 service()方法就被调用，Web 服务器会传给这个方法一个“请求”对象和一个“响应”对象，service() 方法根据用户请求的方式是 get 还是 post 自动调用 doGet()或 doPost()方法。

3．Servlet在web. xml中的配置说明

（1）XML 文档概述

SGML：标准通用标记语言，是用标记来描述文档资料的一种通用语言，由国际标准化组织（ISO）发布的标准。

HTML：超文本标记语言，是 SGML 的一种应用，可以使用的标记是固定的，可以被浏览器识别和解释，是由万维网联盟（W3C）发布的标准。

XML：可扩展标记语言，是 SGML 的简化版，用标记来描述文档资料，由相应的解释器读取，也是由 W3C 发布的标准。

说明： XML 文档语法格式比 HTML 要求更严格，如以下几点。

① 所有开始标签都必须有结束标签对应，空元素标签都必须被关闭；

② 所有标签区分大小写；

③ 所有标签都必须合理嵌套；

④ 所有属性值都必须用双引号或单引号括起来。

（2）Servlet 在 web.xml 文件中的配置

web.xml 这个配置文件的作用是在 Java Web 应用中配置各种参数，由 Web 服务器读取其中的数据并使用，其文件结构如下：

```
<?xml version="1.0" encoding="UTF-8"?>
<web-app  … >
…
</web-app>
```

web.xml 配置文件，第一行是 XML 文档的版本信息；整个文档只有 1 个根元素，即<web-app>，其他元素必须嵌入其中；Servlet 在此文档中进行配置时需要有 2 组元素，即<servlet>和<servlet-mapping>，Servlet 配置具体格式与内容如下：

```
1  <servlet>
2     <servlet-name>HelloServlet</servlet-name>
3     <servlet-class>com.servlet.HelloServlet</servlet-class>
4  </servlet>
5  <servlet-mapping>
6     <servlet-name>HelloServlet</servlet-name>
```

```
7        <url-pattern>/servlet/HelloServlet</url-pattern>
8    </servlet-mapping>
```

说明： Servlet 配置需要注意以下几点。

① <servlet>必须在<servlet-mapping>之前；

② <servlet>元素用于将一个 Servlet 名称与一个 Servlet 类进行绑定；

③ <servlet-name>用于定义 Servlet 的名称，此名称在 web.xml 中必须唯一；

④ <servlet-class>指定与 Servlet 名称绑定的 Servlet 类，必须是带有包名的完整路径；

⑤ <servlet-mapping>元素用于将一个 Servlet 名称与一个 URL 请求路径进行绑定；

⑥ <servlet-name>元素指定 Servlet 名称，<url-pattern>指定 URL 请求路径。

4．Servlet 加载与执行过程

在案例 1 中我们创建的 Servlet 名称为"HelloServlet"，放在"com.servlet"包中，当在浏览器地址栏中输入此 Servlet 对应的 URL 请求路径时，服务器内部是如何加载 Servlet 和执行此 Servlet 的？

当应用程序启动时，首先加载应用程序的 web.xml 文件，当客户端请求 Servlet 时，Servlet 容器会加载 Servlet 类并执行，具体过程如图 7-6 所示。

（1）客户端通过地址栏向服务器请求一个 Servlet，服务器获取 Servlet 的 URL 为"servlet/HelloServlet"。

（2）根据请求的 URL 在 web.xml 的<servlet-mapping>元素中查找匹配的<url-pattern>。

（3）根据<url-pattern>获取<servlet-name>。

（4）根据<servlet-name>查找<servlet>元素中与之绑定的<servlet-class>。

（5）加载 Servlet，调用其中的 doGet()方法或 doPost()方法，并把结果响应给客户端。

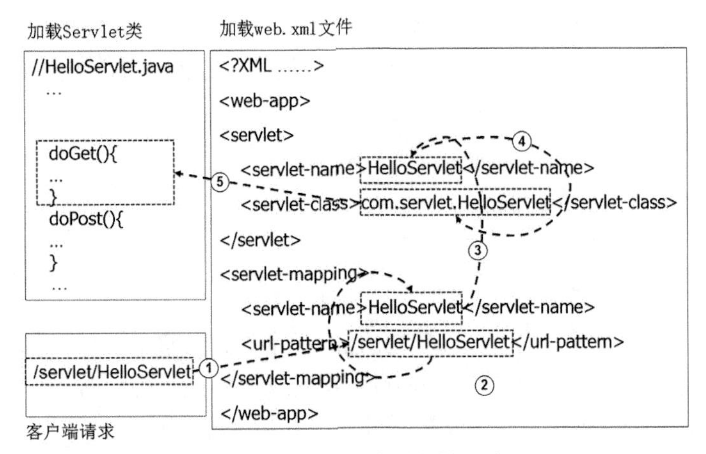

图 7-6　Servlet 的加载与执行过程

5．不用向导创建、配置和运行 Servlet

具体步骤如下。

（1）创建类，继承 HttpServlet 类。

（2）重写 doGet()和 doPost()方法。在新创建的类中单击右键，在弹出的快捷菜单中选择"Source"，继续选择下一级菜单项"Override/Implement Method..."，在弹出的对话框中勾选

doGet(HttpServletRequest, HttpServletResponse) 和 doPost(HttpServletRequest, HttpServletResponse)方法。

（3）在 web.xml 中手工配置 Servlet。配置内容与 Servlet 向导生成的配置内容相同，在此略去。

（4）执行 Servlet。按照 web.xml 文件中对 Servlet 配置项所配置的<url-pattern>内容去请求。

6．Servlet 的生命周期

Servlet实例从产生到消亡的过程就是它的生命周期，它的生命周期有3个主要方法，Servlet在内存中仅被装入一次，由init()方法初始化。在Servlet初始化之后，接收客户请求，通过service()方法来处理它们直到被 destroy()方法关闭为止。对每个请求均执行 service()方法。Servlet 的生命周期如图 7-7 所示。

图 7-7 Servlet 的生命周期

说明： 创建和修改 Servlet 时需要注意以下几点。

① 在项目中删除某个 Servlet 时，不仅要删除 Servlet 类文件，还应该在 web.xml 中把有关此 Servlet 的配置信息也删掉；

② 如果使用向导创建了 Servlet，则会将 Servlet 自动在 web.xml 中配置，创建完成之后如需修改配置，则在 web.xml 文件中修改；

③ 如果创建 Servlet 之后，对 Serlvet 类进行了“改名”操作，则必须在 web.xml 中进行相应的修改。

【拓展提高】

在浏览器中以“网页标题 1”格式显示出“Hello,This is my first Servlet!”。

只需要将案例 1 实施过程的第（5）中的第 4 行代码改为

out.println("<h2>Hello,This is my first Servlet! </h2>");

运行结果如图 7-8 所示。

图 7-8 修改后的 HelloServlet 运行效果

7.2 Servlet 的典型应用

在前面已经学习过应用 request 对象获取 HTML 表单数据及用 session 对象保存访问状态的方法，Servlet 同样可以完成 HTML 表单数据的读取操作及对某些状态的保存工作，这一小节我们通过几个典型案例来学习如何在 Servlet 中完成表单数据的获取与处理。

本节要点

- 掌握在 Servlet 中获取表单数据的方法。
- 掌握 Servlet 中读取 Cookie 和创建 Cookie 的方法。
- 掌握 Servlet 中获取和使用 session 对象的方法。

7.2.1 案例 2 Servlet 读取 HTML 表单数据

【设计要求】

模拟用户登录系统，要求设计一个用户登录表单文件 login.html，登录信息提交给一个 Servlet 处理（Login），在此 Servlet 中获取用户提交的信息并验证，如果通过验证，则输出登录成功信息，否则输出登录失败信息。

【学习目标】

（1）巩固 Servlet 的创建、配置和调用方法。

（2）掌握在 Servlet 中读取用户请求信息方法。

（3）掌握通过 Servlet 向客户端发送信息的方法。

【知识准备】

（1）改写 doGet()还是 doPost()方法?

在登录系统中，用户需要单击表单中的“登录”按钮来提交请求，此请求一般是以 post 方式提交的，因此我们可以在 Servlet 中改写 doPost()方法。但大多数情况下，对于是改写 doPost()还是改写 doGet()，我们采取实现其中一个方法，并在另一个方法中调用它，如改写 doGet()方法，在 doPost()方法中调用 doGet()方法。

（2）Servlet 如何获取表单数据和向客户端输出数据?

① 通过 doGet()或 doPost()方法中的 HttpServletRequest 类型参数 request 对象获取表单数据。

② 通过 doGet()或 doPost()方法中的 HttpServletResponse 类型参数 response 对象响应客户端并输出结果，即

```
1      response.setContentType("text/html;charset=utf-8");
2      PrintWriter out = response.getWriter();
3      out.println("…");          //向客户端输出信息
4      out.close();
```

【实施过程】

在此登录系统中，需要先创建含有表单元素的 login.html 文件，再创建 Servlet—Login.java，通过修改其 doPost()方法来获取表单数据和把处理结果响应给客户端。

（1）创建项目 chap7-2，在 WebRoot 根目录创建 login.html。

login.html 核心代码段如下：

```
1      <form action="servlet/Login" method="post">
2         用户名：<input type="text" name="name">
3         密码：<input type="password" name="pass">
4         <input type="submit" value="登录">
5      </form>
```

（2）创建 Servlet——Login.java，并在 web.xml 中配置。

通过 Servlet 导航创建并配置 Servlet，在 web.xml 中生成的 Servlet 配置如下：

```
1  <servlet>
2      <servlet-name>Login</servlet-name>
3      <servlet-class>com.servlet.Login</servlet-class>
4    </servlet>
5    <servlet-mapping>
6      <servlet-name>Login</servlet-name>
7      <url-pattern>/servlet/Login</url-pattern>
8    </servlet-mapping>
```

（3）修改 doGet()方法，代码如下：

```
1  public void doGet(HttpServletRequest request, HttpServletResponse response)
2          throws ServletException, IOException {
3   this.doPost(request, response);
4  }
```

（4）修改 doPost()方法，代码如下：

```
1  public void doPost(HttpServletRequest request, HttpServletResponse response)
2              throws ServletException, IOException {
3        response.setContentType("text/html;charset=utf-8");
4        request.setCharacterEncoding("utf-8");
5        String name=request.getParameter("name");
6        String pass=request.getParameter("pass");
7        PrintWriter out = response.getWriter();
8        out.println("<HTML>");
9        out.println("  <HEAD><TITLE>用户登录</TITLE></HEAD>");
10       out.println("  <BODY>");
11       if("123".equals(pass)){//假设的合法用户名及密码
12            out.print("<h2>用户登录成功</h2>");
13       }else{
14           out.print("<h2>用户或密码错误，登录失败</h2>");
15       }
16       out.println("  </BODY>");
17       out.println("</HTML>");
18       out.close();
19   }
```

（5）启动 Tomcat 服务，在 login.html 中输入用户名和密码进行测试，如图 7-9 所示。

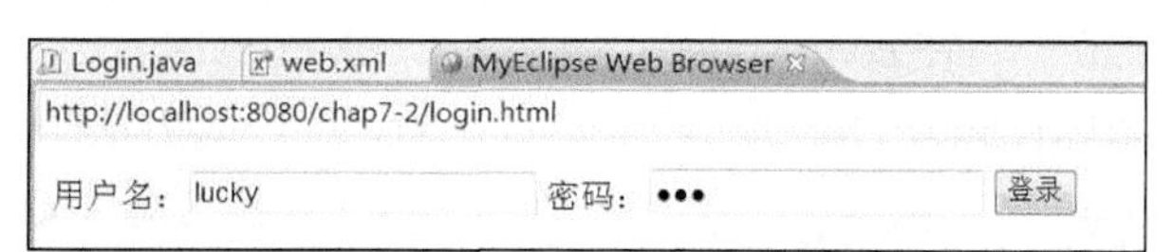

图 7-9　login.html 登录表单

用户名文本框中输入“lucky”，密码框中输入“123”，结果如图 7-10 所示。

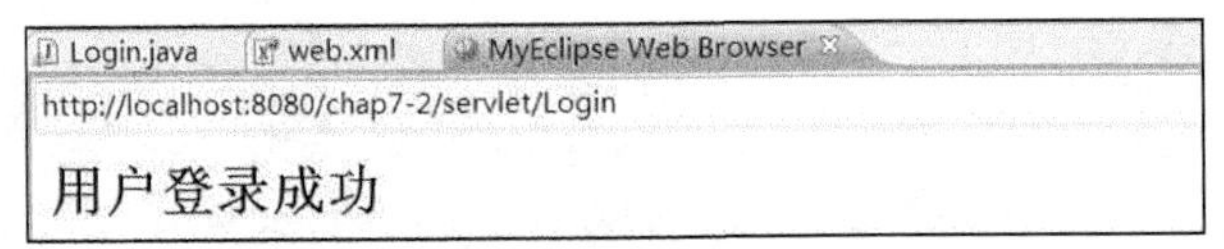

图 7-10　登录成功输出结果

当密码框输入不是“123”，结果显示如图 7-11 所示。

图 7-11　登录失败输出结果

【案例总结】

（1）不管用户以 get 方式提交或是以 post 方式提交，我们在创建 Servlet 时，都遵循“在其中一个方法中调用另一个方法”。

（2）在 Servlet 中获取用户请求信息时，用 HttpServletRequest request 对象，此对象就是 JSP 的内置对象 request，其使用方法和前面学习的 JSP 部分完全一样。同样，在响应结果的处理上，用 HttpServletResponse response 对象，其使用方法和 JSP 部分的 response 内置对象完全一样。

7.2.2　案例 3　Servlet 读取 Cookie 数据

【设计要求】

统计用户在一段时间内请求网页的次数。

【学习目标】

掌握在 Servlet 创建和使用 Cookie 数据的方法。

【知识准备】

Cookie 对象的创建、发送、读取方法请参考“4.6.1 案例 15　预设用户登录信息”内容。

【实施过程】

1．问题解析

当 Servlet 被客户端请求时，从 Cookie 中获取访问次数存入计数器，并使计数器的值增 1，之后将计数结果写到 Cookie 中。

（1）首先检查客户端发来的 Cookie 中是否有指定 Cookie（该 Cookie 用来保存此用户请求此 Servlet 的次数）。

（2）如果有，则将 Cookie 中的值增 1，然后将 Cookie 重新发送到客户端，同时向客户端输出访问次数。

（3）如果没有，则创建值为 1 的 Cookie 对象，并发送到客户端，同时向客户端输出访问次数。

2．具体过程

（1）创建项目 chap7-3，在 com.servlet 包中创建 CookieServlet.java，并在 web.xml 进行配置。<url-pattern>配置路径配置为/serlvet/CookieServlet，doGet()方法的核心代码如下：

```
1    public void doGet(HttpServletRequest request, HttpServletResponse
response) throws ServletException, IOException {
```

```
2       response.setContentType("text/html");
3       PrintWriter out = response.getWriter();
4       out.println("<HTML>");
5       out.println("  <BODY>");
6       boolean blnFound = false;
7       Cookie myCookie = null;
8       Cookie[] allCookie = request.getCookies();
9       if (allCookie != null) {
10           for (int i = 0; i < allCookie.length; i++) {
11               if (allCookie[i].getName().equals("logincount")) {
12                   // 指定Cookie存在
13                   blnFound = true;
14                   myCookie = allCookie[i];
15               }
16           }
17       }
18       if (blnFound) {
19           // 如果Cookie存在，将Cookie对象的值增1，重新发送到客户端
20           int temp = Integer.parseInt(myCookie.getValue());
21           temp++;
22           out.println("你访问本页的次数是:"+temp);
23           myCookie.setValue(String.valueOf(temp));
24           int age = 60 * 60 * 24 * 30;
25           myCookie.setMaxAge(age);
26           response.addCookie(myCookie);
27       } else {
28           // 如果Cookie不存在，则创建新的Cookie，其值设置为1
29           int temp = 1;
30           out.println("这是你第一次访问本页");
31           myCookie = new Cookie("logincount", String.valueOf(temp));
32           int age = 60 * 60 * 24 * 30;
33           myCookie.setMaxAge(age);
34           response.addCookie(myCookie);
35       }
36       out.println("  </BODY>");
37       out.println("</HTML>");
38       out.flush();out.close();
39   }
```

（2）请求测试

在浏览器地址栏输入“http://localhost:8080/chap7-3/servlet/CookieServlet”，运行结果如图7-12和图7-13所示。

web.xml　CookieServlet.java　MyEclipse Web Browser
http://localhost:8080/chap7-3/servlet/CookieServlet
这是你第一次访问本页

图 7-12　首次请求时结果显示

web.xml　CookieServlet.java　MyEclipse Web Browser
http://localhost:8080/chap7-3/servlet/CookieServlet
你访问本页的次数是:2

图 7-13　第二次请求时结果显示

【案例总结】

在 Servlet 中对 Cookie 对象的创建、发送和读取方法与 JSP 中的操作完全相同。

7.2.3　案例 4　Servlet 中使用 session 对象

【设计要求】

模拟用户登录系统，要求设计一个用户登录表单文件 login.html，登录信息提交给一个 Servlet 处理（Login），在此在 Servlet 中获取用户提交的信息并验证。

如果通过验证，则将请求重定向到 index.jsp 网页。index.jsp 页面内容输出，如果用户已登录，则显示该用户的欢迎信息；如果用户未登录，则在页面中提示用户尚未登录，并提供到用户登录页的超链接。

如果验证未通过，则重定向到 logfail.jsp，在该页中显示用户登录失败信息，并提供到登录页 login.html 的超链接。

【学习目标】

掌握在 Servlet 中获取会话对象并使用该对象的方法。

【知识准备】

1．JSP 内置对象 session

内置对象 session 实际上是“javax.servlet.http.HttpSession”类的实例，用来跟踪用户的请求状态。当客户端首次请求 Web 应用程序时，应用程序为了跟踪用户的访问状态，为用户创建一个 session 对象,并将 session 对象的标识随着响应发送给客户端，客户端再次请求时会将 session 对象的标识随着请求对象一起发送给服务器端。因此，服务器端若想获取这个 session 对象，可以通过请求对象去获取。

2．在 Servlet 中获取 session 对象的方法

通过 HttpServletRequest 对象的 getSession()方法就可以获取 session 对象，代码如下：

```
HttpSession session=request.getSession();
```

【实施过程】

通过复制项目 chap7-2 获得项目 chap7-4，将项目 chap7-4 的 Web Context-root 属性为“chap7-4”，在此基础上进行修改和完善。

（1）保持 login.html 文件内容不变。

（2）创建 index.jsp 网页，在网页中输出“×××，欢迎您”。

×××表示用户登录框中输入的内容，当用户登录验证通过时，应该将用户名信息写入 session 对象的属性中。在 index.jsp 网页中可以检测 session 对象中是否存在指定的属性，如果存在，则表示输出欢迎信息，如果不存在表示该用户未登录。

index.jsp 关键代码如下：

```
1  <%
2      if(session.getAttribute("name")!=null){
3   %>
4      <%=session.getAttribute("name") %>，欢迎您！
5  <% }else{ %>
6       您尚未登录，请<a href="login.html">单击此处</a>登录！
7  <%} %>
```

（3）创建 logfail.jsp 网页，关键代码如下：

```
用户名或密码错误，请<a href="login.html">单击此处</a>重新登录！
```

（4）修改 Servlet——Login.java 类的 doPost()方法，代码如下：

```
1   public void doPost(HttpServletRequest request, HttpServletResponse
response)
2           throws ServletException, IOException {
3       request.setCharacterEncoding("utf-8");
4       //获取应用程序上下文路径
5       String path=request.getContextPath();
6       HttpSession session=request.getSession();
7       String name=request.getParameter("name");
8       String pass=request.getParameter("pass");
9       if("123".equals(pass)){
10          //登录验证通过，将用户名写入 session 的 name 属性中
11          session.setAttribute("name", name);
12          //应用程序重定向到 index.jsp
13          response.sendRedirect(path+"/index.jsp");
14      }else{
15          //应用程序重定向到 logfail.jsp
16          response.sendRedirect(path+"/logfail.jsp");
17      }
18  }
```

（5）启动 Tomcat 服务，在 login.html 中输入用户名和密码进行测试，如图 7-14 所示。

web.xml　Login.java　MyEclipse Web Browser

http://localhost:8080/chap7-4/index.jsp

您尚未登录，请单击此处登录!

图 7-14　未登录时 login.html 输出结果

登录成功时，index.jsp 输出结果如图 7-15 所示。

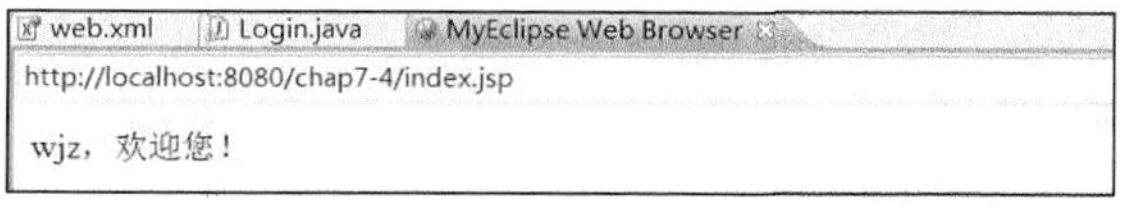

web.xml　Login.java　MyEclipse Web Browser

http://localhost:8080/chap7-4/index.jsp

wjz，欢迎您！

图 7-15　登录成功时 index.jsp 输出结果

当密码框输入不是“123”，结果如图 7-16 所示。

图 7-16　登录失败 logfail.jsp 输出结果

【案例总结】

（1）本例中 doPost()方法的第 13 行和第 16 行，在设置重定向的目标 URL 时使用 path 变量的值，path 变量的值在第 5 行中设置为 Web 应用程序的上下文路径。这样设置的目的是避免路径访问混乱，使用 path 标识 Web 应用根目录的名称，其后的“/”表示根目录下的资源请求。如果直接使用“response. sendR edirect("index.jsp")”，则表示转向的 index.jsp 应该在与当前 Servlet 引用的“逻辑路径”相同的资源文件夹下。如本例中 Login 的<url-pattern>配置是/servlet/Login，则如果能正确访问到 index.jsp，则要求 WebR oot 下要创建一个 servlet 文件夹，且 index.jsp 文件必须在 servlet 文件夹下。显然，这样的 Web 资源的管理是不合理的，所以经常使用 Web 应用上下文路径作为起始路径来指定要重定向的资源路径。

（2）在 Servlet 中通过请求对象的 getSession()方法获取的 session 对象与 JSP 内置对象 session 是同一个对象。

7.2.4　案例 5　使用 Servlet 实现用户登录与注册

【设计要求】

综合运用 JSP、Servlet 与 JavaBean 技术实现阳光购物系统的用户登录与注册功能，具体要求如下：

（1）用户通过注册表单输入注册信息，提交给服务器端程序处理；

（2）服务器端程序将用户注册信息写到数据库中，完成注册；

（3）如果注册成功后转到用户登录页，注册失败后返回重新注册页面；

（4）用户通过登录表单输入登录信息，提交给服务器端程序处理；

（5）服务器端程序将用户提交的登录信息在数据库中检索验证；

（6）通过验证，则在主页显示对登录用户的欢迎信息，未通过验证，则进行登录失败提示。

【学习目标】

掌握合理运用 JSP、Servlet、JavaBean 技术解决实际问题的方法与技巧。

【知识准备】

（1）在软件开发时，如何合理选择 Servlet 与 JSP?

无论采用 Servlet 还是 JSP 技术都能实现同样的功能，那在软件开发时，什么时候使用 Servlet 技术，什么时候使用 JSP 技术呢？在前面的章节中，我们介绍了这两种技术各自的优势，我们应该充分发挥这两种技术的各自优势。Servlet 在运行时快捷高效，但是在数据呈现的灵活性方面比较欠缺，因此我们可以遵循以下原则来在两者中进行选择。

① 如果客户端的请求仅仅要求处理某种业务，而不要求输出可视化的网页，此时可用 Servlet 程序去实现。

② 如果客户端的请求要求向客户端输出可视化的网页信息，则考虑编写 JSP 程序。

（2）解决问题的基本思路。

① 设计 index.jsp，用来输出用户登录结果。

② 设计 customer_login.jsp，用来提供登录表单。

③ 设计 regist_customer.jsp，用来提供用户注册表单。

④ 设计 JavaBean 类 Customer，用来描述用户信息。

⑤ 编写资源文件 oracle.properties，用来保存数据库的连接参数。

⑥ 设计工具类 DBUtil，用来提供到数据库的连接对象。

⑦ 设计 JavaBean 类 CustomerDao，用来封闭数据库的访问。

⑧ 设计 Servlet 类 CustomerLoginServlet，用来完成用户登录处理。

⑨ 设计 Servlet 类 RegistCustomerServlet，用来完成用户的注册处理。

【实施过程】

由于篇幅问题，本案例中所有的 JSP 文件都只提取了核心代码，完整代码请参阅随书赠送的源代码。

（1）设计 index.jsp，用来输出用户登录结果，代码如下：

```
1   <%@ page language="java"  pageEncoding="UTF-8"%>
2   <%   String path = request.getContextPath();%>
3   <!DOCTYPE html PUBLIC "-//W3C//DTD XHTML 1.0 Transitional//EN" "http://
4    www.w3.org/TR/xhtml1/DTD/xhtml1-transitional.dtd">
5   <html xmlns="http://www.w3.org/1999/xhtml">
6       <head>
7               <meta http-equiv="Content-Type" content="text/html; charset=utf-8" />
8               <title>阳光购物商城</title>
9       </head>
10      <body>
11          <%
12              if (session.getAttribute("username") != null) {
13                  String name = (String) session.getAttribute("username");
14          %>
15          <%=name%>，阳光购物商城欢迎您
16          <%
17              } else {
18          %>
19          <a href="<%=path%>/web/customer_login.jsp" target="_self">登录</a>
20            | 
21          <a href="<%=path%>/web/regist_customer.jsp" target="_self">注册</a>
22          <%
23              }
24          %>
25       </body>
26  </html>
```

（2）设计 customer_login.jsp，用来提供登录表单，代码如下：

```
1   <%@ page language="java"  pageEncoding="UTF-8"%>
```

```
2   <%String path = request.getContextPath();%>
3   <!DOCTYPE html PUBLIC "-//W3C//DTD XHTML 1.0 Transitional//EN" "http://
4   www.w3.org/TR/xhtml1/DTD/xhtml1-transitional.dtd">
5   <html xmlns="http://www.w3.org/1999/xhtml">
6       <head>
7           <meta http-equiv="Content-Type" content="text/html; charset=utf-8" />
8           <title>阳光购物商城</title>
9       </head>
10      <body>
11          <form action="<%=path%>/CustomerLoginServlet" method="post">
12              用户名：<input type="text" name="username" />
13              密码：<input type="password" name="userpwd"/>
14              <input value="登录" type="submit" />
15          </form>
16          <a href="<%=path%>/web/regist_customer.jsp">新用户注册</a>
17      </body>
18  </html>
```

（3）设计 regist_customer.jsp，用来提供用户注册表单，核心代码如下：

```
1   <%String path = request.getContextPath();%>
2   <form action="<%=path%>/RegistCustomerServlet" method="post" name="form2">
3     <table>
4       <tr><td>用户名：</td>
5           <td><input type="text" name="username" /></td>
6           <td>*必填项</td> </tr>
7       <tr><td>密码：</td>
8           <td><input type="password" name="pwd" /></td>
9           <td>*必填项</td> </tr>
10      <tr><td>确认密码：</td>
11              <td><input type="password" name="repwd" /></td>
12              <td>*必填项</td> </tr>
13      <tr><td>E-mail：</td>
14              <td><input type="text" name="email" /></td>
15              <td>*必填项</td></tr>
16      <tr><td>住址：</td>
17              <td><input type="text" name="address" /></td>
18              <td>*必填项</td></tr>
19      <tr><td>电话：</td>
20              <td><input type="text" name="phone" /></td>
21              <td>*必填项</td></tr>
22      <tr><td>头像：</td>
23              <td><input type="file" name="header" /></td>
```

```
24                <td></td></tr>
25            <tr><td></td><td><input value="注册" type="submit" /> 
26                        <input type="reset" value="重置" /></td>
27                    <td></td></tr>
28        </table></form>
```

（4）设计 JavaBean 类 Customer，用来描述用户信息，代码如下：

```
package net.qbsp.pojo;
public class Customer {
    private int userId;
    private String userName;
    private String userPwd;
    private String userHeader;
    private String userPhone;
    private String userAddress;
    private String userEmail;
    private String sysDate;
//由于篇幅问题，此处默认 set/get 方法定义，测试前需要添加
}
```

（5）编写资源文件 oracle.properties，用来保存数据库的连接参数，代码如下：

```
jdbcdriver=oracle.jdbc.driver.OracleDriver
jdbcurl=jdbc:oracle:thin:@127.0.0.1:1521:orcl
userName=system
password=lucky123
```

（6）设计工具类 DBUtil，用来提供到数据库的连接对象，代码如下：

```
1   public class DBUtil {
2    private static String jdbcdriver;
3    private static String jdbcurl;
4    private static String username;
5    private static String password;
6    /**
7     * 获得数据库连接
8     */
9    private static Connection conn=null;
10   public static Connection getConn(){
11           ResourceBundle rs=ResourceBundle.getBundle("oracle");
12               try {
13                   jdbcdriver=rs.getString("jdbcdriver");
14                   jdbcurl=rs.getString("jdbcurl");
15                   username=rs.getString("userName");
```

```
16                  password=rs.getString("password");
17              } catch (Exception e) {
18                  e.printStackTrace();
19              }
20              try {
21                  Class.forName(jdbcdriver).newInstance();
22                  try {
23                  conn=DriverManager.getConnection(jdbcurl,username,
password);
24                  } catch (Exception e) {
25                      e.printStackTrace();
26                  }
27              } catch (Exception e) {
28                  e.printStackTrace();
29              }
30          return conn;
30      }
32    /**
33      * 关闭连接，释放资源
34      */
35     public static void close(Connection conn,PreparedStatement ps,ResultSet rs){
36         //由于篇幅问题，此处内容省略，请参考随书赠送的源代码
37     }
38     /**
39      * 关闭连接，释放资源
40      */
41     public static  void close(Connection conn,PreparedStatement ps){
42         //由于篇幅问题，此处内容省略，请参考随书赠送的源代码
43     }
44  }
```

（7）设计JavaBean类CustomerDao，用来封闭数据库的访问，代码如下：

```
1  public class CustomerDao {
2   Connection conn = null;
3   PreparedStatement ps = null;
4   ResultSet rs = null;
5   String sql = "";
6   /**
7    * 用户注册
8    * @param user 用户注册信息
9    * @return 1-注册成功；0-注册失败；-1-用户名已存在
10   */
```

```
11      public int regCutomer(Customer user) {
12          int flag = 0;
13          if (isUserExist(user.getUserName())) {
14              flag = -1;
15          } else {
16              conn = DBUtil.getConn();
17              String sql = "insert into shop_customer(username,userpassword,
userheader,userphone,useraddress,useremail,addtime) values(?,?,?,?,?,?,sysdate)";
18              try {
19                  ps = conn.prepareStatement(sql);
20                  ps.setString(1, user.getUserName());
21                  ps.setString(2, user.getUserPwd());
22                  ps.setString(3, user.getUserHeader());
23                  ps.setString(4, user.getUserPhone());
24                  ps.setString(5, user.getUserAddress());
25                  ps.setString(6, user.getUserEmail());
26                  flag = ps.executeUpdate();
27              } catch (SQLException e) {
28                  e.printStackTrace();
29              } finally {
30                  DBUtil.close(conn, ps);
31              }
32          }
33          return flag;
34      }
35      private boolean isUserExist(String name) {
36          boolean f = false;
37          conn = DBUtil.getConn();
38          String sql = "select * from shop_customer where username=?";
39          try {
40              ps = conn.prepareStatement(sql);
41              ps.setString(1, name);
42              rs = ps.executeQuery();
43              if (rs.next()) {
44                  f = true;
45              }
46          } catch (SQLException e) {
47              e.printStackTrace();
48          } finally {
49              DBUtil.close(conn, ps, rs);
50          }
```

```
51            return f;
52        }
53        /**
54         * 用户登录
55         * @param user
56         * @return true-通过验证，false-未通过验证
57         */
58        public boolean logCustomer(Customer user){
59            boolean f=false;
60            conn = DBUtil.getConn();
61            String sql = "select * from shop_customer where username=? and userpassword=?";
62            try {
63                ps = conn.prepareStatement(sql);
64                ps.setString(1, user.getUserName());
65                ps.setString(2,user.getUserPwd());
66                rs = ps.executeQuery();
67                if (rs.next()) {
68                    f = true;
69                }
70            } catch (SQLException e) {
71                e.printStackTrace();
72            } finally {
73                DBUtil.close(conn, ps, rs);
74            }
75            return f;
76        }
77    }
```

（8）设计 Servlet 类 RegistCustomerServlet，用来完成用户的注册处理，代码如下：

RegistCustomerServlet 类的 doPost()方法代码如下：

```
1    public void doPost(HttpServletRequest request, HttpServletResponse response) throws ServletException, IOException {
2    response.setContentType("text/html;charset=utf-8");
3    request.setCharacterEncoding("utf-8");
4    String username = request.getParameter("username");
5    String pwd = request.getParameter("pwd");
6    String repwd = request.getParameter("repwd");
7    String email = request.getParameter("email");
8    String address = request.getParameter("address");
9    String phone = request.getParameter("phone");
10       String header = "images/tu.gif";
```

```
11        if (pwd.equals(repwd)) {
12            Customer user = new Customer();
13            user.setUserName(username);
14            user.setUserPwd(pwd);
15            user.setUserAddress(address);
16            user.setUserPhone(phone);
17            user.setUserEmail(email);
18            user.setUserHeader(header);
19            CustomerDao dao=new CustomerDao();
20            int flag=dao.regCutomer(user);
21            if(flag>0){
22                response.getWriter().print("<script>confirm('恭喜您，注册成功！');" +
23                        "window.location.href='web/customer_login.jsp';</script> ");
24            }else if(flag<0){
25                response.getWriter().print("用户名已经存在，"
26                  +"<a href='javascript:history.back(-1);'>返回重新注册</a>! ");
27            }
28        }else{
29            response.getWriter().print("密码与确认密码不一致，"
30                  +"<a href='javascript:history.back(-1);'>返回重新注册</a>! ");
31        }
32    }
```

（9）设计Servlet类CustomerLoginServlet，用来完成用户登录处理，doPost()方法代码如下：

```
1   public void doPost(HttpServletRequest request, HttpServletResponse response)
throws ServletException, IOException {
2    request.setCharacterEncoding("utf-8");
3    response.setContentType("text/html;charset=utf-8");
4    // 获取输入的登录信息
5    String name = request.getParameter("username");
6    String pwd = request.getParameter("userpwd");
7    Customer user = new Customer();
8    user.setUserName(name);
9    user.setUserPwd(pwd);
10   CustomerDao dao = new CustomerDao();
11   // 判断用户输入的验证码是否正确
12   if (dao.logCustomer(user) == true) {
13           request.getSession().setAttribute("username", name);
14           response.sendRedirect("web/index.jsp");
15       } else {
16           response.getWriter().print("<script>");
17           response.getWriter().print("alert('用户名或密码错误，请重新输入!');");
```

```
18            response.getWriter().print(
19                    "window.location.href='web/customer_login.jsp';");
20            response.getWriter().print("</script>");
21        }
22    }
```

（10）启动 Tomcat 服务，运行效果如图 7-17~图 7-20 所示（完整源代码运行效果截图）。

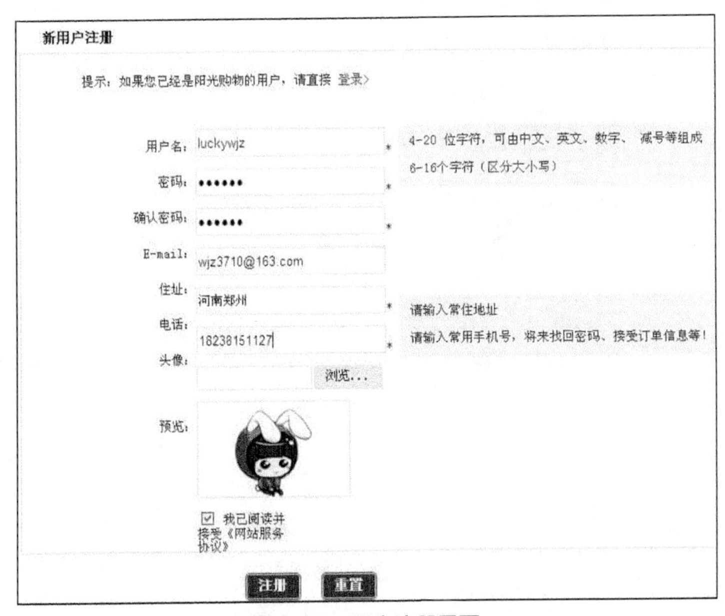

图 7-17　用户注册界面

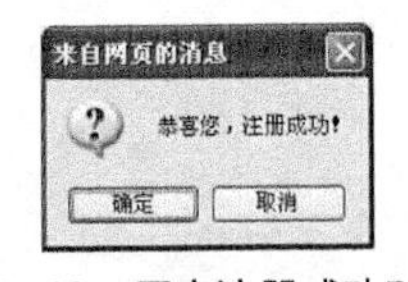

图 7-18　用户注册成功对话框

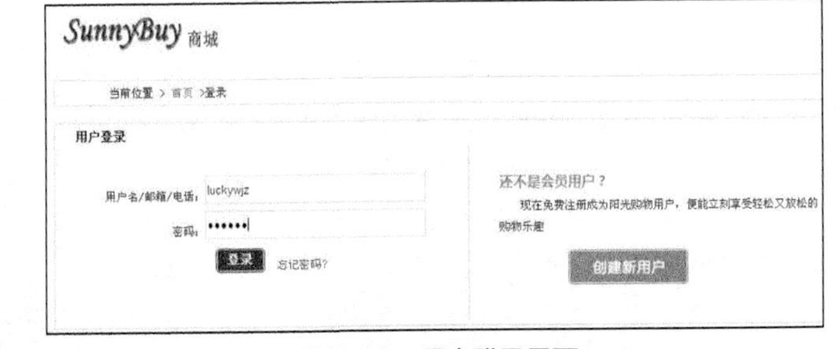

图 7-19　用户登录界面

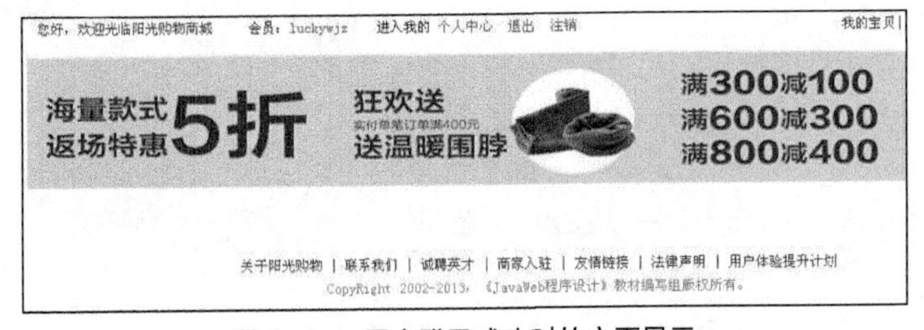

图 7-20　用户登录成功时的主页显示

【案例总结】

在本例中我们使用 JSP、Servlet 和 JavaBean 三种技术完成用户登录与注册。JSP 网页用来提供用户与服务器端的交互表单、按一定格式输出数据；Servlet 获取客户端提交数据，通过调用 JavaBean 实现业务处理，并根据处理结果向客户发送不同的响应信息；JavaBean 封装了对数据库的具体操作。通过合理运用 3 种技术，使得在应用系统中的数据表示、流程控制、业务处理进行了很好的分离，更有利于团队协作共同完成 Web 项目开发。

7.3 Servlet 过滤器

在软件项目开发中，经常需要对用户请求进行预处理，或是对发往客户端的响应信息进行修改。例如，为了支持中文，在获取用户提交请求数据之前，要将请求对象字符集设置为中文编码，而向客户端发送响应之前，也应该将响应对象字符集设置为中文编码，这样的处理在整个应用程序开发中会常常发生。Servlet 2.3 版本中新增了 Filter 技术，即 Servlet 过滤器，它能够在一个请求到达服务器之前对请求对象进行预处理，也可以在服务器端响应到达客户端之前修改响应对象的信息。

本节要点

- Servlet 过滤器的基本概念与基本原理。
- Servlet 过滤器的创建、配置与使用方法。
- Servlet 过滤器的典型应用。

7.3.1 案例 6 创建和使用字符集过滤器

【设计要求】

在案例 5 中，为了解决中文乱码问题，在 Servlet 类 RegistCustomerServlet、CustomerLoginServlet 中，在获取请求参数和向客户端传送数据之前，首先将请求对象字符集设置为“UTF-8”，将响应对象文档类型设置为“text/html;charset=UTF-8”，在一个完整的 Web 应用中这种处理会非常多，这将会造成代码重复且不易维护，为解决这一问题，可以使用 Serlvet 过滤器技术，本案例通过一个简单的商品信息表单提交、信息获取与输出的简单处理，使用字符集过滤器解决中文乱码问题。

【学习目标】

（1）了解过滤器类的构成。

（2）掌握过滤器的配置。

（3）实现字符集过滤功能。

【知识准备】

1．过滤器

过滤器是一种特殊的类（实现 javax.servlet.Filter 接口），它能够在服务器端对请求和响应对象进行检查和修改，提供过滤作用。Servlet 过滤器能够过滤的 Web 资源包括 Servlet、JSP 等。

2．过滤器工作原理

如图 7-21 所示，当客户端的请求到达 Web 资源之前，首先经过过滤器，由过滤器对请求对象进行检查和预处理，包括设置请求对象字符集、检查用户是否登录等，在服务器端的响应未到达客户端之前，过滤器可以对响应进行检查和修改，以达到过滤的目的。

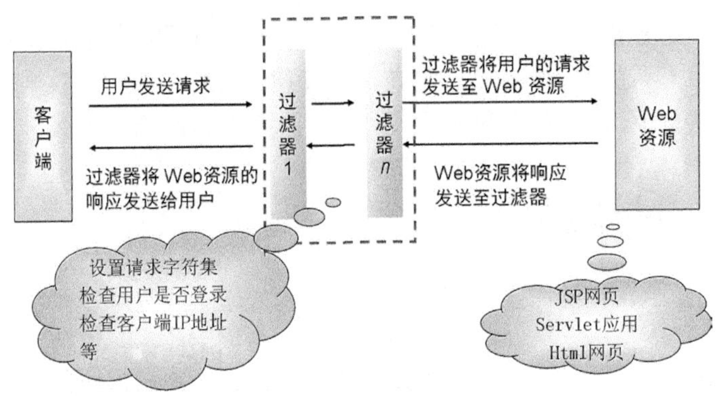

图 7-21　Servlet 过滤器工作原理

3．过滤器的特点

Servlet 过滤器可以被串联在一起，形成过滤器链，协同修改请求和响应对象，如图 7-22 所示。

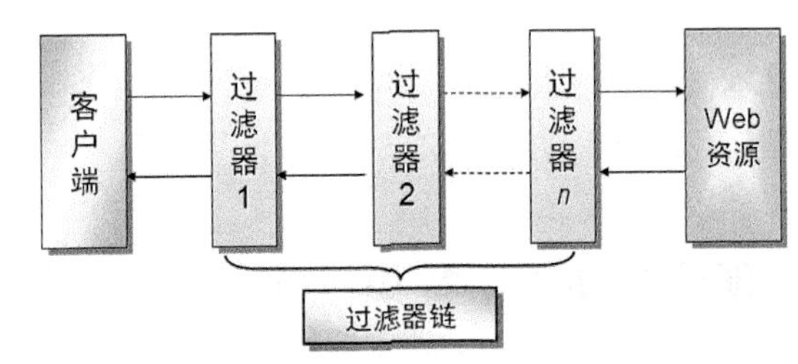

图 7-22　Servlet 过滤器的特点

4．过滤器的使用过程

（1）创建过滤器类

所有的 Servlet 过滤器类必须实现 javax.servlet.Filter 接口，并且实现其中的 3 种方法。

（2）配置过滤器

在 web.xml 文件中配置过滤器，指定哪些 Web 资源使用过滤器。

5．Filter 接口的方法

（1）public void init（FilterConfig filterConfig），用于过滤器初始化设置，过滤器加载时调用一次。FilterConfig 参数是过滤器配置对象，通过该对象的 getInitParameter( )方法可以获得 web.xml 配置文件中过滤器配置的初始化参数。

（2）public void doFilter（ServletRequest req, ServletResponse res,FilterChain chain），每次用户发送请求或向客户端发送响应时由系统调用，在此方法中实现过滤器功能。ServletRequest 参数是用户的请求对象, ServletResponse 参数是响应对象，FilterChain 参数是过滤器链对象，通过调用它的 doFilter()方法完成过滤器链的调用，方法原型是：void doFilter（ServletRequest req, ServletResponse res）。

（3）public void destroy( )，当过滤器从内存中卸载时调用一次。

【实施过程】

创建新的 Web 项目 chap7-6，并在 src 下创建包 filters。

1．创建过滤器类

在 filters 包下创建过滤器类 CharsetFilter，并使该类实现 javax.servlet.Filter 接口，代码如下：

```
1  public class CharsetFilter implements Filter {
2      public void destroy () {
3      }
4      public  void  doFilter  ( ServletRequest  arg0,  ServletResponse
arg1,FilterChain arg2)  throws IOException, ServletException {
5          //在此编写代码实现指定过滤功能
6      }
7      public void init (FilterConfig arg0)  throws ServletException {
8      }
9  }
```

2．实现过滤器功能

在doFilter()方法中实现字符集过滤的功能，代码如下：

```
1  public void doFilter(ServletRequest req,ServletResponse res, FilterChain
chain) throws IOException, ServletException {
2      //设置请求、响应对象字符集
3      req.setCharacterEncoding ("utf-8") ;
4      res.setContentType ("text/html;charset=utf-8") ;
5      //向后续的过滤器传递请求和响应
6      chain.doFilter (req, res) ;
7  }
```

3．配置过滤器

与Servlet配置方法类似，过滤器的配置也分为两部分，即过滤器定义部分和过滤器映射部分，示例代码如下：

```
1  <filter>
2      <filter-name>charset</filter-name>
3      <filter-class>filters.CharsetFilter</filter-class>
4  </filter>
5  <filter-mapping>
6      <filter-name>charset</filter-name>
7      <url-pattern>/*</url-pattern>
8  </filter-mapping>
```

其中，过滤器定义部分，即<filter>配置部分，通过<filter-name>和<filter-class>元素，将过滤器类与过滤器名绑定。过滤器映射部分，即<filter-mapping>部分，通过<filter-name>和<url-pattern>指定在请求哪些Web资源时启用该过滤器。

说明： 过滤器在web.xml中的配置说明如下。

① 滤器由两组元素——<filter>与<filter-mapping>完成配置，它必须放在<web-app>元素之中。

② <filter-mapping>中的<url-patten>指明在请求哪些资源时调用过滤器，可以使用“*”做通配符，代表任意的Web资源。例如，

<url-pattern>/*</url-pattern>表示对所有请求都执行过滤器；

<url-pattern>/admin/*</url-pattern>表示只有请求 Web 应用中 admin 目录下的资源时调用过滤器。

4．验证过滤器的功能

创建商品信息录入表单文件 add_comminfo.jsp，核心代码如下：

```
1  <form action="AddCommInfoServlet" method="post">
2       商品名：<input name="name" type="text" /><br>
3       价格：<input name="price" type="text" /><br>
4       库存量：<input name="number" type="text" /><br>
5       分类：<select class="kuang " name="type">
6               <option value="服饰" selected>服饰</option>
7               <option value="家电办公">家电办公</option>
8           </select>
9       <br>描述信息<br>
10      <textarea name="description"></textarea><br>
11      <input type="submit" value="添加" />
12 </form>
```

商品信息提交页面效果如图 7-23 所示。

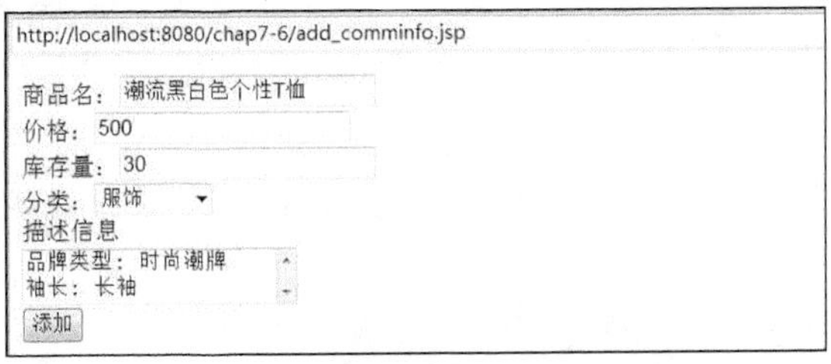

图 7-23　商品信息提交页面效果图

创建 Servlet 类并配置 AddCommInfoServlet，读取表单信息并输出，doPost ( ) 方法内容代码如下：

```
1   public void doPost (HttpServletRequest request, HttpServletResponse
response) throws ServletException, IOException {
2    PrintWriter out=response.getWriter();
3    out.println("<html><body>");
4    out.println("商品名:"+request.getParameter("name")+"<br>");
5    out.println("价格:"+request.getParameter("price")+"<br>");
6    out.println("库存量:"+request.getParameter("number")+"<br>");
7    out.println("分类:"+request.getParameter("type")+"<br>");
8    out.println("描述:"+request.getParameter("description")+"<br>");
9    out.println("</body></html>");
10    out.close();
11  }
```

商品信息输出效果如图 7-24 所示。

图 7-24　商品信息输出效果图

【案例总结】

中文字符乱码问题是 Java Web 编程中经常遇到的问题，过滤器可以帮助我们一次性地解决 post 请求中传递中文参数的问题。

7.3.2　案例 7　应用过滤器进行身份验证

【设计要求】

在商品管理模块中，如果用户未登录，则不能访问商品添加、商品编辑等网页，当未登录用户试图访问这些资源时系统给出相应错误提示，用过滤器实现身份验证功能。

【学习目标】

学习编写和配置过滤器实现身份验证的方法。

【知识准备】

1．关于授权访问页

在 Web 应用程序中，有些网页只允许具有访问权限的用户登录后访问，为便于统一的权限验证管理，在此称之为授权访问页。某一权限的授权访问页一般统一放在指定的文件夹中，而非授权限访问页则不能放到这个文件夹中。

2．本例基本步骤概述

（1）创建 admin 文件夹，在该文件夹下创建两个网页：商品上传页 add_comminfo.jsp、商品管理主页 index.jsp。

（2）创建一个管理员登录页 alogin.jsp 网页，管理员登录页不能放在限制访问的文件夹中，否则不能正常访问登录页。

（3）创建登录处理 Servlet 类 AdminLogin.java，其 web.xml 中的<url-pattern>配置如下：

```
<url-pattern>/AdminLogin</url-pattern>
```

（4）创建过滤器类 AdminFilter，其在 web.xml 中的<url-pattern>配置如下：

```
<url-pattern>/admin/*</url-pattern>
```

（5）创建字符集过滤器 CharsetFilter，其在 web.xml 中的<url-pattern>配置如下：

```
<url-pattern>/*</url-pattern>
```

【实施过程】

创建 Web 项目 chap7-7，项目中各程序关键代码如下。

（1）admin/index.jsp 代码如下：

```
1   <%@ page import="java.util.*" pageEncoding="utf-8"%>
2   <!DOCTYPE HTML PUBLIC "-//W3C//DTD HTML 4.01 Transitional//EN">
```

```
3   <html>
4     <head><title>用户管理主页</title></head>
5     <body>
6     <%= (String) session.getAttribute ("user") %>，欢迎你!
7       <h2>这是用户管理主页</h2>
8       <a href="add_comminfo.jsp">添加商品信息</a>
9     </body>
10  </html>
```

（2）admin/add_comminfo.jsp 核心代码如下：

```
1   <%= (String) session.getAttribute ("user") %>，欢迎你!
2         <a href="index.jsp">管理主页</a>
3    <form action="AddCommInfoServlet" method="post">
4         商品名：<input name="name" type="text" /><br>
5         价格：<input name="price" type="text" /><br>
6         库存量：<input name="number" type="text" /><br>
7         分类：<select name="type">
8               <option value="服饰" selected>服饰</option>
9               <option value="家电办公">家电办公</option>  </select>
10            <br>描述信息<br>
11            <textarea name="description"></textarea><br>
12            <input type="submit" value="添加" />
13        </form>
```

（3）alogin.jsp 核心代码如下：

```
1   <h2>用户登录</h2>
2    <form action="AdminLogin" method="post">
3         用户名：<input type="text" name="name"><br>
4         密码：<input type="password" name="pass">   <br>
5         <input type="submit" value="登录">
6    </form>
```

（4）Servlet 类 AdminLogin 中的 doPost（ ）方法，其代码如下：

```
1   public void doPost (HttpServletRequest request, HttpServletResponse response)
throws ServletException, IOException {
2    HttpSession session = request.getSession () ;
3    String name = request.getParameter ("name") ;
4    String pass = request.getParameter ("pass") ;
5    if ("lucky".equals (name) && "123".equals (pass) ) {
6        session.setAttribute ("user", name) ;
7        response.sendRedirect ("admin/index.jsp") ;
8    } else {
```

```
 9        PrintWriter out = response.getWriter ();
10        out.println ("<script language=javascript>");
11        out.println ("alert ('用户名或密码错误! ');");
12        out.println ("window.location.href='alogin.jsp';");
13        out.println ("</script>");
14   }
15 }
```

（5）过滤器类 AdminFilter 中的 doFilter ( ) 方法，其代码如下：

```
 1  public void doFilter (ServletRequest req, ServletResponse res,FilterChain chain)
throws IOException, ServletException {
 2      HttpServletRequest requ = (HttpServletRequest) req;
 3      res.setContentType ("text/html;charset=utf-8");
 4      HttpSession session = requ.getSession ();
 5      if (session.getAttribute ("user") == null) {//用户未登录
 6         PrintWriter out = res.getWriter ();
 7         out.println ("<script language=javascript>");
 8         out.println ("alert ('您还没有登录! ');");
 9         out.println ("window.location.href='../alogin.jsp';");
10         out.println ("</script>");
11      } else {//用户已登录
12         chain.doFilter (req, res);
13      }
14   }
```

（6）运行测试，结果如图 7-25 和图 7-26 所示。

图 7-25　用户未登录时访问 admin/index.jsp

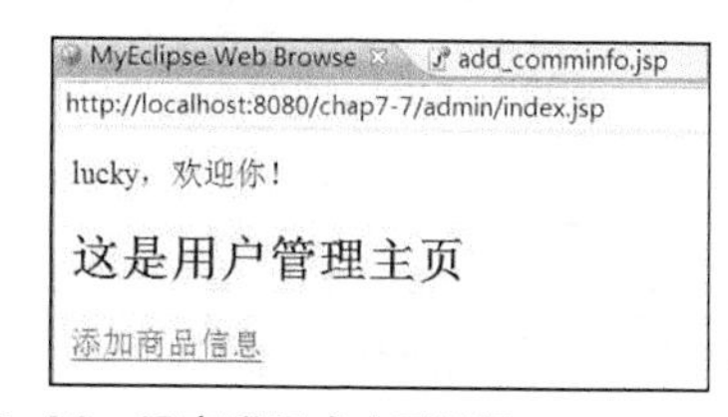

图 7-26　用户登录成功后访问 admin/index.jsp

7.4　Servlet 监听器

Servlet 监听器是 Web 应用开发的一个重要组成部分。它是在 Servlet 2.3 规范中和 Servlet 过滤器一起被引入的。

本节要点

- 监听器的基本概念与基本原理，监听器的种类。
- 监听器的创建、配置与使用方法。

➢ 监听器的典型应用。

7.4.1　案例 8　应用 Servlet 监听器统计在线人数

【设计要求】

使用 Servlet 监听器实现对网站在线人数的统计并输出。

【学习目标】

（1）理解监听器的基本概念与基本原理，了解监听器的种类。

（2）掌握监听器的创建、配置与使用方法。

（3）学习使用 HttpSessionListener 接口实现在线人数统计的方法 。

【知识准备】

1．Servlet 监听器

Servlet 监听器类似于 Java 中 GUI 组件的事件监听器，主要监听由于 Web 应用中的状态改变而引起的 Servlet 容器产生的相应事件，并进行相应的事件处理。

Servlet 监听器是指实现了监听器接口的类，一般的监听器类需要在 web.xml 中配置才能产生作用。当 Web 应用的某个事件发生时（如当 Web 服务启动或停止、session 创建或销毁等），相应的监听器将会被 Servlet 容器自动调用。

2．监听器接口和事件类

表 7-3 列出了 Servlet 和 JSP 中提供的 8 个监听器接口和 6 个事件类。

表 7-3　Servlet 监听器接口与事件类

<table>
<tr><th>序号</th><th>Listener 接口</th><th>监听级别</th><th>Event 类</th></tr>
<tr><td>1</td><td>ServletContextListener</td><td>应用级</td><td>ServletContextEvent</td></tr>
<tr><td>2</td><td>ServletContextAttributeListener</td><td>应用级</td><td>ServletContextAttributeEvent</td></tr>
<tr><td>3</td><td>HttpSessionListener</td><td>会话级</td><td rowspan="2">HttpSessionEvent</td></tr>
<tr><td>4</td><td>HttpSessionActivationListener</td><td>会话级</td></tr>
<tr><td>5</td><td>HttpSessionAttributeListener</td><td>会话级</td><td rowspan="2">HttpSessionBindingEvent</td></tr>
<tr><td>6</td><td>HttpSessionBindingListener</td><td>会话级</td></tr>
<tr><td>7</td><td>ServletRequestListener</td><td>请求级</td><td>ServletRequestEvent</td></tr>
<tr><td>8</td><td>ServletRequestAttributeListener</td><td>请求级</td><td>ServletRequestAttributeEvent</td></tr>
</table>

3．监听器的创建和使用步骤

（1）创建类实现相应的监听器接口。

（2）在 web.xml 中配置监听器，格式如下：

```
<listener>
    <listener-class>监听器类</listener-class>
</listener>
```

注意：HttpSessionBindingListener 监听器不需要在 web.xml 中配置，其使用方法比较特殊。

4．监听器接口详解

（1）应用上下文监听器——ServletContextListener

它是应用级的监听器，应用级的监听器接口都存于javax.servlet包内。应用上下文监听器主要实现监听Web应用的创建和销毁的事件。当服务器启动时，Web应用被创建，当服务器关闭时，Web应用被销毁。ServletContextListener接口提供了两个方法，它们也被称为“Web应用程序的生命周期方法”，下面分别介绍。

① void contextInitialized（ServletContextEvent sce）方法，当Web应用被创建时，Servlet容器自动调用此方法。

② void contextDestroyed（ServletContextEvent sce）方法，当Web应用被销毁时，Servlet容器自动调用此方法。

ServletContextEvent封装了应用上下文事件信息，通过该对象的getServletContext（）方法可以取得ServletContext应用程序对象。

（2）应用上下文属性事件监听器——ServletContextAttributeListener

它是应用级的监听器，用于监听Web应用属性改变的事件，包括增加、删除、修改属性。ServletContextAttributeListener接口提供了以下3个方法。

① void attributeAdded（ServletContextAttributeEvent scab），若有对象加入Application的范围，Servlet容器自动调用此方法。

② void attributeRemoved（ServletContextAttributeEvent scab），若有对象从Application的范围移除，Servlet容器自动调用此方法。

③ void attributeReplaced（ServletContextAttributeEvent scab），若在Application的范围中，有对象取代另一个对象时，Servlet容器自动调用此方法。

ServletContextAttributeEvent封装了Web应用的属性事件信息，提供了以下两个方法用于获取Web应用属性名与属性值。

① String getName（），获取监听对象的属性名。

② Object getValue（），获取监听对象的属性值。

（3）会话绑定监听器——HttpSessionBindingListener

它是会话级的监听器，会话器监听器接口都存于javax.servlet.http包内。HttpSessionBindingListener监听器是唯一不需要在web.xml中配置的监听器，如果一个类实现了HttpSessionBindingListener接口，则只要它的对象加入session范围（即调用session对象的setAttribute方法）或从session范围中移出（即调用session对象的removeAttribute方法或session Time out）时，容器分别会自动调用下列两个方法。

① void valueBound（HttpSessionBindingEvent event），对象加入session范围时容器调用的方法。

② void valueUnbound（HttpSessionBindingEvent event），对象从session范围移出时容器调用的方法。

（4）会话属性监听器—HttpSessionAttributeListener

它是会话级的监听器，用于监听HttpSession中的属性操作。包括会话属性的增加、删除、重设。HttpSessionAttributeListener接口提供了如下3个方法。

① 当session增加一个属性时，容器调用attributeAdded（HttpSessionBindingEvent se）方法。

② 当session删除一个属性时，容器调用attributeRemoved（HttpSessionBindingEvent se）方法。

③ 当session属性被重新设置时，容器调用attributeReplaced（HttpSessionBindingEvent se）方法。

（5）会话监听器——HttpSessionListener

它是会话级的监听器，用于监听 HttpSession 的操作，包括会话的创建和销毁，HttpSessionListener 接口提供如下两个方法。

① 当创建一个 session 时，容器调用 sessionCreated（HttpSessionEvent se）方法；

② 当销毁一个 session 时，容器调用 sessionDestroyed（HttpSessionEvent se）方法。

（6）会话有效监听器——HttpSessionActivationListener

它是会话级的监听器，用于监听 session 激活和钝化事件的发生。HttpSessionActivationListener 接口提供如下两个方法。

① 当 session 变为有效状态时，容器调用 sessionDidActivate（HttpSessionEvent e）方法。

② 当 session 变为无效状态时，容器调用 sessionWillPassivate（HttpSessionEvent e）方法。

（7）请求监听器——ServletRequestListener

它是请求级监听器，请求级监听器接口存于 javax.servlet 包内。请求监听器用于监听客户端请求，包括请求对象的创建与销毁。ServletRequestListener 接口提供如下两个方法。

① void requestInitalized（ServletRequestEvent event）方法，当接收客户端请求并创建请求对象时，容器自动调用此方法。

② void requestDestroyed（ServletRequestEvent event）方法，当请求对象销毁时，容器自动调用此方法。

（8）请求属性监听器——ServletRequestAttributeListener

它是请求级监听器，用于监听请求属性的增加、删除和重设。ServletRequestAttributeListener 接口提供如下 3 个方法。

① void attributeAdded（ServletRequestAttributeEvent event），若有对象加入 Request 的范围，Servlet 容器自动调用此方法；

② void attributeRemoved（ServletRequestAttributeEvent event），若有对象从 Request 的范围移除，Servlet 容器自动调用此方法；

③ void attributeReplaced（ServletRequestAttributeEvent event），若在 Request 的范围中，有对象取代另一个对象时，Servlet 容器自动调用此方法。

【实施过程】

（1）首先创建 Web 项目 chap7-8，然后按以下步骤完成案例制作。

① 编写实现计数功能的 Java 类 OnlineCounter.java，静态变量 online 用来实现计数。

② 编写 HttpSessionListener 接口的实现类文件 OnlineCounterListener.java。

③ 在 web.xml 中配置 OnlineCounterListener 监听器类。

④ 编写测试的 JSP 文件 listener.jsp。

（2）各程序关键代码如下。

① OnlineCounter.java（在 utils 包中创建）关键代码：

```
1  public class OnlineCounter {
2  private static long online=0;
3  public static long getOnline () {//获取计数值
4       return online;
5   }
6   public static void raise () {//实现计数增 1
```

```
7        online++;
8    }
9    public static void reduce () {//实现计数减1
10           online--;
11       }
12   }
```

② 监听器在 web.xml 中配置，其关键代码如下：

```
<listener>
    <listener-class>listeners.OnlineCounterListener</listener-class>
</listener>
```

③ OnlineCounterListener .java（在 listeners 包中创建）关键代码如下：

```
1   public class OnlineCounterListener implements HttpSessionListener {
2   public void sessionCreated (HttpSessionEvent e)  {
3         // 创建 session 时调用此方法
4         OnlineCounter.raise () ;
5     }
6    public void sessionDestroyed (HttpSessionEvent e ) {
7         // session 卸载时调用此方法
8         OnlineCounter.reduce () ;
9     }
10 }
```

④ counter.jsp 关键代码如下：

```
<h2>当前在线人数为：<%=utils.OnlineCounter.getOnline () %></h2>
```

7.4.2 案例 9 应用 Servlet 监听器统计网站访问量

【设计要求】

在案例 8 的基础上修改，实现网站计数器的功能。用来计算访问该网站（Web 应用）的总人数。实现当服务器重启时能够连续计数的功能。

【学习目标】

灵活掌握应用上下文监听器与会话监听器的运用方法。

【思路分析】

（1）网站访问量保存在 Web 应用属性中。

（2）每当有 session 创建时，使网站的访问量增 1。

（3）当服务器关闭时，将 Web 应用属性中保存的访问量写入服务器端的磁盘文件中。

（4）当服务器启动时，从该磁盘文件中读取初始化数据到 Web 应用属性中。

【实施过程】

（1）创建应用上下文监听器——ApplCounterListener.java。当 Web 应用启动时，读取指定磁盘文件中保存的访问量数据，写入 application 属性，如果文件不存在，则将 application 指定属性值存为1。当Web应用销毁时，将application指定属性值保存到指定磁盘文件中，代码如下：

```
1  public class ApplCounterListener implements ServletContextListener {
2   public void contextDestroyed(ServletContextEvent e) {
3       ServletContext appl = e.getServletContext();
4       long count = ((Long) appl.getAttribute("count")).longValue();
5       // 获取Web应用根目录的物理路径
6       String path = appl.getRealPath("/");
7       File file = new File(path + "count.data");
8       try {//创建数据输出流
9           DataOutputStream dos =
10                  new DataOutputStream(new FileOutputStream(file));
11              dos.writeLong(count);//将应用程序属性中的访问量写入磁盘文件
12              dos.flush();
13              dos.close();
14          } catch (Exception e1) {
15              e1.printStackTrace();
16          }
17      }
18      public void contextInitialized(ServletContextEvent e) {
19          ServletContext appl = e.getServletContext();
20          long count = 1;
21          String path = appl.getRealPath("/");
22          File file = new File(path + "count.data");
23          if (file.exists()) {
24              try {//创建数据输入流
25                  DataInputStream dis =
26                      new DataInputStream(new FileInputStream(file));
27                  count = dis.readLong();//从磁盘文件中读数据
28                  dis.close();
29              } catch (Exception e1) {
30                  e1.printStackTrace();
31              }
32          }
33          appl.setAttribute("count", new Long(count));//将数据写入应用
程序属性中
34      }
35  }
```

（2）修改session监听器——修改OnlineCounterListener.java。当session创建时，将application指定的属性值增1，代码如下：

```
1  public class OnlineCounterListener implements HttpSessionListener {
```

```
2    public void sessionCreated (HttpSessionEvent e) {
3        // 创建 session 时调用此方法
4        OnlineCounter.raise () ;
5        // 网站访问量统计
6        ServletContext app = e.getSession () .getServletContext () ;
7        long count = ( (Long) app.getAttribute ("count") ) .longValue () +1;
8        app.setAttribute ("count", new Long (count) ) ;
9    }
10       public void sessionDestroyed (HttpSessionEvent e) {
11           // session 卸载时调用此方法
12           OnlineCounter.reduce () ;
13       }
14   }
```

（3）配置监听器，在 web.xml 文件中增加应用程序监听器的配置，代码如下：

```
<listener>
    <listener-class>listeners.ApplCounterListener</listener-class>
</listener>
```

（4）修改 counter.jsp 文件，输出访问量和在线人数，代码如下：

```
<h2>当前在线人数为：<%=utils.OnlineCounter.getOnline () %></h2>
<h2>本站点访问量：<%=application.getAttribute ("count")  %></h2>
```

（5）部署并测试运行。

7.5 小 结

本章主要介绍了 Servlet、Servlet 过滤器、Servlet 监听器的功能、创建与使用方法。

1．Servlet

Servlet 是 Java Web 开发中最为基本的一种组件形式，它使用 Java 语言编写，可以用来生成动态的 Web 页面，创建和使用 Servlet 的要点归纳起来有如下 3 点。

（1）创建 Servlet 类。创建一个类直接或间接实现 javax.servlet.Servlet 接口，一般情况下通过继承 javax.servlet.http.HttpServlet 类而间接实现 Servlet 接口，改写 doGet ( )、doPost ( ) 方法，实现 Servlet 的处理请求并发送响应的功能。

（2）配置 Servlet。在 web.xml 文件中对 Servlet 进行配置，通过<servlet>元素配置可将 Servlet 名绑定 Servlet 类，通过<servlet-mapping>元素配置可将 Servlet 引用绑定 Servlet 名称，代码如下：

```
1  <servlet>
2      <servlet-name>HelloServlet</servlet-name>
3      <servlet-class>com.servlet.HelloServlet</servlet-class>
4   </servlet>
5   <servlet-mapping>
```

```
6       <servlet-name>HelloServlet</servlet-name>
7       <url-pattern>/servlet/HelloServlet</url-pattern>
8   </servlet-mapping>
```

（3）请求 Servlet。要按照 web.xml 中<url-pattern>配置的 URL 资源引用来请求。

2．Servlet 过滤器

Servlet 过滤器具有拦截客户端请求的功能，它可以改变请求中的内容，来满足实际开发中的需要。创建和使用 Servlet 过滤器的要点如下：

（1）创建过滤器类。创建一个类实现 javax.servlet.Filter 接口，通过该接口的 doFilter（）方法实现过滤器的功能。

（2）配置过滤器。在 web.xml 中对过滤器进行配置，代码如下：

```
1   <filter>
2       <filter-name>charset</filter-name>
3       <filter-class>filters.CharsetFilter</filter-class>
4   </filter>
5   <filter-mapping>
6       <filter-name>charset</filter-name>
7       <url-pattern>/*</url-pattern>
8   </filter-mapping>
```

3．Servlet 监听器

Servlet 监听器的作用是监听 Web 事件的发生并做出相应处理，监听器的创建和使用步骤如下。

（1）创建监听器类，实现相应的监听器接口。

（2）在 web.xml 中配置监听器（HttpSessionBindingListener 监听器不需要配置），代码如下：

```
<listener>
    <listener-class>监听器类</listener-class>
</listener>
```

7.6 练一练

一、选择题

1．在编写 Servlet 时，要用到许多接口，下列能够获得客户端请求信息的接口是（　）。

A．HttpServlet 类　　B．HttpServletRequest 接口

C．HttpServletResponse 接口　　D．ServletContext 接口

2．Servlet 程序的入口点是（ ）。

A．init（）　　B．main（）　　C．service（）　　D．doGet（）

3．当向 ServletContext 添加、删除或替换一个属性时，Servlet 容器会通知哪一个监听器对它进行处理（　）。

A．ServletContextListener　　B．ServletContextAttributeListener

C．HttpSessionListener　　D．HttpSessionAttributeListener

4. （ ）接口用于调用过滤器链中的一系列过滤器。

A. ServletContextListener　　B. FilterChain

C. Filter　　D. HttpSessionAttributeListener

二、填空题

1. 创建一个 Servlet 类必须直接或间接实现________ 接口。

2. Servlet 接口的________方法在服务器装入 Servlet 时执行，在 Servlet 生命周期中仅仅执行一次。

3. 假设有个 Servlet 类文件 AddAdminServlet.java，该类在 com.qbsp.servlet 包中创建，希望能使用 URL 资源名“/AddAdminServlet”来访问，请完成这个 Servlet 在 web.xml 文件中的相关配置。

```
1  <servlet>
2       <servlet-name>AddAdminServlet</servlet-name>
3       <servlet-class>_________ </servlet-class>
4   </servlet>
5  <servlet-mapping>
6       <servlet-name>___________</servlet-name>
7       <url-pattern>____________</url-pattern>
8   </servlet-mapping>
```

4. 要编写 Servlet 过滤器时，通过重载 javax.servlet.Filter 接口中的________方法完成实际的过滤操作。

5. 当一个会话中的属性发生变化时，可以用______监听器来监听它。

三、简答题

1. 什么是 Servlet？Servlet 与 JSP 有什么区别？

2. 创建一个 Servlet 通常分为哪几个步骤？

3. 简述 Servlet 的加载与执行过程。

4. 什么是过滤器？简述 Servlet 过滤器的基本工作原理。

5. 如果已经定义了 Servlet 过滤器类 com.hnjm.fitlers.UserFilter，若想对“/admin”资源路径中的所有资源进行过滤，请写出在 web.xml 中的配置。

6. 什么是监听器？简述监听器的工作原理。

7. 如果已经定义了监听器类 com.hnjm.listeners.MySessionListener，请写出 web.xml 中的配置代码。

四、编程题

1. 编写一个用户登录注册程序，运用 JSP 网页提供登录和注册表单，表单提交给 Servlet 进行登录和注册数据处理，在登录 Servlet 中进行用户合法性验证，在注册 Servlet 中完成请求数据的获取、校验与注册，登录和注册结果通过 JSP 网页输出。

2. 编写一个简单的商品管理程序，要求只有管理员登录后才能对商品信息进行管理，商品信息管理包括商品信息的添加、修改、删除等，要求使用用户身份验证过滤器完成用户合法性校验、使用字符编码过滤器避免中文乱码现象发生。

PART 8

第 8 章 组件应用

本章要点

- jspSmartUpload 组件。
- FCKEditor 组件。

8.1 文件上传与下载的 jspSmartUpload 组件

在实际的项目应用中，常常涉及用户与服务器之间的文件交换，如文件上传与下载，此时，可以借助于第三方组件来完成，jspSmart 公司的 jspSmartUpload 组件就是用于完成文件上传与下载的第三方组件。

本节要点

➢ Web 项目中文件管理的应用领域和管理策略。

➢ jspSmartUpload 组件的使用方法与技巧。

8.1.1 案例 1 电子商城中商品信息的添加

【设计要求】

在电子商城项目中，完成后台管理员添加商品信息的功能，商品信息包括：商品名称、商品价格、商品库存量、商品分类、折扣、商品图片、商品描述等。

【学习目标】

（1）掌握 jspSmartUpload 组件的应用。

（2）掌握文件上传的方法与技巧。

【知识准备】

1．文件管理策略

（1）磁盘文件+数据库

上传：将文件上传到服务器的磁盘空间，并将文件信息保存到数据库中。

下载：从数据库中获取文件信息，用超链接形式实现文件下载。

删除文件：删除数据库中的文件信息，同时删除磁盘文件。

缺点：磁盘文件与数据库耦合，容易出错，使用不灵活。优点：效率高。

（2）纯数据库

上传：直接将文件内容保存到数据库中。

下载：从数据库中获取文件信息进行下载。

删除文件：直接删除数据库中的指定记录。

缺点：对于大文件耗费系统资源，效率低。优点：易维护。

2．jspSmartUpload 组件使用的一般步骤

（1）将 smartupload.jar 包复制到 Web 应用的 lib 文件夹中。

（2）使用文件选择器控件提交文件：

```
<input type="file" name="file1">
```

（3）表单以字节流方式提交：

```
<form action="add" method="post" enctype="multipart/form-data">
```

（4）表单处理程序中使用 jspSmartUpload 组件获取表单数据，将非文件数据保存到数据库，将文件数据保存到服务器磁盘上。

3．jspSmartUpload 组件包中的类

SmartUpload 类——实现文件上传的主类，可将客户端提交的数据上传到这个对象中，它提供的一些方法用于对客户端提交的数据进行管理。

File 类——描述客户端上传的单个文件。

Files 类——描述客户端上传的一组文件。

Request 类——通过此对象可获取客户端提交的非文件参数。

在文件上传时，客户提交的数据一般包括以下两类数据：

（1）文件数据，即<input type="file" name="image">。

（2）非文件数据，即一般文本类型的数据。

由于 smartupload 组件要求用字节流的方式来提交，这种方式提交的表单数据不能直接使用 request 来读取，jspSmartUpload 组件中的 Request 对象为我们提供了读取这类表单数据的方法。

File 类的常用方法如表 8-1 所示。

表 8-1　File 类的常用方法

序号	方法名	功能
1	boolean isMissing()	文件是否丢失
2	String getFileName()	获取文件名
3	String getFileExt()	获取文件名后缀
4	String getContentType()	获取文件的文档类型
5	int getSize()	获取文件大小
6	void saveAs(String)	保存文件到服务器磁盘，参数指定物理路径及文件名

Files 类的常用方法如表 8-2 所示。

表 8-2　Files 类的常用方法

序号	方法名	功能
	File getFile(int)	获取一组上传文件中的指定文件

SmartUpload 类的常用方法如表 8-3 所示。

表 8-3　　SmartUpload 类的常用方法

序号	方法名	功能
1	void initialize(ServletConfig, HttpServletRequest, HttpServletResponse)	使用配置对象、请求对象、响应对象进行初始化
2	void setMaxFileSize(Long)	设置最大文件的大小（字节）
3	void setAllowedFilesList(String)	设置允许上传的文件类型
4	void upload()	将数据上传到对象中
5	Request getRequest()	获取请求对象
6	void save(String)	将全部上传文件保存到指定目录下
7	void setContentDisposition()	将数据追加到 mime 文件头的 content-disposition 域，如果参数为 null，则浏览器会提示另存文件，而不是自动打开这个文件
8	void downloadFile()	实现文件下载

Request 类的常用方法如表 8-4 所示。

表 8-4　　Request 类的常用方法

序号	方法名	功能
1	String getParameter(String)	获取请求参数中的非文件参数值
2	String[] getParameterValues(String)	获取同一参数的多个值

【实施过程】

下面用 MVC 开发模式来完成电子商城中商品信息的添加。首先需要一个界面让用户输入商品信息和选择商品图片，然后创建 Servlet 处理用户输入的商品信息，封装到商品的 pojo 中，并调用业务 bean 把商品信息保存至数据库中，我们在此采取第 1 种文件策略，即把商品图片存放在物理磁盘上，把商品图片的相对路径和非文件数据保存至数据库所对应的表中。

（1）创建 jspChap08 项目，把 class12.jar 和 jspSmartUpload.jar 包导入到此项目中，然后在其 WebRoot 下创建 add_comminfo.jsp，此 jsp 文件中创建输入商品信息的表单，其界面如图 8-1 所示。

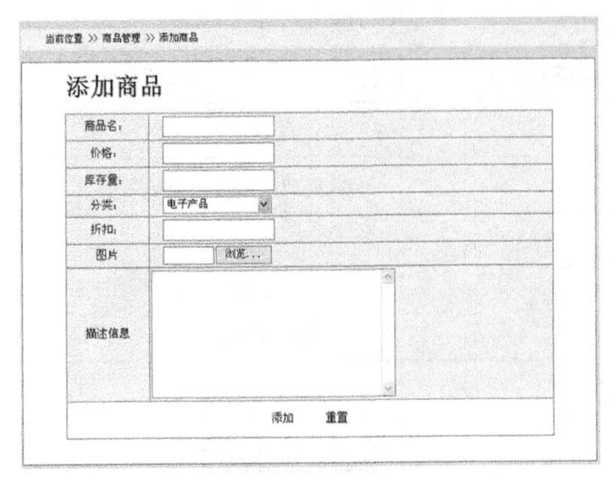

图 8-1　添加商品界面

add_comminfo.jsp 的 form 表单代码如下：

```
1    <form    action="<%=basePath%>/AddCommInfoServlet"    method="post"
enctype="multipart/ form-data">
2  <div class="weizhi">当前位置 >> 商品管理 >&gt; 添加商品</div>
3 <div class="ddlb" style="height: auto !important;height: 490px; min-height:
490px;">
4     <h2>添加商品</h2>
5     <div class="chakan">
6     <table width="610" class="tab3" height="336" border="0" cellspacing="0"
cellpadding="2">
7     <tr>
8    <td width="100" align="center">商品名: </td>
9     <td><input name="name" class="kuang" type="text" /></td>
10     </tr>
11     <tr>
12     <td align="center">价格: </td>
13     <td><input name="price" class="kuang" type="text" /></td>
14     </tr>
15     <tr>
16     <td align="center">库存量: </td>
17     <td><input name="number" class="kuang" type="text" /></td>
18     </tr>
19     <tr>
20     <td align="center">分类: </td>
21     <td><select class="kuang " name="type">
22     <%
23                         CommTypeDao ctd = new CommTypeDao();
24                         List<CommType> list = ctd.selectAllCommType();
25                         for (int i = 0; i < list.size(); i++) {
26                             CommType ct = new CommType();
27                             ct = list.get(i);
28     %>
29     <option value="<%=ct.getType()%>" >
30  <%=ct.getType()%>
31  </option>
32  <%
33                         }
34  %>
35  </select></td>
36  </tr>
37  <tr>
```

```
38   <td align="center">折扣：</td>
39   <td><input name="discount" class="kuang" type="text" /></td>
40   </tr>
41   <tr>
42   <td align="center">图片</td>
43   <td ><input type="file" class="kuang" name="image"/></td>
44   </tr>
45   <tr>
46   <td align="center">描述信息</td>
47   <td><textarea name="description" rows="10" cols="40"></textarea></td>
48   </tr>
49   <tr>
50   <td align="center" colspan="2" height="40"><input name="" type="submit"
value="添加" class="jian" /> <input name="" type="reset" value="重置"
class="jian" /></td>
51   </tr>
52   </table>
53   </div>
54   </div>
55   </form>
```

（2）在 jspChap08 项目 src 文件夹的 com.servlet 包中创建并编写 AddCommInfoServlet.java，在此 Servlet 中获取用户提交的文件数据和非文件数据，把非文件数据封装到 CommInfo 对象（此对象应用的类是本书 sunnyBuy 项目 net.qbsp.pojo 包中的 CommInfo.java）中，然后再调用业务 bean——CommInfoDao.java（见本书 sunnyBuy 项目的 net.qbsp.dao 包）中的 addCommodity 方法完成商品的添加功能。

AddCommInfoServlet.java 核心代码如下：

```
1    public void doPost(HttpServletRequest request, HttpServletResponse
response)
2            throws ServletException, IOException {
3        response.setContentType("text/html;charset=UTF-8");
4        request.setCharacterEncoding("UTF-8");
5        response.setCharacterEncoding("UTF-8");
6        SmartUpload su = new SmartUpload();
7        su.initialize(this.getServletConfig(), request,response);
8        su.setMaxFileSize(1024 * 1024 * 10);
9        String imagename="";
10       try {
11               su.upload();
12               int count = su.save("/upload/");
13               System.out.println(count + "个文件上传成功");
```

```
14                File file = su.getFiles().getFile(0);
15                imagename=file.getFileName();
16                  CommInfo co=new CommInfo();
17             Request req=su.getRequest();
18             co.setDescription(req.getParameter("description"));
19             co.setDiscount(Double.parseDouble(req.getParameter("discount")));
20             co.setImage("upload/"+imagename);
21             co.setName(req.getParameter("name"));
22             co.setNumber(Integer.parseInt(req.getParameter("number")));
23             co.setPrice(Double.parseDouble(req.getParameter("price")));
24             co.setType(req.getParameter("type"));
25             CommInfoDao cd=new CommInfoDao();
26             if (cd.addCommodity(co)) {
27                 PrintWriter out = response.getWriter();
28                 out.println("<!DOCTYPE HTML PUBLIC \"-//W3C//DTD HTML 4.01
Transitional //EN\">");
29                 out.println("<HTML>");
30                 out.println("  <HEAD><TITLE>A Servlet</TITLE></HEAD>");
31                 out.println("  <BODY>");
32                 out.println("<script type='text/javascript'>alert('添加成
功'); window. location.replace('admin/comminfo_list.jsp');</script>");
33                 out.println("  </BODY>");
34                 out.println("</HTML>");
35                 out.flush();
36                 out.close();
37             } else {
38                 System.out.println("添加产品的 servlet 执行失败");
39             }
40             } catch (SmartUploadException e) {
41                 e.printStackTrace();
42             }
43         }
```

（3）发布项目，然后在 Tomcat 安装目录的 webapps 文件夹中找到发布好的应用程序，在此文件夹中创建一个名叫“upload”的文件夹，存放上传的商品图片，最后重启 Tomcat 服务器，在浏览器地址栏中输入 http://127.0.0.1:8080/jspChap08/add_comminfo.jsp 运行，商品信息添加成功后，可以在 Oracle 数据库的 shop_comminfo 表中查看到商品图片的路径，同时也可以在应用程序中的 upload 文件夹看到上传的商品图片。

【案例总结】

（1）在 add_comminfo.jsp 文件的表单中一定要设置“enctype="multipart/form-data"”，否则不能成功上传文件。

（2）在 jspSmartUpload.jar 的类中，真正起上传作用的类是 SmartUpload，此类在使用时遵循以下步骤。

① 创建其对象，即“SmartUpload su = new SmartUpload();”。

② 对此对象进行初始化，即“su.initialize(this.getServletConfig(), request,response);”。

③ 调用此类的 upload 方法，即“su.upload();”，把文件上传至此对象中。

④ 调用此类的 save 方法，即“su.save("/upload/");”，把文件保存至磁盘的 upload 文件夹中。

（3）在 AddCommInfoServlet.java 中，CommInfo 是数据 bean，用于封装商品信息；CommInfoDao 是业务 bean，其中的 public boolean addCommodity(CommInfo co){}方法实现了向数据表中添加商品信息的功能。由于前面章节对这部分有介绍，此处不再列举。

【拓展提高】

在本案例中，保存商品图片的文件夹 upload 需要用户提前创建，这在实际的应用中降低了操作的方便性。所以本案例进行拓展，在上传文件时，先判断 upload 文件夹是否存在，如果不存在则由程序代码自动创建它。具体做法如下。

（1）修改 AddCommInfoServlet.java，在其代码 11 行前面添加如下代码：

```
1   String path=this.getServletContext().getRealPath("/upload");
2   Java.io.File pathFile=new java.io.File(path);
3   if(!pathFile.exists()){
4   pathFile.mkdir();
5   }
```

其中，第 3～5 行即是判断 upload 文件夹是否存在，不存在则调用 mkdir()方法创建。

（2）重新发布项目，并重启 Tomcat 服务器，再次运行 add_comminfo.jsp。

8.1.2 案例 2 应用 jspSmartUpload 组件实现文件下载

【设计要求】

用户通过单击“下载”按钮下载指定的文件（如 upload 文件夹下的 shop.doc）。

【学习目标】

（1）掌握 jspSmartUpload 组件下载类的使用。

（2）掌握 jspSmartUpload 组件的使用场合。

【知识准备】

文件下载的实现

（1）可以把要下载的文件名制作成下载超链接形式来完成下载功能，但在这种方式下，浏览器有时会自动打开下载的文件。

（2）用 jspSmartUpload 组件完成下载功能时，使用了 SmartUpload 类中提供的 downloadFile（String）方法下载指定路径的文件。

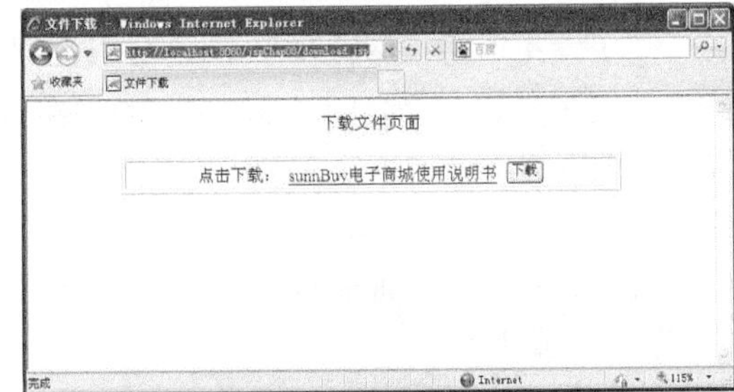

图 8-2 下载文件页面

【实施过程】

（1）打开案例 1 中创建的 jspChap08 项目，在其 WebRoot 文件夹下编写文件下载的 JSP 页面 download.jsp，如图 8-2 所示。

download.jsp 代码如下：

```
1  <html>
2    <head>
3      <title>文件下载</title>
4       </head>
5    <body>
6     <p align="center">下载文件页面</p>
7     <form action="servlet/DownFile" method="post" enctype="multipart/form-data">
8       <table width="75%" border="1" align="center">
9       <tr>
10        <td><div align="center">点击下载:
11        <a href="">sunnBuy 电子商城使用说明书</a>
12        <input type="submit" name="download" value="下载"/>
13        </div></td></tr>
14        </table>
15      </form>
16     </body>
17  </html>
```

（2）在 jspChap08 项目 src 文件夹下的 com.servlet 包下创建并编写处理文件下载的 Servlet——DownFile.java，在此文件中创建 SmartUpload 类对象并初始化，设定 contentdisposition 为 null，以禁止浏览器自动打开文件，保证单击下载按钮后才下载文件。应用 SmartUpload 类中的 downloadFile 方法下载文件，具体代码如下所示。

DownFile.java 的 doPost 方法代码如下：

```
1    public void doPost(HttpServletRequest request, HttpServletResponse
response)
2              throws ServletException, IOException {
3        SmartUpload su = new SmartUpload();
4        //进行初始化
5        su.initialize(this.getServletConfig(),request,response);
6        //禁止浏览器自动打开下载文件
7        su.setContentDisposition(null);
8        //下载指定文件
9        try {
10             su.downloadFile("upload/shop.doc");
11         } catch (SmartUploadException e) {
12             e.printStackTrace();
13         }
14       }
```

（3）在浏览器用运行 download.jsp，单击“下载”按钮，DownFile.java 对文件下载进行处理，打开“文件下载”对话框，如图 8-3 所示，单击“保存”按钮，在选择好文件保存的路径后，进行文件的下载操作。

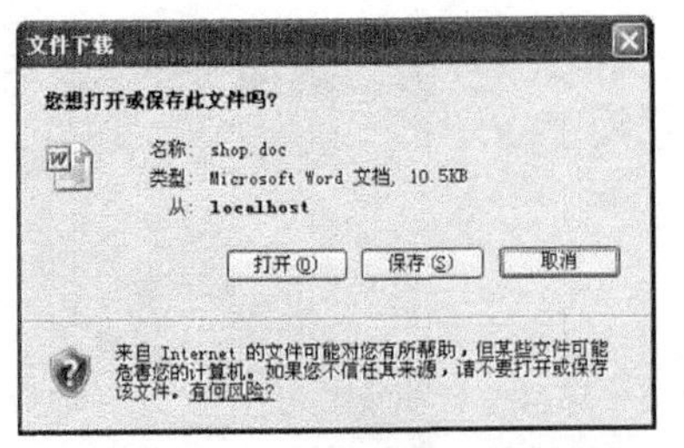

图 8-3 “文件下载”对话框

【案例总结】

在此案例中，下载的文件 shop.doc 是指定的文件，当然也可以设置界面让用户选择要下载的文件，此时需要从界面传递要下载的文件路径，然后把此路径放置在第（2）步代码中的 su.downloadFile()方法参数中。

8.1.3 案例 3 商品信息更新中的文件删除

【设计要求】

更新 sunnyBuy 电子商城中某商品中的图片信息。

【学习目标】

掌握在 Web 应用中对以“数据库+磁盘文件”模式管理的文件进行删除的方法。

【知识准备】

在将以“数据库+磁盘文件”模式管理的文件删除时，需考虑删除两个内容，一是数据库中某条数据的删除；二是物理磁盘中对应文件的删除。对于对应文件的删除，需要先在程序中建立 java.io.File 类对象与物理文件之间的映射，再调用 File 类中的 delete( )方法删除文件。

【实施过程】

（1）在 jspChap08 项目的 WebRoot 下创建 comminfo_list.jsp，把 shop_comminfo 数据表中的所有商品以列表的形式显示出来，如图 8-4 所示。其中，“修改”超链接格式如下：

```
<a href="<%=basePath%>ShowOneCommInfoServlet?id=<%=p.getId() %> ">修改</a>
```

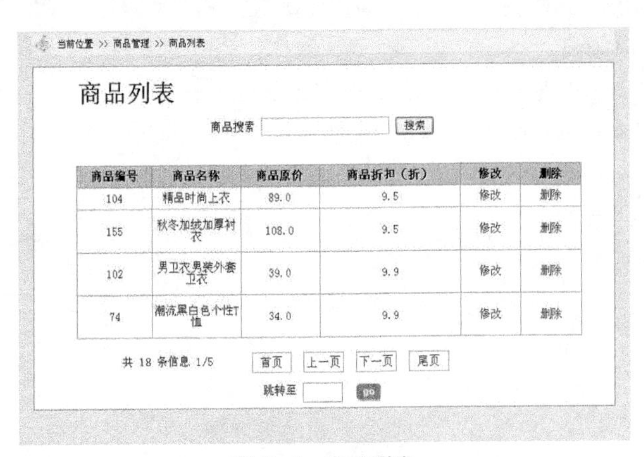

图 8-4 商品列表

（2）创建 ShowOneCommInfoServlet.java，在此 Servlet 中获取“修改”超链接传递的商品编号（即 id），根据商品编号在 shop_comminfo 数据表中获取商品所有信息，显示在 showone_comminfo.jsp 页面中。

ShowOneCommInfoServlet.java 的 doPost 方法代码如下：

```
1    public void doPost(HttpServletRequest request, HttpServletResponse response)
2            throws ServletException, IOException {
3        response.setContentType("text/html;charset=utf-8");
4        request.setCharacterEncoding("utf-8");
5        int id=Integer.parseInt(request.getParameter("id"));//获取商品 id，用于显示本商品信息
6        CommInfo ci=new CommInfo();
7        CommInfoDao cid =new CommInfoDao();
8        ci=cid.selectOneCommodity(id);
9        request.getSession().setAttribute("onecomminfo", ci);
10       response.sendRedirect("showone_comminfo.jsp");
11   }
```

（3）创建 showone_comminfo.jsp，把要修改的商品所有信息显示在此页面的 form 表单中，如图 8-5 所示。在此界面中需要用户重新选择商品图片。

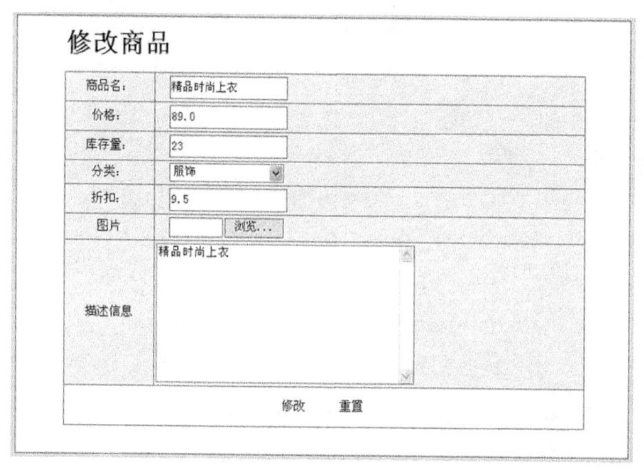

图 8-5　修改商品

（4）创建修改商品信息的 Servlet——UpdateCommInfoServlet.java，在此 Servlet 中获取用户提交的商品新信息，更新到数据库中，同时删除此商品在磁盘中保存的旧图片。详细代码如下所示。

UpdateCommInfoServlet.java 的 doPost 方法代码如下：

```
1    public void doPost(HttpServletRequest request, HttpServletResponse response)
2        response.setContentType("text/html;charset=utf-8");
3        request.setCharacterEncoding("utf-8");
4        response.setCharacterEncoding("utf-8");
5        SmartUpload su = new SmartUpload();
6        String oldImagename="";
7        String imagename="";
```

```
 8       su.initialize(this.getServletConfig(),request,response);
 9       su.setMaxFileSize(1024 * 1024 * 10);
10       try {
11             su.upload();
12             int count = su.save("/upload/");
13             System.out.println(count + "个文件上传成功");
14             File file = su.getFiles().getFile(0);
15             imagename=file.getFileName();
16          } catch (SmartUploadException e) {
17             e.printStackTrace();
18             imagename=su.getRequest().getParameter("image2");
19          }
20          CommInfo co= (CommInfo)(request.getSession().getAttribute
("onecomminfo"));
21          oldImagename = co.getImage();
22          CommInfoDao cd=new CommInfoDao();
23          Request req=su.getRequest();
24          int id=Integer.parseInt(request.getParameter("id"));
25          co.setDescription(req.getParameter("description"));
26   co.setDiscount(Double.parseDouble(req.getParameter("discount")));
27          co.setImage(imagename);
28          co.setName(req.getParameter("name"));
29          co.setNumber(Integer.parseInt(req.getParameter("number")));
30          co.setPrice(Double.parseDouble(req.getParameter("price")));
31          co.setType(req.getParameter("type"));
32          if (cd.updateCommodity(id, co)) {
33             java.io.File file =new java.io.File(this.getServletContext().
getRealPath ("upload/"+oldImagename));
34             if(file.exists()){
35                file.delete();
36             }
37             PrintWriter out = response.getWriter();
38             out.println("<script type='text/javascript'>alert('修改成
功'); window. location.href('comminfo_list.jsp');</script>");
39             out.flush();
40             out.close();
41          } else {
42             System.out.println("修改商品的 servlet 执行失败");
43          }
44       }
```

【案例总结】

（1）在对商品信息进行修改时，既要修改数据表中保存的数据，也要修改物理磁盘中商品图片，即删除旧图片，上传新图片。

（2）在实施过程第（2）步的 ShowOneCommInfoServlet.java 文件中第 9 行代码把获取到的商品信息保存至 session 对象中，以便后面的程序使用。

（3）在实施过程第（4）步 UpdateCommInfoServlet.java 中，第 15 行代码 imagename 变量保存新上传的商品图片，而第 20 ~ 21 行代码从 session 中获取商品信息并取出商品的 image 属性值保存至 oldImagename 变量，此变量的值就是以后要删除的商品旧图片。第 32~36 行代码表示商品信息在数据表中更新成功后，把商品旧图片与 java.io.File 类对象建立映射，并从磁盘中删除此文件。

8.2　FCKEditor 组件的应用

FCKEditor 是一个开源的网页文字编辑器，具有所见即所得的特点。它可以让 Web 程序的文字编辑拥有像 Microsoft Word 一样强大的编辑功能。“FCKEditor”名称中的“FCK”是这个编辑器的作者名字 Frederico Caldeira Knabben 的缩写。FCKEditor 支持当前流行的浏览器如 IE、Firefox、Mozilla 等，支持的编程语言环境如 ASP.Net、ASP、PHP、JSP 等。可以在 http://ckeditor.com/download 下载此组件的最新版本，并按照说明放置在自己的项目中。

本节要点

掌握 FCKEditor 组件的应用方法与技巧，能够运用该组件实现格式文本的上传与管理。

8.2.1　案例 4　FCKEditor 组件的基本应用

【设计要求】

使用 FCKEditor 组件提交一篇新闻稿，并在另一个 JSP 网页中显示输出。

【学习目标】

掌握 FCKEditor 组件的配置和在 JSP 页面中的使用方法。

【知识准备】

FCKEditor 组件下载完成后，在 JSP 页面中使用的步骤如下。

（1）复制 fckeditor 文件夹至项目的 WebRoot 根结点下。

（2）将 fckeditor 的 Java 组件（jar 包）复制到 WebRoot/WEB-INF/lib 下。

（3）将 fckeditor.properties 文件复制到 src 结点下。

（4）在项目的 web.xml 文件中添加 FCKEditor 组件的配置，代码如下：

```
1  <servlet>
2     <servlet-name>ConnectorServlet</servlet-name>
3     <servlet-class>
4        net.fckeditor.connector.ConnectorServlet
5     </servlet-class>
6     <load-on-startup>1</load-on-startup>
7  </servlet>
```

```
8   <servlet-mapping>
9       <servlet-name>ConnectorServlet</servlet-name>
10      <url-pattern>
11          /fckeditor/editor/filemanager/connectors/*
12      </url-pattern>
13   </servlet-mapping>
```

（5）在 JSP 网页中引入 FCK 标签库并使用，代码如下：

```
1   <%@ taglib uri="http://java.fckeditor.net" prefix="FCK"%>
2   <form method="post" action="article.jsp">
3   <input type="submit" value="提交">
4   <FCK:editor instanceName="article" width="80%" height="80%"
5   basePath="/fckeditor" value="">
6   <FCK:config SkinPath="skins/office2003/" />
7   <FCK:config FontNames="宋体;隶书;黑体" />
8   <FCK:config FontSizes="14;16;18;20;22;24;28;30;32" />
9   </FCK:editor>
10   </form>
```

【实施过程】

在这个案例中，需要创建两个 JSP 文件：addNews.jsp 和 showNews.jsp，前者用于提交新闻稿，后者用于显示新闻稿，具体的实施步骤如下。

（1）在 MyEclipse 下的 jspChap08 项目中，按照上面【知识准备】中 FCKEditor 在 JSP 页面中使用的步骤（1）~步骤（4）对 FCKEditor 进行部署，然后在 WebRoot 根目录下创建 addNews.jsp，用于输入新闻稿并提交给 showNews.jsp 显示，addNews.jsp 代码如下：

```
1   <%@ page language="java" import="java.util.*" pageEncoding="UTF-8"%>
2   <%@ taglib uri="http://java.fckeditor.net" prefix="FCK"%>
3   <html>
4     <body>
5     <h1>
6      <form action="showNews.jsp" method="post">
7      新闻稿：<FCK:editor instanceName="newscontent" width="80%" height="50%"
8   basePath="/fckeditor" value="">
9   <FCK:config SkinPath="skins/office2003/" />
10        <FCK:config FontNames="宋体;隶书;黑体" />
11        <FCK:config FontSizes="14;16;18;20;22;24;28;30;32" />
12    </FCK:editor>
13          <input type="submit" value="提交"/>
14       </form>
15       </h1>
16      </body>
17    </html>
```

（2）在 WebRoot 根目录下创建 showNews.jsp，显示用户输入的新闻稿，其代码如下：

```
1  <%@ page language="java" import="java.util.*" pageEncoding="UTF-8"%>
2  <html>
3    <body>
4    <h1>
5      <%
6          request.setCharacterEncoding("UTF-8");
7          String content = request.getParameter("newscontent");
8          out.println(content);
9      %>
10     </h1>
11    </body>
12  </html>
```

（3）重新发布 jspChap08 项目，并重新启动 Tomcat 服务器，最终运行效果如图 8-6 和图 8-7 所示。

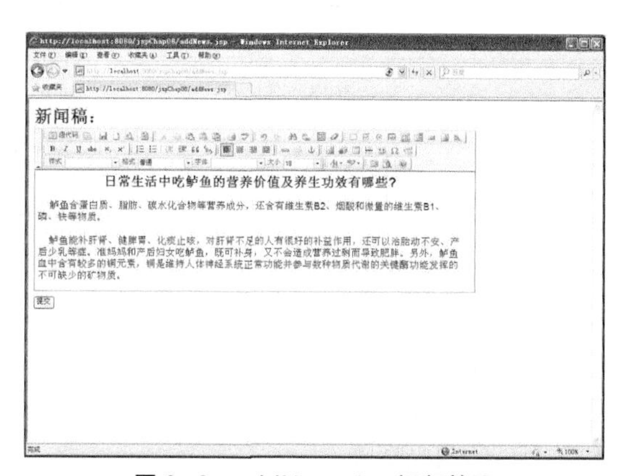

图 8-6　addNews.jsp 运行效果

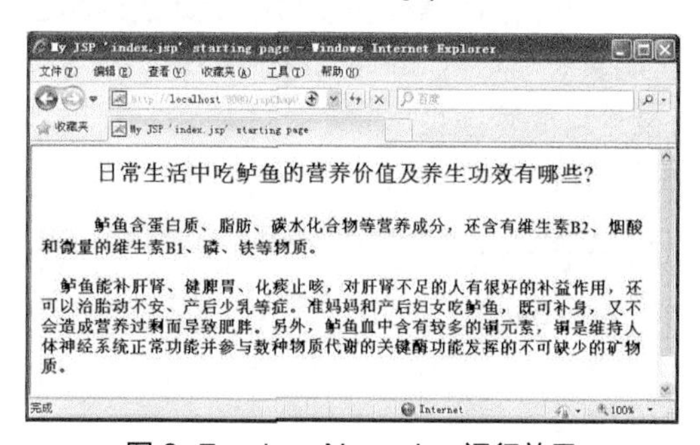

图 8-7　showNews.jsp 运行效果

【案例总结】

（1）为保证 FCKEditor 编辑器能在 JSP 页面中正常使用，必须保证其配置正确。

（2）在配置 FCKEditor 编辑器时，会修改 web.xml，因此必须重新发布项目并重启 Tomcat 服务器，以使 FCKEditor 配置信息被读取。

（3）在 addNews.jsp 的<FCK:editor instanceName="newscontent"…>标签中，instanceName

属性指明了 FCKEditor 编辑器的名称，要在 showNews.jsp 中获取编辑器中的内容，仅需使用 request.getParameter("newscontent")即可。

8.2.2 案例 5 FCKEditor 组件在新闻发布系统中的应用

【设计要求】

要求实现一个简易的新闻发布系统，具体功能包括新闻添加、新闻列表的显示、单条新闻的查看、新闻管理（包括新闻编辑和新闻删除）等。

【学习目标】

（1）掌握 FCKEditor 组件的使用方法和技巧。

（2）掌握新闻发布系统中各模块的开发方法。

【知识准备】

（1）新闻表 shop_news 所包含的字段如表 8-5 所示。在此表中新闻内容字段的数据类型定义为 Long 型。

表 8-5　shop_news 表

序号	字段名称	数据类型	注释
1	newsid	Number	新闻编号,自加 1
2	newstitle	Varchar2(100)	新闻标题
3	newsauthor	Varchar2(60)	新闻作者
4	newscontent	Long	新闻内容
5	addtime	Date	添加时间
6	lastedittime	Date	最后一次编辑时间

（2）根据表 8-5 所示，如果编写 JSP 界面向此表中添加数据，仅需要用户输入新闻标题、新闻作者和新闻内容，这是因为新闻编号由 Oracle 自动添加，而新闻第一次添加的时间和最后一次编辑的时间可以由程序员编程来实现。

（3）本系统用 MVC 模式开发，这时需要在项目中设计数据库连接类、资源文件、业务类、JavaBean 类；设计新闻发布网页和对应的 Servlet，如图 8-8 所示；设计新闻列表页和详情页，如图 8-9 和图 8-10 所示；设计新闻管理页，如图 8-11 所示；设计新闻编辑页和对应的 Servlet，如图 8-12 所示；设计新闻删除的 Servlet 等。

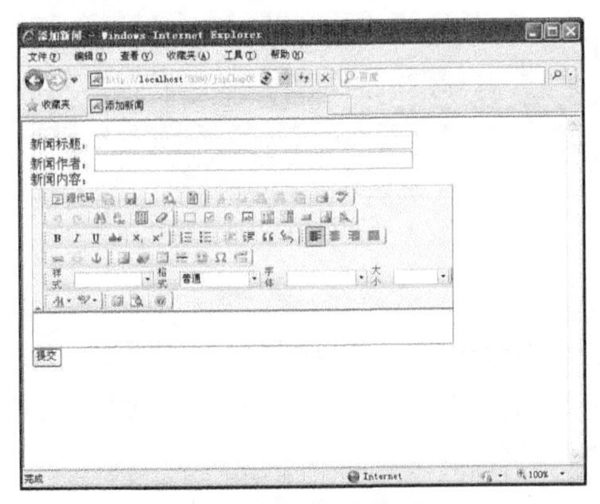

图 8-8　新闻发布页

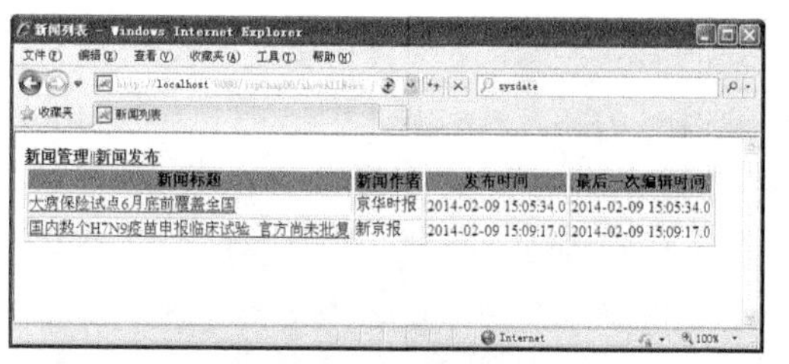

图 8-9　新闻列表页

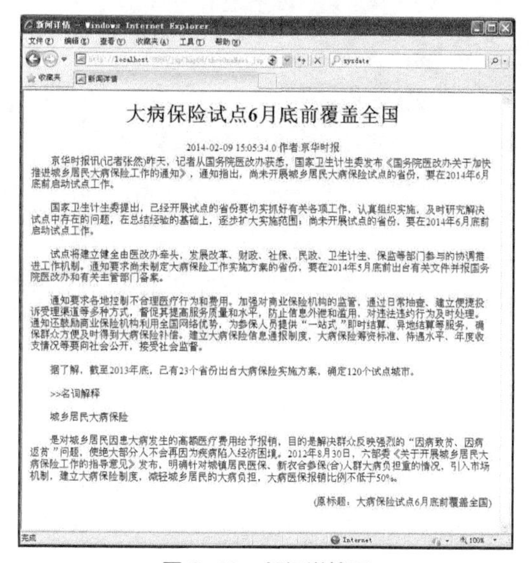

图 8-10　新闻详情页

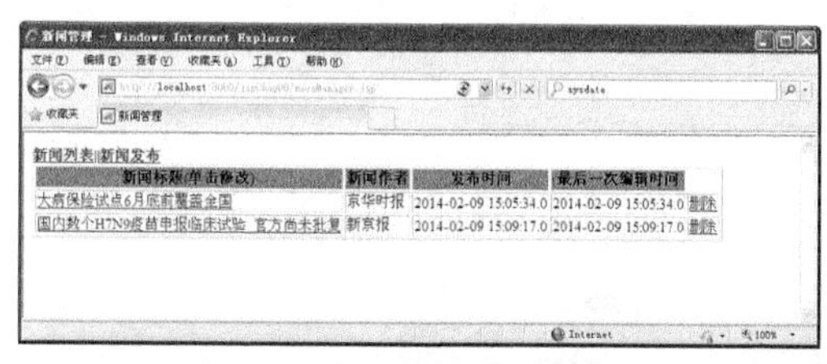

图 8-11　新闻管理页

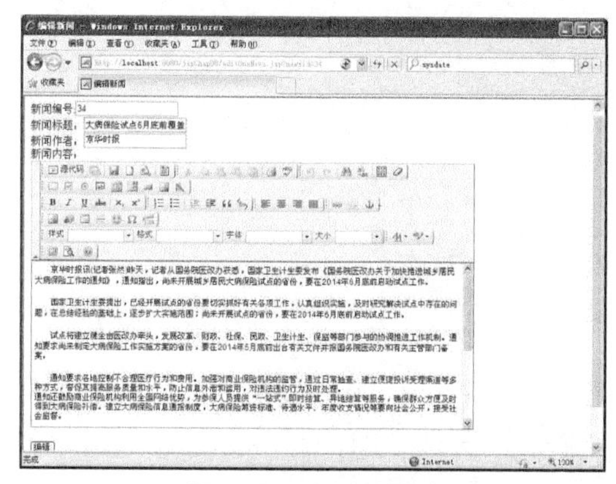

图 8-12　新闻编辑页

【实施过程】

新闻发布系统具体的实施步骤如下。

（1）在 jspChap08 项目的 src 文件夹下创建 net.qbsp.pojo 包、net.qbsp.dao 包和 net.qbsp.servlet 包、net.qbsp.conn 包，由于在 8.2.1 案例 4 中已把 FCKEditor 配置到 jspChap08 项目中，故此处不再重复配置，将 class12.jar 包放置在目的 WebRoot/Web-Inf/lib 下。

（2）在 net.qbsp.pojo 包下创建 JavaBean 类——News.java，其代码如下：

```
1   package net.qbsp.pojo;
2   import java.util.Date;
3   public class News {
4       private int newsId;
5       private String newsTitle;
6       private String newsAuthor;
7       private String newsContent;
8       private Date addTime;
9       private Date lastEditTime;
10        //此处省略各属性的 setter/getter 方法
11  }
```

（3）在 net.qbsp.conn 包中创建 DataConn.java，并在项目的 src 根目录下创建 oracle. properties 资源文件，由于此内容在前面章节已有所介绍，故此处不重复。

（4）在 net.qbsp.dao 包中创建业务类——NewsDao.java，在此类中主要编写添加新闻、显示新闻、显示单条新闻、编辑新闻和删除新闻的方法，具体代码如下：

```
1   package net.qbsp.dao;
2   import java.io.StringReader;
3   import java.sql.Connection;
4   import java.sql.PreparedStatement;
5   import java.sql.ResultSet;
6   import java.util.ArrayList;
7   import net.qbsp.conn.DataConn;
8   import net.qbsp.pojo.News;
9
10   public class NewsDao {
11        //添加新闻
12          public int insertNews(News n){
13             int flag = 0;
14               Connection conn = DataConn.getConn();
15               String sql = "insert into news(newstitle,newsauthor,
ewscontent,addtime, lastedittime) values(?,?,?,sysdate,sysdate)";
16               PreparedStatement psta = null;
17               try{
18                   psta = conn.prepareStatement(sql);
19                   psta.setString(1, n.getNewsTitle());
20                   psta.setString(2, n.getNewsAuthor());
```

```
21                psta.setCharacterStream(3, new StringReader (n.getNews
Content()), n.getNewsContent().length());
22                flag = psta.executeUpdate();
23            }catch(Exception ex){
24                ex.printStackTrace();
25            }
26         return flag;
27        }
28        //显示新闻
29        public ArrayList<News> getAllNews(){
30         ArrayList<News> list = new ArrayList<News>();
31         Connection conn = DataConn.getConn();
32         String sql = "select * from news";
33         try{
34           PreparedStatement psta =
35                conn.prepareStatement(sql);
36           ResultSet rs = psta.executeQuery();
37           while(rs.next()){
38                News n = new News();
39                n.setNewsId(rs.getInt(1));
40                n.setNewsTitle(rs.getString(2));
41                n.setNewsAuthor(rs.getString(3));
42                n.setNewsContent(rs.getString(4));
43                n.setAddTime(rs.getTimestamp(5));
44                n.setLastEditTime(rs.getTimestamp(6));
45                list.add(n);
46           }
47         }catch(Exception ex){
48              ex.printStackTrace();
49         }
50             return list;
51        }
52        //显示单条新闻——根据newsid
53        public News getOneNews(int newsid){
54         News n = new News();
55         Connection conn = DataConn.getConn();
56         String sql = "select * from news where newsid=?";
57         try{
58         PreparedStatement psta =conn.prepareStatement(sql);
59         psta.setInt(1, newsid);
60         ResultSet rs = psta.executeQuery();
```

```
61              if(rs.next()){
62                  n.setNewsId(rs.getInt(1));
63                    n.setNewsTitle(rs.getString(2));
64                    n.setNewsAuthor(rs.getString(3));
65                    n.setNewsContent(rs.getString(4));
66                    n.setAddTime(rs.getTimestamp(5));
67                    n.setLastEditTime(rs.getTimestamp(6));
68              }
69              }catch(Exception ex){
70                  ex.printStackTrace();
71              }
72                 return n;
73             }
74             //编辑新闻——根据newsid
75             public int editOneNews(News n){
76                 int flag = 0;
77               Connection conn = DataConn.getConn();
78               String sql = "update news set newstitle=?,newsauthor=?
newscontent=?,lastedittime=sysdate where newsid=?";
79               PreparedStatement psta = null;
80               try{
81                   psta = conn.prepareStatement(sql);
82                   psta.setString(1, n.getNewsTitle());
83                   psta.setString(2, n.getNewsAuthor());
84                   psta.setCharacterStream(3, new StringReader(n.getNews
Content()),n.getNewsContent().length());
85                   psta.setInt(4, n.getNewsId());
86                   flag = psta.executeUpdate();
87               }catch(Exception ex){
88                   ex.printStackTrace();
89               }
90              return flag;
91             }
92             //删除新闻——根据newsid
93             public int delOneNews(int newsid){
94                int flag = 0;
95               Connection conn = DataConn.getConn();
96               String sql = "delete from news where newsid=?";
97               PreparedStatement psta = null;
98               try{
99                   psta = conn.prepareStatement(sql);
```

```
100                 psta.setInt(1, newsid);
101                 flag = psta.executeUpdate();
102             }catch(Exception ex){
103                 ex.printStackTrace();
104             }
105           return flag;
106         }
107   }
```

（5）在项目的 WebRoot 根目录下创建添加新闻的JSP 页面 add_news.jsp，其核心代码如下：

```
1   <%@ page language="java" import="java.util.*" pageEncoding="UTF-8"%>
2   <%@ taglib uri="http://java.fckeditor.net" prefix="FCK"%>
3   <html>
4     <head>
5       <title>添加新闻</title>
6     </head>
7     <body>
8      <form action="servlet/AddNews" method="post">
9         新闻标题：<input type="text" name="newstitle" size="60"/><br>
10         新闻作者：<input type="text" name="newsauthor" size="60"/><br>
11         新闻内容：<FCK:editor instanceName="newscontent" width="80%"
12   height="50%"  basePath="/fckeditor" value="">
13      <FCK:config SkinPath="skins/office2003/" />
14        <FCK:config FontNames="宋体;隶书;黑体" />
15        <FCK:config FontSizes="14;16;18;20;22;24;28;30;32" />
16   </FCK:editor>
17         <input type="submit" value="提交"/>
18      </form>
19     </body>
20   </html>
```

（6）在 net.qbsp.servlet 包中创建 AddNews.java,用于接收用户输入的新闻内容，并调用 NewsDao.java 中的 insertNews()方法，如果添加成功，则转向 showAllNews.jsp，如果添加失败，则提示并转向 add_news.jsp，让用户重新添加。其 doPost()方法代码如下：

```
1   public void doPost(HttpServletRequest request, HttpServletResponse response)
throws ServletException, IOException {
2           request.setCharacterEncoding("UTF-8");
3           response.setCharacterEncoding("UTF-8");
4           response.setContentType("text/html");
5           PrintWriter out = response.getWriter();
6           String newstitle = request.getParameter("newstitle");
7           String newsauthor = request.getParameter("newsauthor");
```

```
8           String newscontent = request.getParameter("newscontent");
9           News n = new News();
10            n.setNewsTitle(newstitle);
11            n.setNewsAuthor(newsauthor);
12            n.setNewsContent(newscontent);
13            NewsDao nd = new NewsDao();
14            int flag = nd.insertNews(n);
15            if(flag>0){
16                response.sendRedirect("../showAllNews.jsp");
17        }else{
18                    out.println("<script language='javascript'>");
19                    out.println("alert('添加失败，请重新添加');");
20                    out.println("window.location.href='add_news.jsp';");
21                    out.println("</script");
22        }
23            out.flush();
24        out.close();
25      }
```

（7）在项目的 WebRoot 根目录下创建 showAllNews.jsp，其代码如下：

```
1  <%@ page language="java"  pageEncoding="UTF-8"%>
2  <%@ page  import="java.util.*,net.qbsp.dao.*,net.qbsp.pojo.*"%>
3  <html>
4    <head><title>新闻列表</title></head>
5    <body>
6    <h4>
7    <a href="newsManager.jsp">新闻管理</a>||<a href="add_news.jsp">新闻发布</a>
8    <table border=1>
9    <tr bgcolor="gray">
10     <th>新闻标题</th><th>新闻作者</th>
11   <th>发布时间</th><th>最后一次编辑时间</th>
12     </tr>
13      <%
14        NewsDao nd = new NewsDao();
15        ArrayList<News> list = nd.getAllNews();
16        for(int i=0;i<list.size();i++){
17         News n = list.get(i);
18       %>
19       <tr>
20       <td><a href="showOneNews.jsp?newsid=<%=n.getNewsId() %>"> <%=n.get
NewsTitle()  %></a> </td>
21       <td><%=n.getNewsAuthor()  %></td>
```

```
22      <td><%=n.getAddTime()  %></td>
23      <td><%=n.getLastEditTime()  %></td>
24       </tr>
25        <%}%>
26   </table>
27   <h4>
28   </body>
29   </html>
```

（8）在项目的 WebRoot 根目录下创建显示单条新闻信息的页面，即 showOneNews.jsp，其代码如下：

```
1   <%@ page language="java"  pageEncoding="UTF-8"%>
2   <%@ page  import="java.util.*,net.qbsp.dao.*,net.qbsp.pojo.*"%>
3   <html>
4     <head><title>新闻详情</title></head>
5     <body>
6      <%
7      String newsid = request.getParameter("newsid");
8      NewsDao nd = new NewsDao();
9      News n = nd.getOneNews(Integer.parseInt(newsid));
10       %>
11       <table>
12         <tr><td><center><h1><%=n.getNewsTitle() %></h1></center></td></tr>
13         <tr><td><center><%=n.getLastEditTime() %>
  作者:<%=n.getNewsAuthor() %></center></td></tr>
14          <tr><td><%=n.getNewsContent() %></td></tr>
15       </table>
16     </body>
17   </html>
```

（9）在项目的 WebRoot 根目录下创建新闻管理页面 newsManager.jsp，其代码如下：

```
1   <%@ page language="java"  pageEncoding="UTF-8"%>
2   <%@ page  import="java.util.*,net.qbsp.dao.*,net.qbsp.pojo.*"%>
3   <html>
4     <head><title>新闻管理</title></head>
5     <body>
6     <h4>
7     <a href="showAllNews.jsp">新闻列表</a>||<a href="add_news.jsp">新闻发布</a>
8     <table border=1>
9     <tr bgcolor="gray">
10     <th>新闻标题(单击修改)</th><th>新闻作者</th>
11   <th>发布时间</th><th>最后一次编辑时间</th>
```

```
12    </tr>
13     <%
14        NewsDao nd = new NewsDao();
15        ArrayList<News> list = nd.getAllNews();
16        for(int i=0;i<list.size();i++){
17         News n = list.get(i);
18       %>
19       <tr>
20       <td><a href="editOneNews.jsp?newsid=<%=n.getNewsId() %>"><%=n.get
NewsTitle()%></a> </td>
21       <td><%=n.getNewsAuthor()%></td>
22       <td><%=n.getAddTime()%></td>
23       <td><%=n.getLastEditTime()%></td>
24       <td><a href="servlet/DelNews?newsid=<%=n.getNewsId() %>">删除</a></td>
25        </tr>
26          <%} %>
27   </table>
28     </body>
29   </html>
```

（10）在项目的 WebRoot 根目录下创建新闻编辑页面 editOneNews.jsp，其代码如下：

```
1  <%@ page language="java"  pageEncoding="UTF-8"%>
2  <%@ page  import="java.util.*,net.qbsp.dao.*,net.qbsp.pojo.*"%>
3  <%@ taglib uri="http://java.fckeditor.net" prefix="FCK"%>
4  <html>
5    <head><title>编辑新闻</title></head>
6    <body>
7     <%
8       String newsid = request.getParameter("newsid");
9       NewsDao nd = new NewsDao();
10       News n  = nd.getOneNews(Integer.parseInt(newsid));
11      %>
12       <form action="servlet/EditNews" method="post">
13         新闻编号：<input type="text" name="newsid" value="<%=n.getNewsId()
%>" readonly/><br>
14         新闻标题：<input type="text" name="newstitle" value="<%=n. getNews
Title() %>"/><br>
15         新闻作者：<input type="text" name="newsfrom" value="<%=n.getNews
Author() %>"/><br>
16         新闻内容：<FCK:editor instanceName="newscontent" width="80%"height
"80%" basePath="/fckeditor" value="<%=n.getNewsContent() %>">
      <FCK:config SkinPath="skins/office2003/" />
```

```
        <FCK:config FontNames="宋体;隶书;黑体" />
        <FCK:config FontSizes="14;16;18;20;22;24;28;30;32" />
        </FCK:editor><br>
17              <input type="submit" value="编辑"/>
18            </form>
19      </body>
20    </html>
```

（11）在 net.qbsp.servlet 包中创建 EditNews.java，用于更新新闻信息。在此类的 doPost()方法中接收用户编辑后的新闻内容，并调用 NewsDao.java 中的 editOneNews()方法，不管更新是否成功，都将界面转向 newsManager.jsp。其 doPost()方法代码如下：

```
1   public void doPost(HttpServletRequest request, HttpServletResponse response)
throws ServletException, IOException {
2           request.setCharacterEncoding("UTF-8");
3           response.setCharacterEncoding("UTF-8");
4           response.setContentType("text/html");
5           PrintWriter out = response.getWriter();
6           String newsid = request.getParameter("newsid");
7           String newstitle = request.getParameter("newstitle");
8           String newsauthor = request.getParameter("newsauthor");
9           String newscontent = request.getParameter("newscontent");
10           News n = new News();
11           n.setNewsId(Integer.parseInt(newsid));
12           n.setNewsTitle(newstitle);
13           n.setNewsContent(newscontent);
14           n.setNewsAuthor(newsauthor);
15           NewsDao nd = new NewsDao();
16           int flag = nd.editOneNews(n);
17           response.sendRedirect("../newsManager.jsp");
18           out.flush();
19           out.close();
20   }
```

（12）在 net.qbsp.servlet 包中创建 DelNews.java，用于删除新闻信息。在此类的 doPost()方法中接收要删除新闻的编号，并调用 NewsDao.java 中的 DelOneNews()方法，最终将界面转向 newsManager.jsp。其 doPost()方法代码如下：

```
1   public void doPost(HttpServletRequest request, HttpServletResponse response)
throws ServletException, IOException {
2           response.setContentType("text/html");
3           PrintWriter out = response.getWriter();
4         int newsid = Integer.parseInt(request.getParameter("newsid"));
5         NewsDao nd = new NewsDao();
```

```
6        int flag = nd.delOneNews(newsid);
7        response.sendRedirect("../newsManager.jsp");
8        out.flush();
9        out.close();
10   }
```

（13）至此，新闻发布系统的各模块均已编写完成，重新发布 jspChap08 项目，并启动 Tomcat 服务，运行各 JSP 页面查看效果。

【案例总结】

（1）在上面的新闻发布系统中，add_news.jsp 和 editOneNews.jsp 均用到 FCKEditor 编辑器，可以发现，一旦配置好 FCKEditor 后，可以在任何一个 JSP 页面中引入 FCKEditor 编辑器。

（2）在 editOneNews.jsp 中，需要把获取的新闻内容放置在 FCKEditor 编辑器中，这时设置<FCK:editor>标签中的 value 属性为规定的值即可。

（3）在 AddNews.java 这个 Servlet 中，当添加成功时转向 showAllNews.jsp，即代码第 16 行中“../”表示返回上层目录。

8.3 小 结

本章主要介绍利用一些开源组件技术以增强 JSP 应用程序的功能，如文件上传与下载组件 jspSmartUpload 和在线编辑器 FCKEditor，在实际的 Web 应用开发中具有重要的意义。

8.4 练一练

一、选择题

下列选项中，哪个组件可以实现文件上传与下载。（　）

A. FCKEditor　　　　B. JavaMail

C. jspSmartUpload　　　　D. JFreeChart

二、填空题

1. 在使用 jspSmartUpload 组件完成文件的上传和下载工作时需要使用________类。要完成具体的上传文件数据，需要使用该类的________方法；要实现文件下载功能，需要使用该类的________方法。

2. 要设置 FCKEditor 编辑器的初始值，可以修改其________属性。

三、简答题

利用网络查找 JavaMail 组件的功能及用法。

四、编程题

修改第八章案例 1，用 FCKEditor 组件完善添加商品界面中对商品描述信息的录入。即如图 8-13 所示。

PART 9

第9章 Web应用系统的安全与部署

本章要点

- 彩色验证码技术。
- MD5 加密技术在 Web 程序中的应用。
- Web 应用系统的静态部署。
- Web 应用系统的动态部署。

9.1 Web 应用系统的安全

随着 Internet 的发展和普及，人们通过网络可以方便地获取各种各样的信息和资源，这些信息和资源由分布在 Internet 中的各种 Web 服务器提供。

Web 服务器在提供大量的资源的同时也经常会受到客户机的恶意攻击。面对这些恶意的攻击，如果服务器本身不能有效验证并拒绝这些非法操作或防范这些恶意的攻击，会严重耗费其系统资源，降低网站性能甚至使程序崩溃。

本节要点

- ➢ 验证码的工作原理，验证码技术的应用。
- ➢ MD5 加密原理，MD5 加密技术的应用。

9.1.1 案例 1 彩色验证码在 JSP 页面中的应用

【设计要求】

请设计电子商城中用户登录界面中的彩色验证码，如图 9-1 所示。

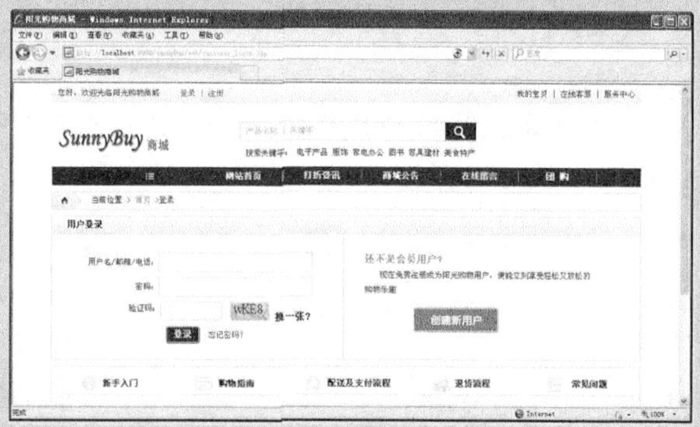

图 9-1 登录界面

【学习目标】

掌握在 JSP 中使用彩色验证码增强系统的安全性的方法。

【知识准备】

（1）彩色验证码的原理

Web 网站在客户登录或注册时，为客户提供一个包含随机字符串的图片，用户必须读取图片中的字符信息，并输入到指定的文本框，随登录或注册表单信息一起提交到服务器端进行验证处理。这样就可以防止有人通过程序进行自动批量注册、对特定的用户用暴力破解程序方法进行不断地登录破解。

（2）彩色验证码的生成

编写验证码生成工具类（如 RndImage.java），在此类中首先获取随机字符串，然后再把此字符串转换成图像。

（3）彩色验证码的显示

首先编写 Servlet 或 JSP 程序，在此程序中向客户端输出验证码图像，并将对应的验证码字符串保存到 session 属性中。然后在登录或注册页中通过<img src="servlet 或 JSP 程序">标签加载图像，用户识别图像中显示的验证码并输入文本框与表单的其他数据一起提交给服务器的某个程序。

（4）彩色验证码的验证

编写数据处理程序，如处理登录或注册的 Servlet。在此程序中获取用户提交的验证码，并与 session 中保存的验证码字符串进行比较，如果不一致，说明验证码输入错误，提醒用户重新输入验证码。

【实施过程】

（1）创建 jspChap09 项目，在 src 下创建 net.qbsp.util 包和 net.qbsp.servlet 包，在 net.qbsp.util 包中创建生成验证码的工具类 RndImage.java，其代码如下：

```
1  package net.qbsp.util;
2  import java.awt.Color;
3  import java.awt.Font;
4  import java.awt.Graphics2D;
5  import java.awt.image.BufferedImage;
6  import java.io.IOException;
7  import java.io.OutputStream;
8  import java.util.Random;
9  import javax.imageio.ImageIO;
10  public class RndImage {
11      //定义随机字符串中随机出现的字符
12      private static char mapTable[] = { 'a', 'b', 'c', 'd', 'e', 'f', 'g',
'h','i', 'j', 'k', 'l', 'm', 'n', 'o', 'p', 'q', 'r', 's', 't', 'u','v', 'w',
'x', 'y', 'z', '0', '1', '2', '3', '4', '5', '6', '7','8', '9' };
13      /*获取随机字符串 */
14      public static String random() {
15          String str = "";
```

```
16          // 5代表5位验证码,如果要生成更多位的认证码,则加大数值
17          for (int i = 0; i < 5; ++i) {
18                  str += mapTable[(int) (mapTable.length * Math.random())];
19          }
20          return str;
21      }
22      /*获取随机颜色对象*/
23      public static Color getRandomColor() {
24          Color col = null;
25          Random rnd = new Random();
26          col = new Color(rnd.nextInt(180), rnd.nextInt(180), rnd.nextInt(180));
27          return col;
28      }
29      /* 将随机字符串转换成图像写到输出流：num—随机字符串、out — 输出流、width —
图片宽度、height —图片高度
30      */
31      public static void imageOut(String num, OutputStream out, int width,
32       int height) throws IOException {
33          // 定义缓冲区图像 rndImg
34          BufferedImage rndImg = null;
35          rndImg = new BufferedImage(width, height,
36  BufferedImage.TYPE_INT_RGB);
37          // 定义二维图像画笔对象g
38          Graphics2D g = (Graphics2D) rndImg.getGraphics();
39          // 设置矩形填充颜色
40          g.setColor(Color.WHITE);
41          g.fillRect(0, 0, width, height);
42          // 设置显示字体及字体类型与大小
43          Font mFont = new Font("Tahoma", Font.BOLD, height * 3 / 4);
44          g.setFont(mFont);
45          g.setColor(Color.BLACK); // 设置默认字体颜色
46         String str1[] = new String[5];  //定义存放5个单元的字符串数组
47         for (int i = 0; i < str1.length; i++) {
48             // 绘制验证码字符
49             str1[i] = "" + num.charAt(i);
50             g.setColor(getRandomColor());
51             g.drawString(str1[i], 15 * i + 5, height * 4 / 5);
52         }
53         // 设置干扰线
54         g.setColor(Color.LIGHT_GRAY);
55         Random random = new Random();
```

```
56          for (int i = 0; i < 40; i++) {
57              int x1 = random.nextInt(width);
58              int y1 = random.nextInt(height);
59              int x2 = random.nextInt(10);
60              int y2 = random.nextInt(10);
61             // 在点(x1, y1)与点(x1 + x2, y1 + y2)之间画一条线
62              g.drawLine(x1, y1, x1 + x2, y1 + y2);
63          }
64          // 绘制外边框
65          g.drawRect(0, 0, width - 1, height - 1);
66          // 释放画笔
67          g.dispose();
68          // 将一个图像写入 OutputStream;
69          //rndImg-要写入的图像缓冲区对象; "jpg"-图像格式;
70          // out-将在其中写入数据的 OutputStream。
71          // 将内存图像写出到输出流
72          ImageIO.write(rndImg, "jpg", out);
73      }
74  }
```

(2)在 net.qbsp.servlet 包中创建一个 Servlet 程序，命名为 ValidateNumber.java，此 Servlet 向客户端输出验证码图像，并将对应的验证码字符串保存到 session 属性中，具体代码如下：

```
1  public void doPost(HttpServletRequest request, HttpServletResponse response)
throws ServletException, IOException {
2        HttpSession session = request.getSession(true);
3        // 产生随机字符串
4        String myRnd = RndImage.random();
5        // 将随机字符串写入 session 属性
6        session.setAttribute("rnd", myRnd);
7           // 输出类型为图像
8           response.setContentType("image/jpeg");
9           RndImage.imageOut(myRnd, response.getOutputStream(), 80, 20);
```

(3) 在 jspChap09 项目的 WebRoot 根目录下创建登录界面 customer_login.jsp，在此页面的 form 表单中显示验证码图像，其 form 表单核心代码如下：

```
1  <form action="servlet/CustomerLoginServlet" method="post" name="form2">
2  <div class="login">
3  <div class="denglu">用户登录</div>
4  <div class="denglu-content">
5  <div class="denglu-content-l">
6  <p>用户名/邮箱/电话:
7  <input type="text" name="username" class="yong"/></p>
```

```
8        <p>密码：<input type="password" name="userpwd"   class="yong"/></p>
9              <h3 >
10              <div class="l">验证码：</div>
11             <div class="m">
12  <input name="chkcode"  type="text" class="yanz" /></div>
13                  <div class="r">
14             <img id="imagerand" src="<%=path%>/servlet/ValidateNumber"
width="65" height="30" />
15             <a href="#"  onclick="change();">换一张？</a>
16                  </div>
17                </h3>
18                 <h4><input name="" class="zhuce" value="登录" type=
"submit" />   <a href="#" target="_blank">忘记密码？</a></h4>
19             </div>
20          </div>
21        </div>
22  </form>
```

（4）在 net.qbsp.servlet 包中创建 Servlet——CustomerLoginServlet.java，用于进行验证码的输入判断与登录验证，其核心代码如下：

```
1  public void doPost(HttpServletRequest request, HttpServletResponse response)
2            throws ServletException, IOException {
3       request.setCharacterEncoding("UTF-8");
4       response.setCharacterEncoding("UTF-8");
5       response.setContentType("text/html");
6       PrintWriter out = response.getWriter();
7       String username = request.getParameter("username");
8       String userpwd =  request.getParameter("userpwd");
9       String chkcode = request.getParameter("chkcode");
10      HttpSession session = request.getSession(true);
11      System.out.println((String)session.getAttribute("rnd"));
12      if(chkcode.equals((String)session.getAttribute("rnd"))){
13          //验证码通过后，进行用户名和密码校验，此处省略这一部分
14      }else{
15              out.println("<script language='javascript'>");
16              out.println("alert('验证码输入错误！');");
17              out.println("window.location.href='../customer_login.jsp';");
18              out.println("</script>");
19          }
20          out.flush();
21          out.close();
22      }
```

（5）发布 jspChap09 项目，并开启 Tomcat 服务器，在浏览器中运行 customer_login.jsp，输入正确与不正确的验证码以测试结果。

【案例总结】

（1）验证码就是一个包含随机字符串的图片，由程序员编程实现字符串向图片的转换。

（2）在把验证码响应给客户端时，必须把产生的随机字符串保存至 session 对象的属性中，否则无法进行以后的验证码验证。

（3）验证码验证的实质：把用户输入的验证码与 session 中保存的验证码进行对比。

【拓展提高】

在 customer_login.jsp 中，如果用户看不清楚产生的验证码，想重新换一张图片，该如何去操作呢？即如何实现 customer_login.jsp 代码中第 15 行的功能。

此时，仅需在 customer_login.jsp 的<head>标签内添加一段 JavaScript 代码即可，如下：

```
1  <script type="text/javascript">
2     function change(){
3     var img=document.getElementById("imagerand");
4     img.setAttribute('src','servlet/ValidateNumber?'+Math.random());
5     }
6  </script>
```

其中，第 4 行必须在 servlet/ValidateNumber 后加入随机数，不然会因地址相同而无法重新加载。

9.1.2　案例 2　MD5 加密算法的应用

【设计要求】

对用户注册时输入的密码进行 MD5 加密，确保其密码的安全性。

【学习目标】

掌握 MD5 加密算法的应用。

【知识准备】

1．MD5 加密概述

MD5 的全称是 Message-Digest Algorithm 5（信息—摘要算法 5），这是一种不可逆算法，它将任意长度的“字节串”变换成一个 128bit 的大整数，广泛用于数据加密和数字签名等。

不可逆性：换句话说，即使你知道算法源代码，也不能将一个 MD5 的值变换回原始的字符串，因为从算法原理上说，它的原始字符串有无穷多个。

MD5 加密机制：用户的密码是以 MD5 值（或类似的其他算法）的方式保存的，用户登录时，系统把用户输入的密码计算成 MD5 值，然后和系统中保存的密码的 MD5 值进行比较，因此系统并不“知道”用户的密码是什么。

2．MD5 加密应用的一般思路

（1）编写一个 MD5 加密工具类，用于将任务字符串转换成 MD5 值。

（2）用户注册时，将用户密码进行加密保存到数据库中；当用户登录时，将用户输入的密码进行加密后与数据库中保存的密码进行比较。

【实施过程】

（1）在 jspChap09 项目的 net.qbsp.util 包中创建加密工具类 MD5Tool.java，用于将字符串转换成 MD5 值，其具体代码如下：

```
1   package net.qbsp.util;
2   import java.security.MessageDigest;
3   import java.security.NoSuchAlgorithmException;
4   public class MD5Tool {
5       // 该方法将输入的字符串，通过 md5 加密，返回一个加密后的字符串
6       public static String MD5Encrypt(String strIn) {
7          MessageDigest md = null;
8          String strOut = null;
9          try {
10             md = MessageDigest.getInstance("MD5"); // 可以选其他的算法如 SHA
11             byte[] digest = md.digest(strIn.getBytes());
12             // 返回的是 byet[]，要转化为 String 存储比较方便
13             strOut = bytetoString(digest);
14         } catch (NoSuchAlgorithmException nsae) {
15             nsae.printStackTrace();
16         }
17         return strOut;
18      }
19      public static String bytetoString(byte[] digest) {
20          String str = "";
21          String tempStr = "";
22          for (int i = 1; i < digest.length; i++) {
23              tempStr = (Integer.toHexString(digest[i] & 0xff));
24              if (tempStr.length() == 1) {
25                  str = str + "0" + tempStr;
26              } else {
27                  str = str + tempStr;
28              }
29          }
30          return str.toLowerCase();
31      }
32  }
```

（2）在 jspChap09 项目的 WebRoot 根目录下创建注册界面 reg.jsp，此处省略其代码。在 net.qbsp.servlet 包下创建 Servlet——RegServlet.java，此 Servlet 中对用户输入的密码进行 MD5 加密，并输出加密前和加密后的密码值供用户查看，其核心代码如下：

```
1  public void doPost(HttpServletRequest request, HttpServletResponse response)
2          throws ServletException, IOException {
```

```
3        request.setCharacterEncoding("UTF-8");
4        response.setCharacterEncoding("UTF-8");
5        response.setContentType("text/html");
6        PrintWriter out = response.getWriter();
7        String userpwd = request.getParameter("userpwd");
8        String userMD5pwd = MD5Tool.MD5Encrypt(userpwd);
9        out.println("加密前的用户密码:    "+ userpwd+"<br>");
10           out.println("加密后的用户密码:    "+userMD5pwd);
11           out.flush();
12           out.close();
13    }
```

（3）发布项目，在浏览器地址栏中输入 http://localhost:8080/jspChap09/reg.jsp，出现如图 9-2 所示注册界面，输入各项内容，单击“提交”按钮，加密前和加密后的密码值显示在页面上，如图 9-3 所示。

图 9-2　注册界面

图 9-3　RegServlet.java 运行效果

【案例总结】

MD5 加密应用在登录或注册的实质是将字符串转换为 MD5 值再进行保存，验证时将用户输入的字符串转换为 MD5 值再与数据库中的数据进行验证。

9.2　Web 应用系统的部署

Web 应用开发完成后，为了能更好地交付给客户，需要对 Web 应用程序进行系统部署，即将开发好 Web 的应用程序部署到指定的 Web 服务器上。基于 Tomcat 的部署有静态部署和动态部署两种方式，其中，静态部署是指在服务器启动之前部署好程序，只有当启动服务后才能访问应用程序。动态部署是指在服务器启动之后部署，不用重启服务器就可访问应用程序。

本节要点

掌握 Web 应用系统在 Tomcat 中的静态部署方法，了解动态部署方法。

9.2.1　案例 3　创建 Context 文件静态部署 Web 应用系统

【设计要求】

编写独立的 Context 文件部署 Web 应用程序。

【学习目标】

掌握 Tomcat 服务器下使用 Context 文件部署 Web 应用程序的方法。

【知识准备】

静态部署有以下 3 种方法。

1．直接放到 webapps 文件夹下

Tomcat 的 webapps 文件夹是 Tomcat 默认的应用文件夹，当服务器启动时，就会加载这个文件夹下所有的应用。也可以将 JSP 程序打包成一个 war 包放在该文件夹下，服务器会自动解开这个 war 包，并在这个文件夹下生成一个同名的文件夹。另外，webapps 这个默认的应用文件夹也是可以改变的。打开 Tomcat 安装目录的 conf 文件夹下 server.xml 文件，找到下面的内容：

```
<Host name="localhost"  appBase="webapps"
          unpackWARs="true" autoDeploy="true"
          xmlValidation="false" xmlNamespaceAware="false">
```

将其中的 appBase 内容修改成指定的文件夹即可。

2．在 server. xml 中指定

在 Tomcat 的配置文件中，一个 Web 应用就是一个特定的 Context，可以通过在 server.xml 中新建 Context 的方式部署一个 JSP 应用程序。打开 server.xml 文件，在<Host>标签内建一个 Context，加入如下内容（假设有一个 Web 应用程序在 c:\demo 文件夹下）：

```
<Context path="/demo" reloadable="true" docBase="c:\demo" workDir="c:\demo"/>
```

其中，path 是虚拟路径，docBase 是 JSP 应用程序的物理路径，workDir 是这个应用的工作文件夹，用于存放运行时生成的与这个应用相关的文件。Reloadable="false"表示当应用程序中的内容发生更改之后服务器不会自动加载（在 Web 应用程序处于开发阶段通常设置为 true，以便开发）。path 属性的值是访问时的根地址，访问地址是 http://localhost:8080/demo/。

3．创建一个 Context 文件

在 Tomcat 6.0 安装目录\conf\Catalina\localhost 文件夹下创建一个 xml 文件，如“jspChap09.xml”，内容如下：

```
<Context docBase="c:/jspChap09" reloadable="false" />
```

这种方式与第 2 种方式类似，但缺少了 path 属性设置，因为在这种方式下，服务器会将 xml 文件的主名作为 path 属性的值，即如果创建 jspChap09.xml，则可在浏览器中输入“http://localhost:8080/jspChap09/”来访问应用程序。

【实施过程】

（1）把之前在 Tomcat\webapps 文件夹中的 jspChap09 应用程序剪切到 C 盘根目录下。

（2）进入 Tomcat 6.0 安装目录\conf\catalina\localhost 文件夹，编写 jspChap09.xml 文件并保存，如图 9-4 所示。

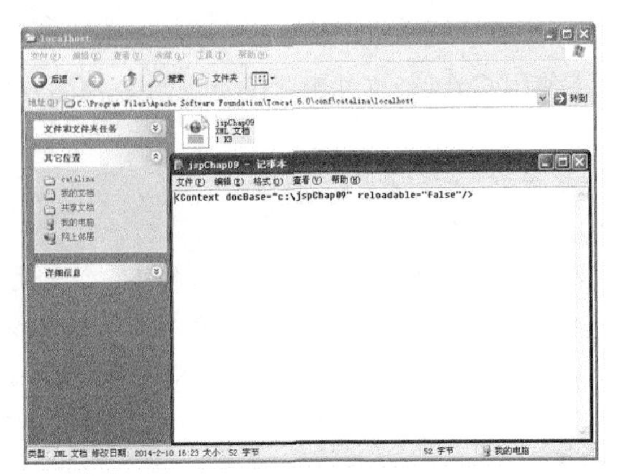

图 9-4　新建的 jspChap09.xml 文件

（3）启动 Tomcat，在 IE 浏览器地址栏中输入“http://localhost:8080/jspChap09”，即可打开 C:\jspChap09 文件夹中的 index.jsp，如图 9-5 所示。

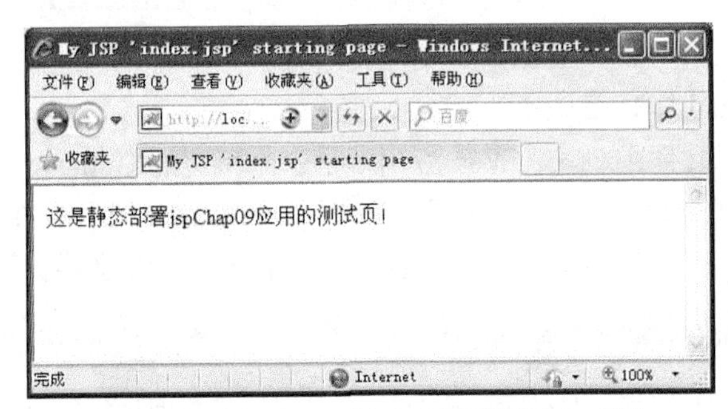

图 9-5　运行 C:\jspChap09 下的 Web 应用

【案例总结】

案例中通过创建.xml 文件对 jspChap09 这个 Web 应用程序进行了静态部署。

9.2.2　案例 4　动态部署 Web 应用

【设计要求】

动态部署 C 盘根目录下的 Web 应用程序。

【学习目标】

学习使用 Tomcat Manager 动态部署 Web 应用程序的方法。

【知识准备】

动态部署要用到服务器提供的 manager.war 文件，如果 Tomcat 安装目录下的 webapps 文件夹下没有该文件，必须重新下载 Tomcat 并安装，否则不能完成动态部署功能。

【实施过程】

（1）在 C 盘根目录下创建 Web 应用程序 demo，也可以将已有的 Web 应用复制到此处。

（2）进入 Tomcat Manager 界面，在 IE 浏览器地址栏中输入 http://localhost:8080/，单击左边的“Tomcat Manager”链接，用户名处输入“admin”，密码为空，如图 9-6 所示。登录成功后进入“manager”页面，如图 9-7 所示。

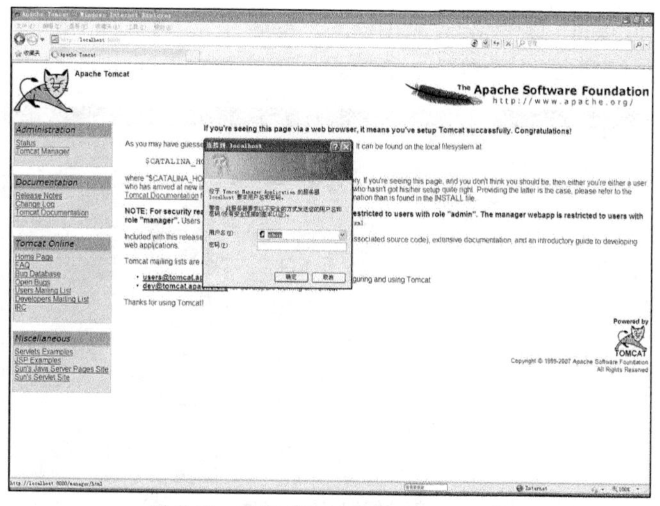

图 9-6　登录“Tomcat Manager”

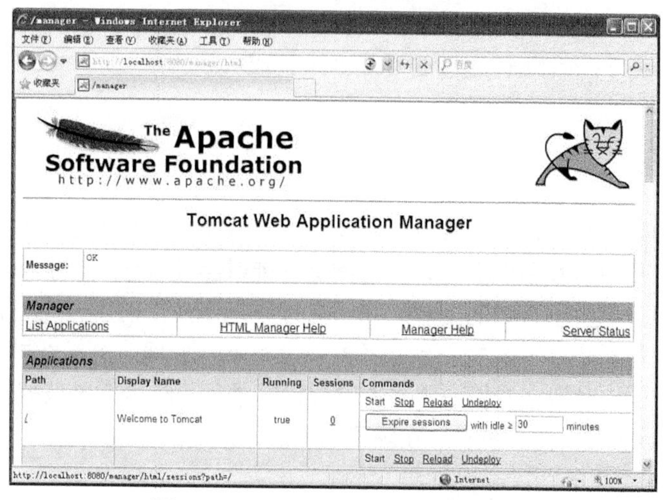

图 9-7　Tomcat Web 程序管理页面

（3）在“manager”页面中，定位到“Deploy”，在“Context Path”中输入“/demo”，在“XML Configuration file URL”指定一个.xml 文件，其内容为：

```
<Context docBase="c:/demo" reloadable="false" />
```

在“WAR or Directory URL”中输入“c:\demo”，如图 9-8 所示。单击“Deploy”按钮，完成应用程序的部署。

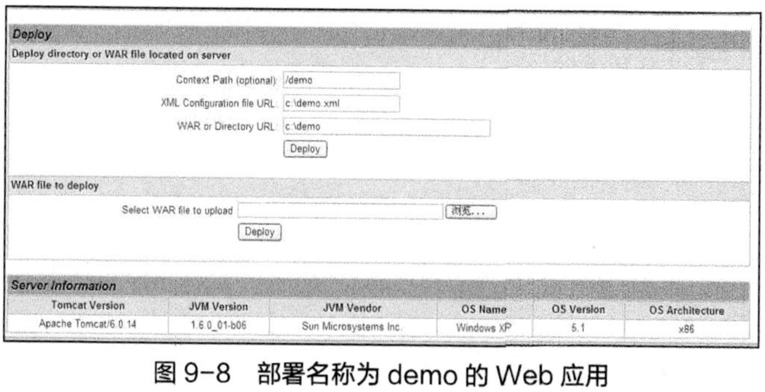

图 9-8　部署名称为 demo 的 Web 应用

（4）查看并运行 demo 这个 Web 应用程序，部署完成后，在管理页面上部的已经部署的 Web 应用程序中可以查看到，如图 9-9 所示。

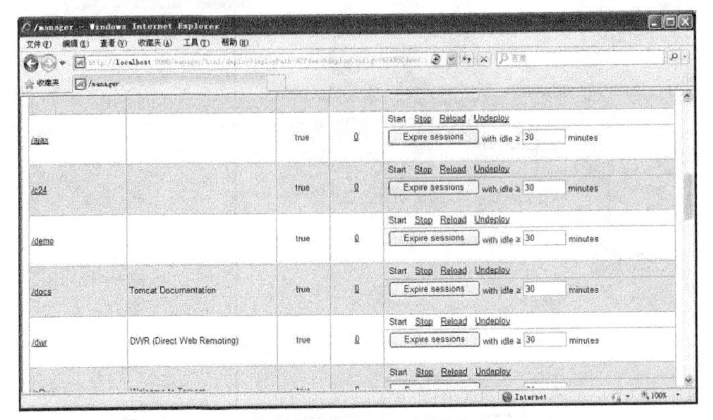

图 9-9　部署好的 Web 应用（demo）

【案例总结】

动态部署需要在 Tomcat Manager 管理页面中完成。

9.3　小　结

对于客户机的恶意攻击，如果服务器本身不能有效验证并拒绝这些非法操作或防范这些恶意的攻击，会严重耗费其系统资源，降低网站性能甚至使程序崩溃。彩色验证码技术可以为客户提供一个包含随机字符串的图片，用户必须读取图片中的字符信息，并输入到指定的文本框，随登录或注册表单一起提交到服务器端进行验证处理。这样就可以防止有人通过程序进行自动批量注册、对特定的用户用暴力破解程序进行不断地登录破解。MD5 加密技术是利用 MD5 算法对数据进行加密操作，在项目中可以保证用户输入信息的安全性。此外，本章还介绍了 Web 应用系统的两种部署方法。

9.4　练一练

简答题

1. 简述验证码的实现原理。
2. 为了保证 Tomcat 服务器中 Web 应用系统的安全，可以采取哪些安全配置措施？

PART 10

第 10 章 AJAX 和 DWR 框架应用

本章要点

- AJAX 概念、工作原理和使用步骤
- DWR 框架的工作原理、工作过程和使用步骤

10.1 AJAX 基础应用

AJAX 的全称为“Asynchronous JavaScript and XML”（异步 JavaScript 和 XML），是指一种创建交互式网页应用的网页开发技术。它作为目前正流行的网页开发技术，对于提高网页响应速度和改善用户体验非常有效，在基于 Java 的 Web 应用程序开发中得到了广泛的应用，如注册时用户名是否可用的异步校验、百度等搜索引擎中相关内容的下拉显示等。

AJAX 产生的目的是实现页面的局部更新，传统的网页（不使用 AJAX）如果需要更新内容，必须重载整个网页，降低了程序性能。而通过 AJAX 技术，使得在后台与服务器只进行少量数据交换，就可以使网页实现异步更新。这意味着可以在不重新加载整个网页的情况下，对网页的某部分进行更新，其效果如图 10-1 所示，图中虚线框部分表示局部更新模块。

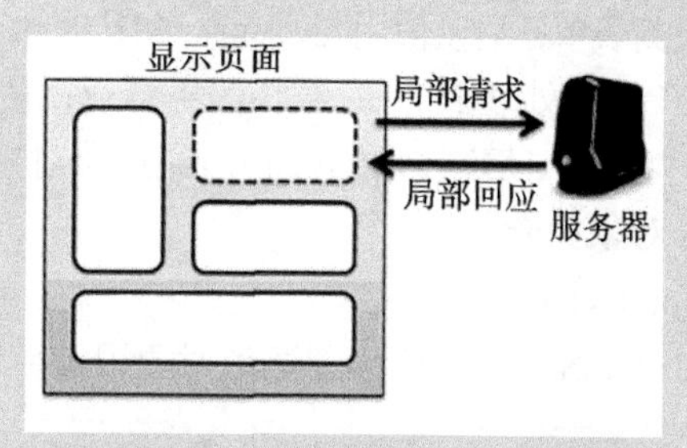

图 10-1 AJAX 异步更新效果图

本节要点

- AJAX 的基本概念，AJAX 中使用的技术。
- AJAX 的工作原理。
- AJAX 技术的一般应用过程。

10.1.1　案例 1　AJAX 简单应用

【设计要求】

在 index.jsp 设置两个 div 块，通过 AJAX 实现此页面内容的异步更新，其效果如图 10-2 和图 10-3 所示。

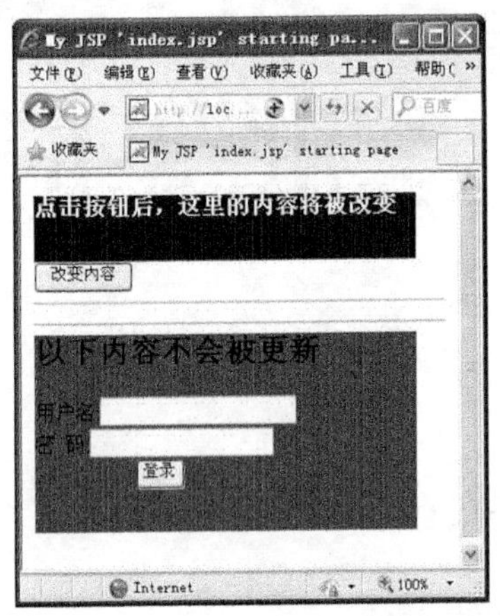

图 10-2　单击“改变内容”按钮前的效果

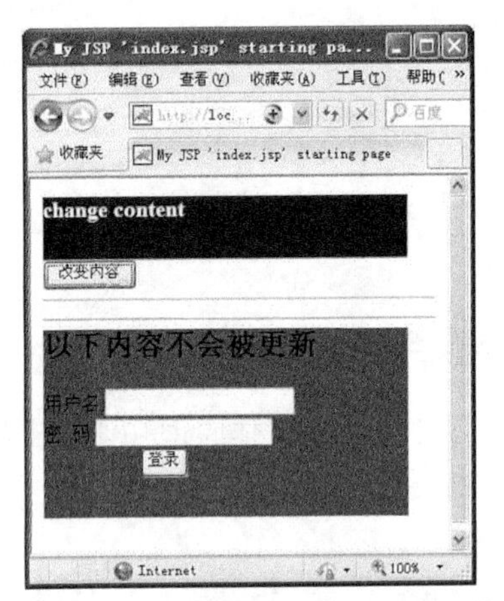

图 10-3　单击“改变内容”按钮后的效果

【学习目标】

（1）理解 AJAX 的工作原理。

（2）体验 AJAX 技术并了解 AJAX 程序的基本框架。

【知识准备】

1．AJAX 技术概述

AJAX 不是一种新技术，其实质是 JavaScript 技术、XML 技术、DOM 技术和 XMLHttpRequest 对象等的综合应用。AJAX 应用程序所用到的基本技术如下：

（1）HTML 用于建立 Web 表单并确定应用程序其他部分使用的标记。

（2）JavaScript 代码是运行 AJAX 应用程序的核心代码，帮助改进与服务器应用程序的通信。

（3）DHTML 用于动态更新表单，可以使用 div、span 和其他动态 HTML 元素来标记 HTML。

（4）文档对象模型 DOM 用于处理 HTML 结构服务器返回的 XML。

（5）XMLHttpRequest 对象是 AJAX 技术的核心，通过该对象发送异步请求和处理响应。

2．XMLHttpRequest 对象简介

（1）创建 XMLHttpRequest 对象

XMLHttpRequest 是一个 JavaScript 对象，创建该对象很简单，一般语句格式为

```
<script type="text/javascript">
   var xmlhttp = new XMLHttpRequest () ;
</script>
```

浏览器有 IE（IE 5、IE 6、IE 7 等）、Opera、Firefox 等，在实际的应用中，要考虑浏览器版本问题，因此创建此对象时按下面的语句执行：

```
<script type="text/javascript">
var xmlhttp;
function createXMLHttp ()  {
```

```
        if (window.XMLHttpRequest) {//IE 7 或 Firefox 浏览器
            xmlhttp = new XMLHttpRequest ();
        } else {//其他浏览器，包括 IE 5、IE 6
            xmlhttp = new ActiveXObject ("Microsoft.XMLHTTP");
        }
    }
</script>
```

（2）XMLHttpRequest 对象的方法和属性

XMLHttpRequest 对象提供了很多方法和属性，用于实现异步请求处理功能。其常用方法如表 10-1 所示。

表 10-1　　XMLHttpRequest 对象的常用方法

序号	方法名	功能
1	Abort()	停止当前异步请求
2	getResponseHeader()	以字符串形式返回指定的 HTTP 头信息
3	getAllResponseHeader()	以字符串形式返回完整的 HTTP 头信息
4	open（"method","URL"[,ascycFlag[,"userName"[,"password"]]]）	设置异步请求目标的 URL、请求方法以及其他参数信息
5	send（content）	向服务器发送请求，content 是可选参数，它可以是一个 DOM 实例、一个串或输入流等
6	setRequestHeader（"label"，"value"）	设置 HTTP 头信息并和请求一起发送

其中，open 方法的参数说明如表 10-2 所示。

表 10-2　　open 方法的参数说明

序号	方法名	功能
1	method	用于指定请求的类型，一般为 get 或 post
2	URL	用于指定请求地址，可以使用绝对地址或相对地址，并且可以传递查询字符串
3	ascycFlag	可选，用于指定请求方式是异步还是同步，默认情况下为 true，表示异步请求，如果这个参数为 false，处理就会等待，直到从服务器返回响应为止
4	userName	可选，用于指定请求用户名
5	password	可选，用于指定请求密码

在使用 XMLHttpRequest 对象时，需要通过属性获得其状态和信息。XMLHttpRequest 对象的常用属性如表 10-3 所示。

表 10-3　　XMLHttpRequest 对象的常用属性

序号	方法名	功能
1	readyState	对象状态值： 0 表示请求未初始化（在调用 open（ ）函数之前） 1 表示请求服务器连接已建立，正在加载 2 表示请求已发出，即加载完毕 3 表示请求已处理，正和服务器进行交互 4 表示响应已完成，可以访问服务器的响应
2	onreadystatechange	每个状态改变时都会触发这个事件处理器，通常会调用一个 JavaScript 函数
3	responseText	以字符串形式返回从服务器返回的响应数据
4	responseXML	以 XML 形式返回服务器的响应数据
5	status	从服务器返回的 HTTP 状态码，例如： 200 表示成功 404 表示文件未找到 500 表示内部服务器错误
6	statusText	返回 HTTP 状态码对应的文本信息

3．AJAX 技术应用的基本流程

AJAX 实质上也遵循 Request/Server 模式，其在项目中应用时，先创建使用 AJAX 的网页（可以是 JSP 或 HTML，不管哪种文件，必须在服务器支持下运行），在此页面中定义需要异步更新的区块（div 或 span），并设置触发异步更新函数的事件，然后在此页面中进行：XMLHttpRequest 对象初始化→发送请求→服务器接收→服务器返回→客户端接收→修改客户端页面内容。

（1）初始化对象并发出 XMLHttpRequest 请求。

创建 XMLHttpRequest 对象的代码，请参考【知识准备】中的第 2 点内容。

（2）指定响应处理函数。

指定当服务器返回信息时客户端的处理方式，只要将相应的处理函数名称赋给 XMLHttpRequest 对象的 onreadystatechange 属性即可，一般语句格式如下：

```
xmlhttp.onreadystatechange = processRequest;
```

需要指出的是，这个函数名称不加括号，不指定参数。

（3）发出 HTTP 请求。

指定响应处理函数之后，就可以向服务器发出 HTTP 请求了，这一步调用 XMLHttpRequest 对象的 open 和 send 方法。要按照顺序，open 调用完毕之后要调用 send 方法。一般语句格式如下：

```
xmlhttp.open ("post","index.jsp","true") ;
xmlhttp.send () ;
```

其中，open 的第 2 个参数是目标 URL，此 URL 可以是静态页面，也可以是服务器解释执行的页面。目标 URL 处理 XMLHttpRequest 请求与处理普通的 HTTP 请求一样，如 JSP 可以用 request.getParameter（""）来取得 URL 参数值。

（4）处理服务器返回的信息。

在第（2）步中已经指定了响应处理函数，这一步来看看这个响应处理函数都应该做什么。

首先，响应处理函数要检查 XMLHttpRequest 对象的 readyState 值，判断请求目前的状态。当 readyState 值为 4 时，表示代码服务器已经传回所有的信息，可以开始处理信息并更新页面内容了，一般语句格式如下：

```
1  if (xmlhttp.readyState == 4) {
2       // 信息已经返回，可以开始处理
3  else{
4       // 信息还没返回，等待
5    }
```

服务器返回信息后，还需要判断返回的 HTTP 状态码，确定返回的页面没有错误。一般语句格式如下：

```
1  if (xmlhttp.status == 200) {
2       // 页面正常，可以开始处理信息
3      //responseText——将传回的信息当字符串使用
4      //responseXML——将传回的信息当 XML 文档使用，可以用 DOM 处理
5  else{
6       // 页面有问题
7    }
```

【实施过程】

（1）创建 jspChap10 项目，在其 WebRoot 根目录下创建应用 AJAX 技术的 JSP 程序 ajaxDemo.jsp，其代码如下：

```
1   <%@ page language="java" import="java.util.*" pageEncoding="UTF-8"%>
2   <html>
3     <head>
4   <title>AJAX 异步请求</title>
5   <script type="text/javascript">
6   var xmlhttp;
7   function createXMLHttp () {
8       if (window.XMLHttpRequest) {//IE 7 或 Firefox 浏览器
9            xmlhttp = new XMLHttpRequest () ;
10       } else {//其他浏览器，包括 IE 5、IE 6
11             xmlhttp = new ActiveXObject ("Microsoft.XMLHTTP") ;
12       }
13   }
14   function changeContent () {
15      createXMLHttp () ;
16      xmlhttp.open ("post","content.jsp",true) ;  //异步请求
```

```
17        xmlhttp.onreadystatechange = getCallBack;  //调用返回结果处理函数
18        xmlhttp.send () ;
19    }
20    function getCallBack () {
21       if (xmlhttp.readyState==4 && xmlhttp.status==200) {
22           var text = xmlhttp.responseText;  //获取响应结果
23          document.getElementById ("myDiv") .innerHTML  =  text;
24       }
25    }
26    </script>
27      </head>
28      <body>
29        <div id="myDiv" style="background-color:blue;width:300px;height:50px" >
30         <h3><font color="white">单击按钮后，这里的内容将被改变</font></h3>
31        </div>
32        <button type="button" onclick="changeContent () ">改变内容</button>
33        <hr><hr>
34     <div id="mylogin" style="background-color:red;width:300px;height:150px">
35            <h2>以下内容不会被更新</h2>
36            <form>
37               用户名:<input type="text" name=""/><br>
38               密  码:<input type="password" name=""/><br>
39        <input type="submit" value="
登录"/>
40            </form>
41          </div>
42        </body>
43    </html>
```

（2）在 WebRoot 下创建异步请求 URL——content.jsp，其代码如下：

```
1   <%@ page language="java" import="java.util.*" pageEncoding="UTF-8"%>
2   <html>
3     <head>
4       <title>异步请求资源</title>
5     </head>
6     <body>
7       <h3><font color="white">change content</font></h3>
8     </body>
9   </html>
```

（3）发布 jspChap10 项目，在浏览器中运行 ajaxDemo.jsp，单击“改变内容”按钮，即可查看异步处理结果。

【案例总结】

在项目中应用 AJAX 的基本思路如下。

（1）创建使用 AJAX 的网页（可以是 JSP 或 HTML，不管哪种文件，必须在服务器支持下运行），在此页面中定义异步更新区块，并设置触发异步更新函数的事件，如案例 1 中 ajaxDemo.jsp 代码第 32 行，定义了一个按钮，通过按钮的单击事件触发异步更新函数 changeContent ( )。

（2）编写实现异步更新的 JavaScript 代码，通常有 3 个函数：创建 XMLHttpRequest 对象的函数、执行异步更新的函数、返回结果处理函数。

（3）编写异步请求资源，服务器将执行此请求资源，然后其内容响应给使用 AJAX 的网页，如案例 1 中的 content.jsp 就是异步请求的 JSP 文件。

10.1.2 案例 2 应用 AJAX 检测注册时的用户名

【设计要求】

在 Web 应用系统中，大都有注册功能，用户在注册时，必须对输入的用户名进行检测，看是否已被其他用户所用。请用 AJAX 技术实现电子商城中，用户注册时检测用户名是否可用这一功能。

【学习目标】

学习使用 AJAX 技术检测用户名的方法。

【知识准备】

要在本案例中使用 AJAX 技术，需要设置触发异步更新函数的事件，在此可以设置当输入用户名文本框失去焦点时，使用文本框的 onblur 事件，将文本框中的用户名提交给服务器中的某个 Servlet 进行验证，并将验证结果返回到注册页中并显示到某个 span 块中。

【实施过程】

（1）在 jspChap10 项目的 WebRoot 根目录下创建注册页面 reg.jsp，其代码如下：

```
1  <%@ page language="java" import="java.util.*" pageEncoding="UTF-8"%>
2  <html>
3    <head>
4       <title>注册界面</title>
5       <script type="text/javascript">
6       var xmlhttp;
7       function createXMLHttp () {
8           if (window.XMLHttpRequest) {
9               xmlhttp = new XMLHttpRequest () ;
10          }else{
11              xmlhttp = new ActiveXObject ("Microsoft.XMLHTTP") ;
12          }
13      }
14      function checkUserName () {
15         createXMLHttp () ;
16         var username = document.getElementById ("username") .value;
17        xmlhttp.open ("post","servlet/CheckName?username="+username,true) ;
```

```
18            xmlhttp.onreadystatechange = checkuserCallBack;
19            xmlhttp.send () ;
20            document.getElementById ("msg") .innerHTML="正在验证...."
21         }
22         function checkuserCallBack () {
23            if (xmlhttp.readyState == 4 && xmlhttp.status ==200) {
24                 var text = xmlhttp.responseText;
25                  document.getElementById ("msg") .innerHTML = text;
26            }
27          }
28        </script>
29      </head>
30      <body>
31      <B>用户注册</B>
32      <form action="servlet/RegServlet" method="post">
33      <table>
34      <tr><td align="right">用户名: </td><td><input type="text" id="username"
name= "username" onblur="checkUserName () ;"/><span id="msg"></span></td></tr>
35       <tr><td align="right">密 码: </td><td><input type="password"
name= "userpwd"/></td></tr>
36      <tr><td align="right">确认密码: </td><td><input type="password" name=
"userpwd1"/></td></tr>
37       <tr><td align="right">邮 箱: </td><td><input type="text" name
="email"/></td></tr>
38        <tr><td></td><td align="right"><input type="submit" value="提交
"/></td></tr>
39      </table>
40      </form>
41      </body>
42    </html>
```

（2）在 jspChap10 项目的 src 下创建 net.qbsp.servlet 包、net.qbsp.conn 包和 net.qbsp.dao 包，在 net.qbsp.conn 包中设置连接数据库和关闭数据库的业务类 DataConn.java，在 net.qbsp.dao 包中创建业务类 CustomerDao.java，实现在数据库中对用户名进行检查，其代码如下：

```
1   package net.qbsp.dao;
2   import java.sql.Connection;
3   import java.sql.PreparedStatement;
4   import java.sql.ResultSet;
5   import net.qbsp.conn.DataConn;
6   public class CustomerDao {
```

```
7    //检测用户名
8    public int checkUserName (String userName) {
9        int flag = 0;
10       Connection conn = DataConn.getConn () ;
11       String sql = "select * from customer where username=?";
12       try{
13              PreparedStatement psta = conn.prepareStatement (sql) ;
14              ResultSet rs = psta.executeQuery () ;
15              if (rs.next () ) {
16                  flag = 1;
17              }
18            }catch (Exception ex) {
19                ex.printStackTrace () ;
20                }
21            return flag;
22       }
23   }
```

（3）在 net.qbsp.servlet 包中创建一个 Servlet，类名为 CheckName，在此 Servlet 中对用户的异步请求进行处理，即获取用户名并调用 CustomerDao 类中的 checkUserName 方法进行验证，最后把处理的结果响应给用户，其核心代码如下：

```
1   public void doPost (HttpServletRequest request, HttpServletResponse response)
        throws ServletException, IOException {
2       response.setCharacterEncoding ("UTF-8") ;
3       response.setContentType ("text/html") ;
4       PrintWriter out = response.getWriter () ;
5       String username = request.getParameter ("username") ;
6       CustomerDao cd = new CustomerDao () ;
7       int flag = cd.checkUserName (username) ;
8       if (flag>0) {
9           out.print ("已被使用") ;
10          }else{
11              out.print ("未被使用") ;
12          }
13      }
```

（4）发布并运行 jspChap10 项目，在浏览器地址栏中输入 http://localhost:8080/jspChap10/reg.jsp，在用户名文本框中输入 Customer 数据表中已有的用户名 lucky，并将光标移出此文件框，即可查看到结果，运行效果如图 10-4 和图 10-5 所示。

图 10-4　用户名异步检测之前

图 10-5　用户名异步检测之后

【案例总结】

通过这个实际应用，可以体会到 AJAX 可以在不刷新页面的情况下更新页面的部分信息或给出提示信息。

10.2　DWR 框架应用

DWR 是一个 Web 远程调用框架，全名为 Direct Web Remoting（直接 Web 远程控制），它主要提供给那些想以一种简单的方式使用 AJAX 和 XMLHttpRequest 对象的开发者。利用此框架可以在客户端利用 JavaScript 直接调用服务器端的 Java 方法并返回值给 JavaScript，就好像直接在本地客户端调用一样（DWR 根据 Java 类来动态生成 JavaScript），极大简化了 AJAX 代码编写，其主要的特点如下。

（1）开源，是免费的 AJAX 框架。

（2）将 Java 类发布成 JavaScript 可调用的脚本对象。

（3）提供 JavaScript 工具类，简化页面编码。

本节要点

- DWR 框架的工作原理和工作过程。
- DWR 框架在 Web 应用系统中的配置。
- DWR 框架使用的一般过程。

10.2.1　案例 3　DWR 框架的简单应用

【设计要求】

使用 DWR 框架完成电子商城中注册时用户名的异步检测。

【学习目标】

（1）理解 DWR 框架的工作过程。

（2）掌握 DWR 框架使用的一般过程。

【知识准备】

1．DWR 的工作原理

DWR 的工作原理是通过动态地把 Java 类生成为 JavaScript。它的代码与 AJAX 一样，用户感觉调用就像发生在浏览器端，但实际上代码调用发生在服务器端。DWR 负责数据的传递与转换，且不需要任何的网络浏览器插件就能运行在网页上。

2．DWR 的工作过程

DWR 的工作过程如图 10-6 所示。DWR 动态地在 HTML 或 JSP 页面的 JavaScript 里生成一个 AjaxService 类去匹配服务器端的代码，由 eventHandler 去调用它，然后 DWR 处理所有的远程细节，包括倒置（converting）所有的参数及返回 JavaScript 和 java 的值。体现在图 10-6 的例子中，即先在 eventHandler 方法里调用 AjaxService 的 getOptions（ ）方法，然后通过反调（callback）方法 populateList（data）（类似于 AJAX 中的返回处理函数）得到返回的数据，其中 data 就是 String[]{"1","2","3"}，最后使用 DWR utility（DWR 的工具类）把 data 加入到页面的下拉列表中。

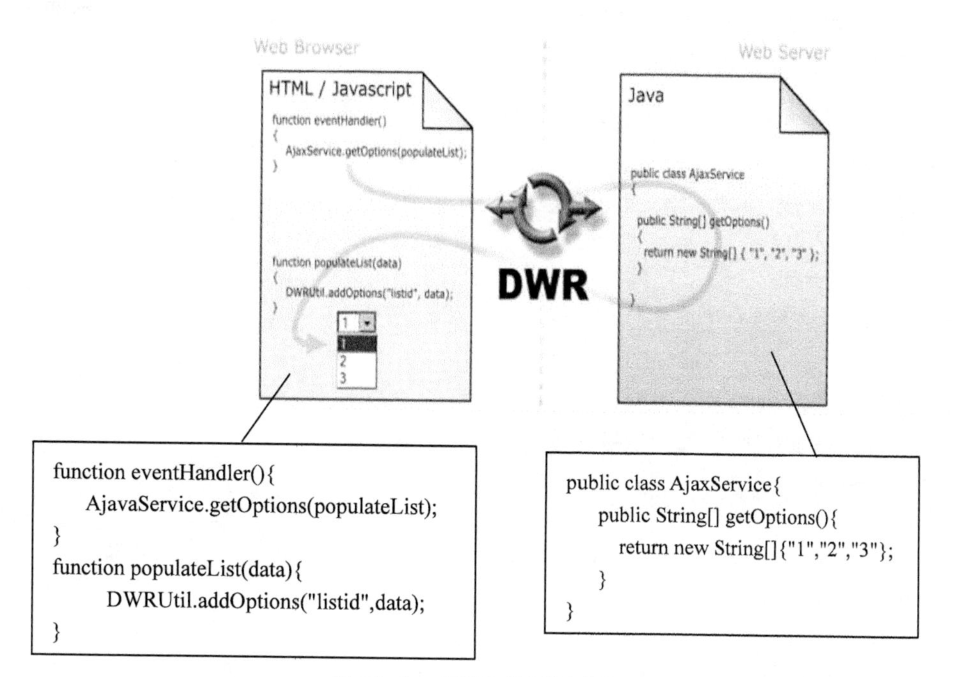

图 10-6　DWR 的工作过程

3．DWR 使用的一般过程

（1）下载 dwr.jar

DWR 的下载地址为 http://directwebremoting.org/dwr/downloads/index.html，这里下载的应用包为 dwr.jar，解压后将 WEB-INF\lib 中的所有.jar 包放在 Web 应用程序的 WEB\lib 目录下。

（2）编辑配置 web.xml 文件

要应用 DWR 框架，首先需要在 web.xml 文件中设置 DWR，以下配置内容必须被添加到 WEB-INF/web.xml 文件中。需要把<servlet>和其他<servlet>放在一起，<servlet-mapping>和其他<servlet-mapping>放在一起。在 web.xml 文件中配置 DWR 内容如下：

```
<servlet>
   <servlet-name>dwr</servlet-name>
   <servlet-class>org.directwebremoting.servlet.DwrServlet</servlet-class>
   <init-param>
      <param-name>debug</param-name>
      <param-value>true</param-value>
```

```
</init-param>
<load-on-startup>1</load-on-startup>
</servlet>
<servlet-mapping>
    <servlet-name>dwr</servlet-name>
    <url-pattern>/dwr/*</url-pattern>
</servlet-mapping>
```

（3）创建配置 dwr.xml 文件

在 web.xml 的同一目录下，创建一个 DWR 的配置文件 dwr.xml，并且将被调用的 Java 类写入其中，其配置格式如下：

```
<?xml version="1.0" encoding="UTF-8"?>
<!DOCTYPE dwr PUBLIC
    "-//GetAhead Limited//DTD Direct Web Remoting 3.0//EN"
    "http://getahead.org/dwr/dwr30.dtd">
<dwr>
<!-- 仅当需要扩展 DWR 时才需要 -->
  <init>
    <creator id="…" class="…"/>
    <converter id="…" class="…"/>
  </init>
  <allow>
    <create creator="…" javascript="…" scope="…">
    <param name="…" value="…"/>
    </create>
    <convert convertor="…" match="…"/>
  </allow>
<!-- 告诉 DWR 方法签名 -->
  <signatures>…</signatures>
</dwr>
```

其中，<allow>部分定义了 DWR 能够创建和转换的类。每一个在类中被调用的方法需要一个<create>元素，可使用 new 关键字创建 creator。<create>元素中重要的属性如下。

① creator 属性

默认为 new，意思是通过 new 关键字创建对象，被转换的 Java 类必须有一个无参构造方法；如取值为 none，则不创建对象:一种情况是类中所有方法都是静态时使用，另一种情况是对象在前面的 create 中已声明，则 scope 大于在此使用的，即使用已存在 webContext 中的对象。

② javascript 属性

对象被转换后，在前台引入 js 脚本的名字，这个脚本由 DWR 动态生成。

如：

```
<create creator="new" javascript="service1">
```

```
    <param name="class" value="com.dwr.Test1" />
</create>
```

在 HTML 或 JSP 页面中使用的方法为

```
<html>
  <head>
    <script type="text/javascript" src="dwr/interface/service1.js" />
    …..
```

③ scope 属性

转换后对象存在的范围，与 Servlet 中的数据作用范围同理，取值可以是 application、session、request 和 page；默认为 page 范围。

④ param 属性

指定创建器的其他参数，如 new 创建器，需要知道创建的对象类型是什么。

在<allow>部分还有一个 convert 元素，此元素一般用于指定需要转换到前台的 JavaBean 对象。如<convert converter="bean" match="net.qbsp.pojo.Admin"/>；而其他常用数据类型，如 Integer 等，已由 DWR 默认转换，不需要在<allow>部分标记出来。

（4）编辑 Java 类

此类要实现什么样的功能，只需在此类中定义相应的、有返回值的方法即可。

（5）测试 DWR

部署应用程序并启动服务后，在浏览器地址栏中输入 http://localhost:8080/应用程序文件夹名/dwr，进行测试，测试通过后再进行下一步工作。

（6）编写 JSP 或 HTML 页面，应用 DWR 框架

在创建 JSP 或 HTML 页面的<head>标签中添加几个 JS 文件的引用，格式如下：

```
  <script type="text/javascript" src="dwr/engine.js"></script>
   <script type="text/javascript" src="dwr/util.js"></script>
  <script type="text/javascript" src="dwr/interface/dwr 自动生成的 JS 文件
"></script>
```

其中，engine.js 是必须要使用的文件，如果需要用到 DWR 提供的一些工具，还需要引用 util.js；其次，引用 DWR 自动生成的 JS 文件，如图 10-6 所示的例子的文件为 dwr/interface/AjaxService.js。注意 JS 文件名要与 dwr.xml 中配置的 JavaScript 名称一样。

【实施过程】

（1）把 dwr.jar、log4j.jar 放置到 MyEclipse 的 jspChap10 项目 WEB-INF\lib 文件夹下。

（2）打开 web.xml，按照【知识要点】中 DWR 使用的一般过程第（2）步进行配置 DWR。

（3）在 10.1.2 节的案例 2——应用 AJAX 检测注册时的用户名中，在 CustomerDao.java 类的 checkUserName 方法中已完成用户输入的用户名和数据库中的进行比对这一功能，因此，CustomerDao.java 就是在 DWR 框架应用中所需要的类。

（4）在 jspChap10 项目的 WEB-INF 文件夹下创建 dwr.xml，其内容如下：

```
1   <?xml version="1.0" encoding="UTF-8"?>
2   <!DOCTYPE dwr PUBLIC "-//GetAhead Limited//DTD Direct Web Remoting
```

```
3.0//EN" "http://getahead.org/dwr/dwr30.dtd">
3   <dwr>
4       <allow>
5           <create creator="new" javascript="checkname">
6               <param name="class" value="net.qbsp.dao.CustomerDao" />
7           </create>
8       </allow>
9   </dwr>
```

其中，第5~7行定义一个让DWR转换的Java类及转换规则的<create>元素，在此<create>元素中通过new运算符创建CheckUserName类对象，并在JavaScript属性中指明类转换后引入的JS文件名，即将会有一个名叫checkname.js的JavaScript脚本文件被引入JSP或HTML文件。

（5）发布jspChap10项目并启动服务器，在浏览器地栏中输入http://localhost: 8080/jspChap10/dwr，出现如图10-7所示的页面。在页面中单击“checkname”链接，出现如图10-8所示的页面，在页面中会看到CustomerDao类的checkUserName ( )方法，输入“lucky”后单击“Execute”按钮，会发现“Execute”按钮右侧显示出“1”，如果返回的结果正确，表示测试通过。

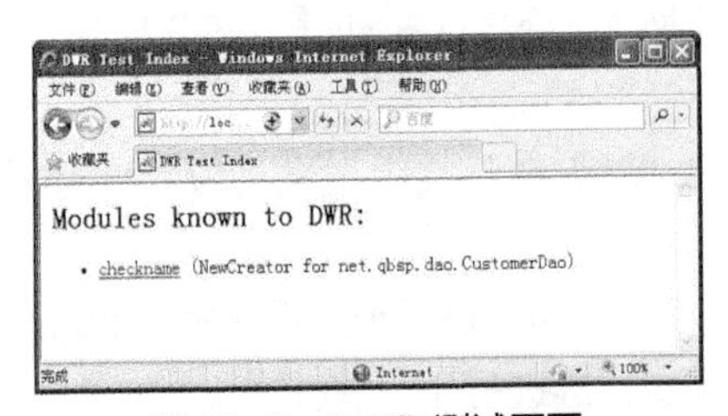

图10-7　DWR测试页面

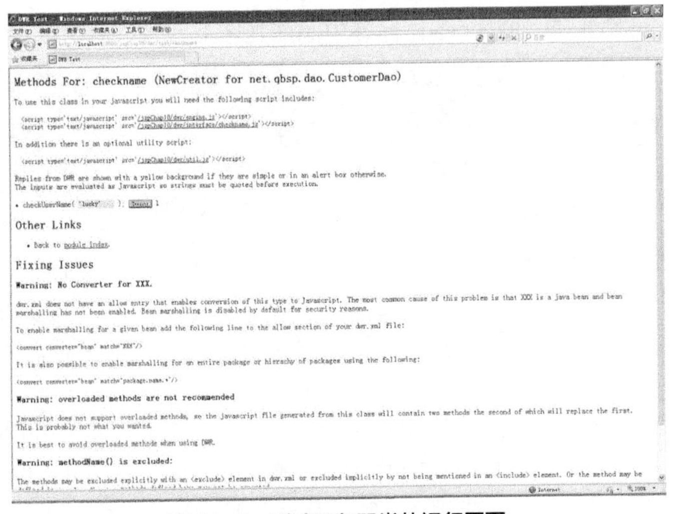

图10-8　测试服务器类的运行页面

（6）复制reg.jsp，并重新命名为reg1.jsp，修改成如下代码：

```
1   <%@ page language="java" import="java.util.*" pageEncoding="UTF-8"%>
2   <html>
3     <head><title>使用DWR框架的注册界面</title>
```

```
 4  <script type="text/javascript" src="dwr/engine.js"></script>
 5   <script type="text/javascript" src="dwr/util.js"></script>
 6  <script type="text/javascript" src="dwr/interface/checkname.js"></script>
 7  <script type="text/javascript">
 8  function checkUserName ()   {
 9      checkname.checkUserName(document.getElementById("username").value,
callBackCheck) ;
10   }
11   function callBackCheck (data)  {
12         if (data==1) {
13             document.getElementById ("msg") .innerHTML = "已被使用-DWR ";
14         }else{
15             document.getElementById ("msg") .innerHTML = "未使用-DWR ";
16         }
17      }
18       </script>
19     </head>
20     <body>
21     <B>用户注册</B>
22     <form action="servlet/RegServlet" method="post">
23     <table>
24     <tr><td align="right">用户名：</td><td><input type="text" id="username"
name= "username" onblur="checkUserName () ;"/><span id="msg"></span></td></tr>
25      <tr><td align="right">密 码：</td><td><input type="password"
name= "userpwd"/></td></tr>
26     <tr><td align="right">确认密码：</td><td><input type="password" name=
"userpwd1"/></td></tr>
27     <tr><td align="right">邮 箱：</td><td><input type="text" name=
"email"/></td></tr>
28       <tr><td></td><td align="right"><input type="submit" value="提交
"/></td></tr>
29     </table>
30     </form>
31     </body>
32   </html>
```

在上面的代码中，需要注意以下几点。

① 第6行中的dwr/interface/checkname.js,JS名称必须和第4步中dwr.xml中配置的对象名一样。

② 第9行的checkname.checkUserName（ ）方法和Java类（CustomerDao.java类）的方法有一个区别，即多了一个参数，用来callback（回调）返回的数据。

③ 第11行callBackCheck（data）回调函数的参数，即data，即为服务器响应的结果。

（7）重新发布 jspChap10 项目，并重启服务器，在浏览器地址栏中输入 http://localhost:8080/jspChap10/reg1.jsp，用户名分别输入“lucky”（customer 表中有此用户名）和“xiaoyi”（customer 表中无此用户名），结果分别如图 10-9 和图 10-10 所示。

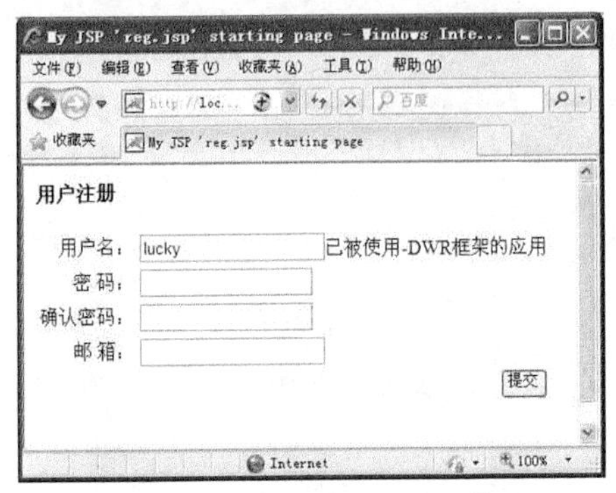

图 10-9　检测有此用户的运行结果

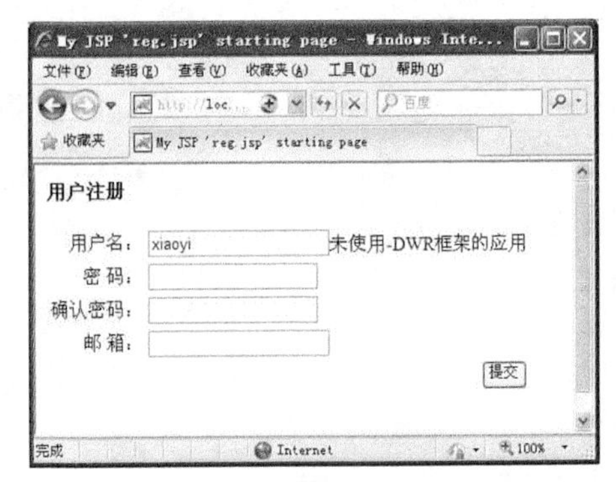

图 10-10　检测无此用户的运行结果

【案例总结】

DWR 是一个服务器端的 AJAX 框架，借助于 DWR 的帮助，开发者可直接在客户端页面上通过 JavaScript 调用远程 Java 方法，简化 AJAX 代码编写。

10.2.2　案例 4　使用 DWR 框架实现级联下拉列表显示

【设计要求】

在网上电子商城中，商品一般进行分类管理。在此，假设商品有大分类和小分类，如大分类有：电子产品、服饰、图书等；而对于小分类，如电子产品里又包括电视、电脑、手机等。试着用 DWR 框架完成如图 10-11 所示的两个下拉列表的级联。

图 10-11　下拉列表级联效果

【学习目标】

巩固 DWR 框架的使用过程，并会用它实现级联下拉列表的显示。

【知识准备】

（1）商品类型表 shop_commtype 的字段如表 10-4 所示。

表 10-4　shop_commtype 表

序号	字段名称	数据类型	注释
1	id	Number	分类编号,自加 1
2	type	Varchar2（100）	分类名称
3	parentid	Number	上级分类编号

（2）DWR 在 Web 应用系统中的使用过程在 10.2.1 节中已有叙述，在此不再重复。

（3）DWR 核心脚本 util.js，该脚本是 DWR 核心工具包，在此包中提供了一些常用的 js 函数集合，使用它可以简化 DOM 操作，举例如下：

（1）设置 id 对应的元素值，代码如下：

```
dwr.util.setValue (id,值) ;
```

如在 10.2.1 节案例 3 的 reg1.jsp 中，把服务器响应的结果显示在 msg 这个 div 块中，即将【实施过程】第（6）步第 12～16 行代码可以修改为：

```
12       if (data==1) {
13          dwr.util.setValue ("msg", "已被使用-DWR ")  ;
14       }else{
15           dwr.util.setValue ("msg", ""未使用-DWR "")  ;
16       }
```

（2）返回 id 对应的元素值，代码如下：

```
dwr.util.getValue (id) ;
```

（3）获取下拉列表中文本值（<option>文本</option>），代码如下：

```
dwr.util.getText (id)
```

（4）处理 select 下拉列表，代码如下：

```
dwr.util.addOptions (selectId,array)
```

其中，参数 array 是下拉列表内容的集合。

（5）处理表格，在表格中添加一行，代码如下：

```
dwr.util.addRows (tableId,array)
```

【实施过程】

（1）在 jspChap10 项目的 src 下创建 net.qbsp.pojo 包，在此包中创建商品类型的 JavaBean——CommType.java，其代码如下：

```
1  package net.qbsp.pojo;
2  public class CommType {
3     private int id;
4     private String type;
5     private int parentid;
6     //此处省略 setter/getter 方法
7  }
```

（2）在 jspChap10 项目的 src 的 net.qbsp.dao 包中，创建业务类——CommTypeDao.java，编写两个方法，一个方法从 shop_commtype 表中获取大分类；另一个方法根据大分类编号获取其包含的小分类，其代码如下：

```
1  package net.qbsp.dao;
```

```
2   import java.sql.Connection;
3   import java.sql.PreparedStatement;
4   import java.sql.ResultSet;
5   import java.sql.SQLException;
6   import java.util.ArrayList;
7   import java.util.List;
8   import net.qbsp.conn.DataConn;
9   import net.qbsp.pojo.CommType;
10   public class CommTypeDao {
11        //获取大分类
12       public List<CommType> getMainType() {
13           ArrayList<CommType> list = new ArrayList<CommType>();
14           Connection conn=DataConn.getConn();
15           String sql="select  * from shop_commtype where parentid=0";
16           try {
17           PreparedStatement pst=conn.prepareStatement(sql);
18           ResultSet rs=pst.executeQuery();
19           while(rs.next()){
20               CommType m = new CommType();
21               m.setId(rs.getInt(1));
22               m.setType(rs.getString(2));
23               m.setParentid(rs.getInt(3));
24               list.add(m);
25           }
26           rs.close();pst.close();conn.close();
27           } catch (SQLException e) {e.printStackTrace();
28           }
29           return list;
30           }
31        //根据大分类编号，获取小分类
32       public List<CommType> getSubType(int parentid) {
33           ArrayList<CommType> list = new ArrayList<CommType>();
34           Connection conn=DataConn.getConn();
35           String sql="select  * from shop_commtype where parentid = ?";
36           try {
37           PreparedStatement pst=conn.prepareStatement(sql);
38           pst.setInt(1, parentid);
39           ResultSet rs=pst.executeQuery();
40           while(rs.next()){
41               CommType m = new CommType();
42               m.setId(rs.getInt(1));
```

```
43                  m.setType (rs.getString (2) ) ;
44                  m.setParentid (rs.getInt (3) ) ;
45                  list.add (m) ;
46              }
47              rs.close () ;pst.close () ;conn.close () ;
48              } catch  (SQLException e)  {e.printStackTrace () ;
49              }
50              return list;
51              }
52  }
```

（3）接下来需要在此项目中引入 DWR 框架，由于在 10.2.1 节案例中已在 jspChap10 项目中引入 DWR 框架，因此在此案例中仅需要修改 dwr.xml 即可，修改后的 dwr.xml 代码如下：

```
1   <?xml version="1.0" encoding="UTF-8"?>
2   <!DOCTYPE dwr PUBLIC
3    "-//GetAhead Limited//DTD Direct Web Remoting 3.0//EN"
4    "http://getahead.org/dwr/dwr30.dtd">
5   <dwr>
6       <allow>
7            <create creator="new" javascript="checkname">
8               <param name="class" value="net.qbsp.dao.CustomerDao" />
9           </create>
10            <create creator="new" javascript="commtype">
11               <param name="class" value="net.qbsp.dao.CommTypeDao" />
12           </create>
13            <convert converter="bean" match="net.qbsp.pojo.CommType"/>
14      </allow>
15  </dwr>
```

第 10～13 行中的<create>元素是创建 CommTypeDao 类的对象，并给引用的 js 起名为 commtype，而对于第 13 行，用于指定需要转换到前台的 CommType 对象。

（4）在项目的 WebRoot 根目录下创建 searchComm.jsp，使用 DWR 完成两个下拉列表之间的级联，其代码如下：

```
1   <%@ page language="java" import="java.util.*" pageEncoding="UTF-8"%>
2   <html>
3     <head>
4       <title>商品搜索</title>
5   <script type="text/javascript" src="dwr/engine.js"></script>
6    <script type="text/javascript" src="dwr/util.js"></script>
7   <script type="text/javascript" src="dwr/interface/commtype.js"></script>
8   <script type="text/javascript">
9   function getMainType () {
```

```
10        commtype.getMainType (callBackMainType) ;
11       }
12       function callBackMainType (data)  {
13        dwr.util.addOptions ("maintype",data,"id","type") ;
14        var superid = dwr.util.getValue ("maintype") ;
15        commtype.getSubType (superid,callBackSubType) ;
16       }
17       function getSubType () {
18        var superid = dwr.util.getValue ("maintype") ;
19        commtype.getSubType (superid,callBackSubType) ;
20       }
21       function callBackSubType (data)  {
22        dwr.util.removeAllOptions ("subType") ;
23        dwr.util.addOptions ("subType",data,"id","type") ;
24       }
25        </script>
26     </head>
27      <body onLoad="getMainType () ">
28      <form action="1.jsp" method="post">
29        <table>
30        <tr>
31         <td>商品类别：</td>
32         <td><select id="maintype" onChange="getSubType () "></select></td>
33         <td>所属小类:</td>
34         <td><select id="subType"></select></td>
35         <td> <input type="submit" value="搜索"/></td>
36         </tr>
37         </table>
38      </form>
39     </body>
40   </html>
```

第 7 行引入的 commtype.js 文件名和第（3）步 dwr.xml 配置的 JavaScript 属性保持一致。

第 9 行的 JavaScript 的 getMainType ( ) 函数在第 27 行“onLoad="getMainType ( ) "”调用，即在页面加载时显示商品大分类。

第 12～16 行是显示商品大分类的回调函数，其中第 13 行 dwr.util.addOptions("maintype", data, "id","type")，第 1 个参数是 select 的 id 号，第 2 个参数是异步处理的结果，在此是一个 list 集合，第 3 个参数是指使用集合对象中的 id 属性值为 option 的 value，第 4 个参数是指使用集合对象中的 type 属性值为 option 的显示信息。为了在显示商品大分类的同时显示商品小分类，在第 15 行又进行了异步请求，调用了 getSubType ( ) 方法以获取小分类。

第 32 行中使用 onChange 事件触发异步请求函数 getSubType (　)。

（5）保存各文件，并重新发布 jspChap10 项目，在浏览器中运行 searchComm.jsp 即可查看到结果。

【案例总结】

从这个案例中可以看到，使用 DWR 框架可以直接把 Java 类应用到 JavaScript 中，并且可以借用 DWR 的 util 包中提供的工具方便地处理返回值。

10.3 小 结

本章主要介绍了两部分内容：AJAX 技术和 DWR 框架应用，其中 AJAX 部分重点说明了 AJAX 的概念、工作原理和使用的一般过程，DWR 框架主要说明了 DWR 工作原理、工作流程、配置及在 Web 应用系统中使用的一般步骤。

10.4 练一练

一、选择题

1. 在处理应答中，如果我们要以文本的方式处理，则需要在参数表中放置 XMLHttpRequest 对象的（ ）属性。

A. xmlhttp.responseText　　B. xmlhttp.responseXML

C. xmlhttp.requestText　　D. xmlhttp requestXML

2. 在对象 XMLHttpRequest 的属性 stateState 值为（ ）时表示异步访问服务器通信已经完成。

A. 1　　B. 2　　C. 3　　D. 4

3. 客户端发出请求后，从服务器返回 404 的 HTTP 状态码，该代码的含义是（ ）。

A. 请求被接受，但尚未成功　　B. 错误的请求

C. 文件未找到　　D. 内部服务器错误

4. XMLHttpRequest 对象的 open 方法有一个参数用于指定请求方式，该参数是（ ）。

A. method　　B. URL　　C. ascycFlag　　D. userName

二、填空题

1. AJAX 实际上不是一种新技术，而是已有的多种技术的融合，其中________是 AJAX 技术体系中最为核心的技术。

2. 使用 AJAX 进行异步方式通信时，需要设置一个回调处理函数，当数据返回时系统会调用这个回调函数，这个函数可以通过 XMLHttpRequest 对象的________属性赋值来设置。

三、简答题

1. 简述基于 AJAX 的 Web 应用和传统的 Web 应用的工作原理，并比较两者的优缺点。

2. 简述 DWR 框架使用的一般过程。

PART 11 第 11 章 综合案例——SunnyBuy 电子商城

本章要点

- SunnyBuy 电子商城项目需求分析。
- SunnyBuy 电子商城项目数据库设计。
- SunnyBuy 电子商城项目系统设计。
- SunnyBuy 电子商城项目商品显示模块的实现。

11.1 SunnyBuy 电子商城项目需求分析

SunnyBuy 电子商城项目是一个网络购物平台，此项目使用的技术较多，可以对所学技术进行充分实践，因此，本章选用此项目作为课程案例。此综合案例采用JSP+JavaBean+Servlet开发模式。

本节要点

- ➢ 软件项目需求分析方法。
- ➢ SunnyBuy 电子商城项目的需求分析。

案例 1 SunnyBuy 电子商城项目需求分析

【设计要求】

熟悉软件项目需求分析方法，完成 SunnyBuy 电子商城项目的需求分析工作。

【学习目标】

（1）熟悉软件项目需求分析方法。

（2）完成 SunnyBuy 电子商城项目需求分析。

【知识准备】

1．项目需求分析

软件项目的需求分析就是明确软件项目需要“做什么”和需要完成什么功能的过程，包括需要输入什么样的数据，进行什么样的运算，要得到什么样的结果，最后应输出什么结果等内容。

2．项目需求分析的方法

为了更深入、全面地获取客户需求，我们需要使用一些需求获取和分析方法。

（1）座谈法

组织客户方的业务人员和主管进行座谈，在座谈的过程中获取客户需求，参与人员之间也可以相互启发，在座谈过程中或者结束后可将获取的需求进行分类、整理和反馈，并进一步沟通，最终形成需求共识。

（2）问卷法

通过设计一些合理的问卷或调查表，请客户方的业务人员填写，从而获取需求。

（3）查资料法

通过查阅客户方的一些工作制度、流程、记录等资料，获取客户需求。

（4）亲身体验法

通过观察客户工作过程或亲身参加客户的一些业务工作，了解客户需求。

以上方法可以结合使用，最终目标是明确客户需求，并得到客户方的认可。

【实施过程】

按照项目需求分析方法，对 SunnyBuy 电子商城项目的需求分析结果如下。

1．系统前台需求

（1）用户注册和登录

未登录用户只能在系统中查看商品信息，不能进行商品的订购；注册会员登录系统后可以进行商品的查看和购物操作。

注册会员登录后还可以修改自己的账号、密码等个人信息；已登录的用户在购物过程中或购物结束后，可以注销自己的账号，以保证账号的安全。

（2）商品展示、搜索和购买

通过商品的分类浏览、商品列表、新品上架、特价商品、搜索功能等入口，都可以了解商品的基本信息；通过商品详细信息页面可以了解商品的详细情况；如果用户已登录，也可以订购商品，将该商品放入购物车。

（3）购物车/订单

可以在登录系统后将自己需要的商品放入购物车中；在确认购买之前，可以对购物车中的商品进行二次选择。在用户确认购买后，按照商品购买流程，系统会生成购物订单，在“我的宝贝”功能中可以随时查看自己的订单和购物车信息，结过账的商品应从购物车中删除。

（4）在线留言

通过系统提供的留言板功能，可以将自己对网站的服务情况和网站商品信息的意见进行反馈。

（5）通知公告

通过通知公告栏目可以及时了解网站发布的一些公共信息，如打折资讯、新品上架、系统维护公告等。

2．后台管理系统需求

（1）订单管理

对订单信息进行处理，包括根据订单情况通知配送人员进行商品配送等。

（2）通知公告

对显示在前台的通知公告信息进行增、删、改、查等管理操作。

（3）顾客管理

对系统注册会员的信息进行维护（如会员账户密码丢失时的重置等），同时也可以完成会员信息查询功能。

（4）在线留言

可以对前台留言进行查看、删除、回复等操作。

（5）商品和商品类别管理

可以维护商品信息，也可以新增、修改和删除商品类别信息。

（6）链接管理

维护前台页面中显示的友情链接信息。

（7）管理员管理

根据需要添加、修改或删除后台系统的管理员，也可以修改密码等基本信息。

【案例总结】

项目的需求分析是整个项目最基础，也是最重要的环节，我们可以采取同客户座谈等多种方式了解客户需求。通过汇总整理，形成项目的需求分析说明书，且需要客户确认。本案例主要对 SunnyBuy 电子商城项目的需求进行了分析，为项目继续开发奠定了基础。

11.2　SunnyBuy 电子商城项目系统设计

在完成项目的数据库设计之后，本节将进一步对项目进行系统设计，确定其结构图，并进行模块划分。

本节要点

- 软件项目的系统设计方法。
- SunnyBuy 电子商城项目的系统设计。

案例 2　项目系统设计

【设计要求】

熟悉软件项目系统设计方法，完成 SunnyBuy 电子商城项目的系统设计工作。

【学习目标】

（1）了解一般软件项目的系统设计方法。

（2）完成 SunnyBuy 电子商城项目的系统设计工作。

【知识准备】

软件项目的系统设计就是根据项目的需求分析结果对软件项目的模块进行划分、对数据结构进行设计、对模块内部的控制流程进行设计，系统设计包括概要设计和详细设计两个步骤。

概要设计又称总体设计，主要进行软件项目的模块划分和数据库设计，其中，项目的数据库设计非常重要，将在下一个案例单独介绍。概要设计的成果为概要设计说明书；详细设计主要针对每个模块内部的控制流程，设计重点是模块内部的算法、数据结构等。详细设计的成果为详细设计说明书。

系统设计的主要方法有归纳法和演绎法，这两种方法从不同的角度对系统进行设计。

【实施过程】

SunnyBuy 电子商城的项目结构图如图 11-1 所示。

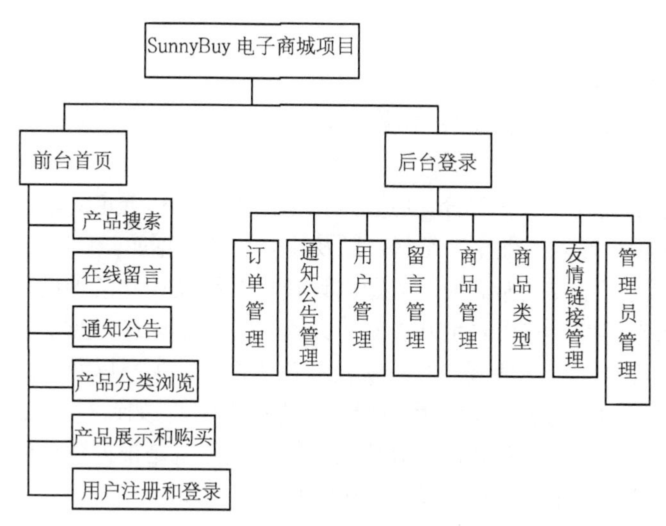

图 11-1　SunnyBuy 电子商城项目结构图

SunnyBuy 电子商城按模块划分可以进行如下划分。

（1）用户管理模块，包括用户登录、注册、个人信息的修改等。

（2）商品管理模块，包括商品展示，商品类型的管理，商品分类浏览，商品购买，商品的添加、删除、编辑等。

（3）订单管理模块，包括订单状态修改、订单处理等。

（4）通知公告管理模块，包括公告的发布、删除与编辑等。

（5）友情链接管理模块，包括链接的添加、删除等。

（6）留言管理模块，包括用户留言、留言显示、留言回复等。

（7）管理员管理模块，包括增加管理员、个人信息修改等。

【案例总结】

通过本案例，我们了解了软件项目的系统设计包括概要设计和详细设计，概要设计和详细设计从不同侧面对系统功能进行规划和设计。同时，通过本案例也完成了 SunnyBuy 电子商城项目结构设计及其主要模块的划分。

11.3　SunnyBuy 电子商城项目数据库设计

在对项目进行需求分析后，需要对项目进行概要设计，数据库设计属于概要设计的一部分，在此节里我们将用 E-R 图建立项目的逻辑模型，并将其转化为物理模型，最终创建完整的数据库。

本节要点

- 软件项目数据库设计方法。
- SunnyBuy 电子商城项目的数据库设计。

案例 3　项目数据库设计

【设计要求】

熟悉软件项目数据库设计方法，完成 SunnyBuy 电子商城项目数据库设计。

【学习目标】

（1）掌握 E-R 图画法。

（2）完成 SunnyBuy 电子商城项目数据库设计。

【知识准备】

数据库设计是系统设计的一部分，主要是指在需求分析和选定的数据库管理系统的基础上，设计适合软件项目需求的数据库结构，以及建立物理数据库。

数据库设计的内容主要是概念设计、逻辑设计和物理设计。概念设计就是根据现实世界建立抽象的概念数据模型，常用表示方法就是实体—联系（E-R 模型）模型，现实世界的各个事物用实体和属性表示，实体间的联系就表示实体之间的关系以及约束条件。逻辑设计就是将E-R 图转换成具体的数据库管理系统所对应的数据模型，如针对 Oracle 数据库管理系统，就转换成关系模型，从而形成数据库的外模式；物理设计就是根据数据库管理系统的特点设计数据存储、索引等数据库内模式，最终形成完整的数据库。

【实施过程】

按照数据库设计的方法，SunnyBuy 电子商城的 E-R 图设计如图 11-2 所示。

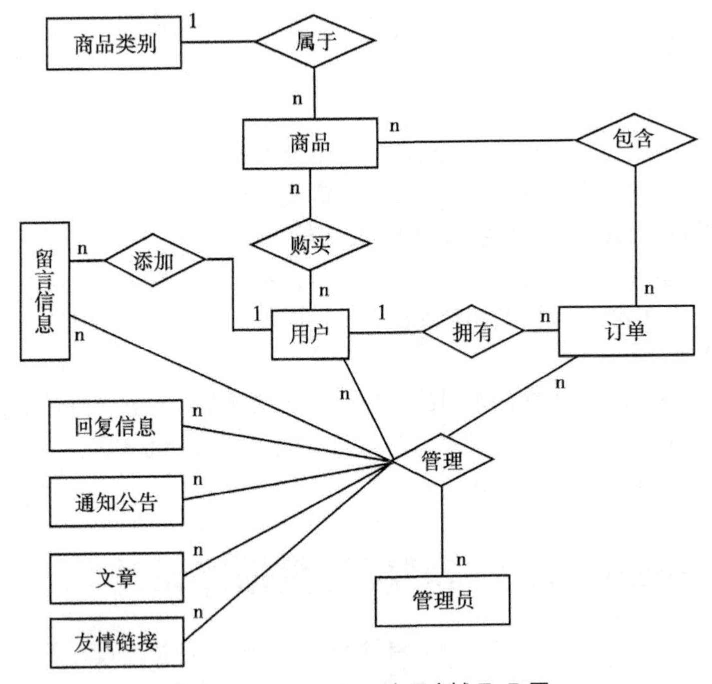

图 11-2　SunnyBuy 电子商城 E-R 图

把图 11-2 所示的实体转换为数据库表，SunnyBuy 电子商城项目的数据库设计结果为表 11-1~表 11-9 所示的 9 张数据库表。本项目使用 Oracle 数据库保存数据。

表 11-1　　　　　　　　　　　　　　商品表

表名	[SHOP_COMMINFO]			
列名	数据类型（精度范围）	空/非空	约束条件	注释
ID	NUMBER(*,0)	非空	主键	编号
NAME	VARCHAR2(50 BYTE)	非空		名称

续表

表名	[SHOP_COMMINFO]			
列名	数据类型（精度范围）	空/非空	约束条件	注释
PRICE	NUMBER(8,2)	非空		单价
STOCK	NUMBER(*,0)			总数量
TYPE	VARCHAR2(200 BYTE)			类型
DESCRIPTION	VARCHAR2(3000 BYTE)			描述
ADDTIME	DATE			上架时间
DISCOUNT	NUMBER(8,2)			折扣
IMAGE	VARCHAR2(50 BYTE)			图片路径
SALESCOUNT	NUMBER(*,0)			售出数量
补充说明	使用触发器实现编号自增			

表 11-2 订单表

表名	[SHOP_COMMORDER]			
列名	数据类型（精度范围）	空/非空	约束条件	注释
ID	NUMBER(*,0)	非空	主键	编号
COMMDITY_ID	NUMBER(*,0)			商品编号
PRICE	NUMBER(18,2)			单价
COMMODITY_NAME	VARCHAR2(50 BYTE)			名称
PAYMENT_STATUS	VARCHAR2(20 BYTE)			支付状态
ORDER_TIME	DATE			订单时间
ORDER_USER	VARCHAR2(20 BYTE)			订单客户
QUANTITY	NUMBER(*,0)			数量
DISCOUNT	NUMBER(18,2)			折扣
IMAGE	VARCHAR2(200 BYTE)			图片路径
补充说明	使用触发器实现编号自增			

表 11-3 商品类型表

表名	[SHOP_COMMTYPE]			
列名	数据类型（精度范围）	空/非空	约束条件	注释
ID	NUMBER(*,0)	非空	主键	编号
TYPE	VARCHAR2(200 BYTE)	非空		类型
TYPEINFO	VARCHAR2(200 BYTE)			类型信息
补充说明	使用触发器实现编号自增			

表 11-4 管理员表

表名	[SHOP_ADMIN]			
列名	数据类型（精度范围）	空/非空	约束条件	注释
ADMINID	NUMBER (*,0)	非空	主键	管理员编号
ADMINNAME	VARCHAR2(30 BYTE)	非空		管理员姓名
ADMINPASSWORD	VARCHAR2(30 BYTE)	非空		管理员密码
ADMINHEADER	VARCHAR2(50 BYTE)	非空		管理员图像
ADMINPHONE	VARCHAR2(15 BYTE)	非空		管理员手机
ADMINEMAIL	VARCHAR2(40 BYTE)	非空		管理员邮箱
ADDTIME	DATE			添加时间
补充说明	使用触发器实现管理员编号自增			

表 11-5 用户信息表

表名	[SHOP_CUSTOMER]			
列名	数据类型（精度范围）	空/非空	约束条件	注释
USERID	NUMBER (*,0)	非空	主键	用户编号
USERNAME	VARCHAR2(30 BYTE)	非空		用户名称
USERPASSWORD	VARCHAR2(30 BYTE)	非空		用户密码
USERHEADER	VARCHAR2(80 BYTE)	非空		用户头像
USERPHONE	VARCHAR2(15 BYTE)	非空		用户电话
USERADDRESS	VARCHAR2(500 BYTE)	非空		用户地址
USEREMAIL	VARCHAR2(50 BYTE)	非空		用户邮箱
ADDTIME	DATE	非空		添加时间
补充说明	使用触发器实现顾客编号自增			

表 11-6 友情链接表

表名	[SHOP_LINKS]			
列名	数据类型（精度范围）	空/非空	约束条件	注释
LINKID	NUMBER (*,0)	非空	主键	编号
LINKNAME	VARCHAR2(50 BYTE)	非空		友情链接名称
LINKURL	VARCHAR2(200 BYTE)	非空		链接地址
ADDTIME	DATE	非空		添加时间
补充说明	使用触发器实现编号自增			

表 11-7 留言信息表

表名	[SHOP_MESSAGE]			
列名	数据类型（精度范围）	空/非空	约束条件	注释
MESSAGEID	NUMBER(*,0)	非空	主键	编号
USERNAME	VARCHAR2(30 BYTE)	非空		用户名
USERHEADER	VARCHAR2(100 BYTE)	非空		用户头像
MESSAGETITLE	VARCHAR2(200 BYTE)	非空		信息标题
CONTENT	VARCHAR2(5000 BYTE)	非空		信息内容
ADDTIME	DATE	非空		添加时间
补充说明	使用触发器实现编号自增			

表 11-8 留言回复信息表

表名	[SHOP_MSGBACK]			
列名	数据类型（精度范围）	空/非空	约束条件	注释
MSGBACKID	NUMBER(*,0)	非空	主键	编号
MESSAGEID	NUMBER(*,0)	非空	外键	留言信息编号
ADMINID	NUMBER(*,0)	非空	外键	回复人编号（管理员）
BACKCONTENT	VARCHAR2(2000 BYTE)	非空		回复内容
BACKTIME	DATE	非空		回复时间
补充说明	使用触发器实现编号自增			

表 11-9 通知公告表

表名	[SHOP_NOTICE]			
列名	数据类型（精度范围）	空/非空	约束条件	注释
NOTICEID	NUMBER(*,0)	非空	主键	编号
NOTICETITLE	VARCHAR2(50 BYTE)	非空		标题
CONTENT	VARCHAR2(5000 BYTE)	非空		内容
ADMINNAME	VARCHAR2(30 BYTE)	非空		管理员名称
ADDTIME	DATE	非空		添加时间
补充说明	使用触发器实现编号自增			

根据以上数据库表结构，编写对应的 Oracle 数据库脚本如下：

```
------------------------------
--SunnyBuy 电子商城项目数据库：SunnyBuy_DB
------------------------------
-- ----------------------------
--  Table structure for SHOP_COMMINFO
```

```
-- ----------------------------
  CREATE  TABLE "SYSTEM"."SHOP_COMMINFO"
   (  "ID" NUMBER(*,0) NOT NULL ENABLE,
  "NAME" VARCHAR2(50 BYTE) NOT NULL ENABLE,
  "PRICE" NUMBER(8,2) NOT NULL ENABLE,
  "STOCK" NUMBER(*,0),
  "TYPE" VARCHAR2(200 BYTE),
  "DESCRIPTION" VARCHAR2(3000 BYTE),
  "ADDTIME" DATE,
  "DISCOUNT" NUMBER(8,2),
  "IMAGE" VARCHAR2(50 BYTE),
  "SALESCOUNT" NUMBER(*,0),
   CONSTRAINT "COMMINFO_PK" PRIMARY KEY ("ID")
   ) ;
-- ----------------------------
-- Table structure for SHOP_COMMORDER
-- ----------------------------
  CREATE TABLE "SYSTEM"."SHOP_COMMORDER"
   (  "ID" NUMBER(*,0) NOT NULL ENABLE,
  "COMMDITY_ID" NUMBER(*,0),
  "PRICE" NUMBER(18,2),
  "COMMODITY_NAME" VARCHAR2(50 BYTE),
  "PAYMENT_STATUS" VARCHAR2(20 BYTE),
  "ORDER_TIME" DATE,
  "ORDER_USER" VARCHAR2(20 BYTE),
  "QUANTITY" NUMBER(*,0),
  "DISCOUNT" NUMBER(18,2),
  "IMAGE" VARCHAR2(200 BYTE),
   CONSTRAINT "COMMORDER_PK" PRIMARY KEY ("ID")
   );
-- ----------------------------
-- Table structure for SHOP_COMMTYPE
-- ----------------------------
  CREATE TABLE "SYSTEM"."SHOP_COMMTYPE"
   (  "ID" NUMBER(*,0) NOT NULL ENABLE,
  "TYPE" VARCHAR2(200 BYTE) NOT NULL ENABLE,
  "TYPEINFO" VARCHAR2(200 BYTE),
   CONSTRAINT "COMMTYPE_PK" PRIMARY KEY ("ID")
   ) ;
-- ----------------------------
-- Table structure for shop_admin
```

```
-- ----------------------------
  CREATE TABLE "SYSTEM"."SHOP_ADMIN"
   (  "ADMINID" NUMBER(*,0) NOT NULL ENABLE,
  "ADMINNAME" VARCHAR2(30 BYTE) NOT NULL ENABLE,
  "ADMINPASSWORD" VARCHAR2(30 BYTE) NOT NULL ENABLE,
  "ADMINHEADER" VARCHAR2(50 BYTE) NOT NULL ENABLE,
  "ADMINPHONE" VARCHAR2(15 BYTE) NOT NULL ENABLE,
  "ADMINEMAIL" VARCHAR2(40 BYTE) NOT NULL ENABLE,
  "ADDTIME" DATE ,
   CONSTRAINT "SHOP_ADMIN_PK" PRIMARY KEY ("ADMINID")
   ) ;
-- ----------------------------
-- Table structure for shop_customer
-- ----------------------------
  CREATE TABLE "SYSTEM"."SHOP_CUSTOMER"
   (  "USERID" NUMBER(*,0) NOT NULL ENABLE,
  "USERNAME" VARCHAR2(30 BYTE) NOT NULL ENABLE,
  "USERPASSWORD" VARCHAR2(30 BYTE) NOT NULL ENABLE,
  "USERHEADER" VARCHAR2(80 BYTE) NOT NULL ENABLE,
  "USERPHONE" VARCHAR2(15 BYTE) NOT NULL ENABLE,
  "USERADDRESS" VARCHAR2(50 BYTE) NOT NULL ENABLE,
  "USEREMAIL" VARCHAR2(50 BYTE) NOT NULL ENABLE,
  "ADDTIME" DATE NOT NULL ENABLE,
   CONSTRAINT "SHOP_CUSTOMER_PK" PRIMARY KEY ("USERID")
   )  ;
-- ----------------------------
-- Table structure for shop_links
-- ----------------------------
  CREATE TABLE "SYSTEM"."SHOP_LINKS"
   (  "LINKID" NUMBER(*,0) NOT NULL ENABLE,
  "LINKNAME" VARCHAR2(50 BYTE) NOT NULL ENABLE,
  "LINKURL" VARCHAR2(50 BYTE) NOT NULL ENABLE,
  "ADDTIME" DATE NOT NULL ENABLE,
   CONSTRAINT "SHOP_LINKS_PK" PRIMARY KEY ("LINKID")
   ) ;
-- ----------------------------
-- Table structure for shop_message
-- ----------------------------
CREATE TABLE "SYSTEM"."SHOP_MESSAGE"
   (  "MESSAGEID" NUMBER(*,0) NOT NULL ENABLE,
  "USERNAME" VARCHAR2(30 BYTE) NOT NULL ENABLE,
```

```
"USERHEADER" VARCHAR2(100 BYTE) NOT NULL ENABLE,
"MESSAGETITLE" VARCHAR2(50 BYTE) NOT NULL ENABLE,
"CONTENT" VARCHAR2(5000 BYTE) NOT NULL ENABLE,
"ADDTIME" DATE NOT NULL ENABLE,
 CONSTRAINT "SHOP_MESSAGE_PK" PRIMARY KEY ("MESSAGEID")
USING INDEX PCTFREE 10 INITRANS 2 MAXTRANS 255 COMPUTE STATISTICS
 ) ;
-- ----------------------------
-- Table structure for shop_msgback
-- ----------------------------
CREATE TABLE "SYSTEM"."SHOP_MSGBACK"
   (  "MSGBACKID" NUMBER(*,0) NOT NULL ENABLE,
"MESSAGEID" NUMBER(*,0) NOT NULL ENABLE,
 "ADMINID" NUMBER(*,0) NOT NULL ENABLE,
 "BACKCONTENT" VARCHAR2(2000 BYTE) NOT NULL ENABLE,
 "BACKTIME" DATE NOT NULL ENABLE,
  CONSTRAINT "SHOP_MSGBACK_PK" PRIMARY KEY ("MSGBACKID")
 USING INDEX PCTFREE 10 INITRANS 2 MAXTRANS 255 COMPUTE STATISTICS
  ) ;
-- ----------------------------
-- Table structure for shop_notice
-- ----------------------------
  CREATE TABLE "SYSTEM"."SHOP_NOTICE"
   (  "NOTICEID" NUMBER(*,0) NOT NULL ENABLE,
  "NOTICETITLE" VARCHAR2(50 BYTE) NOT NULL ENABLE,
  "CONTENT" VARCHAR2(5000 BYTE) NOT NULL ENABLE,
  "ADMINNAME" VARCHAR2(30 BYTE) NOT NULL ENABLE,
  "ADMINHEADER" VARCHAR2(50 BYTE) NOT NULL ENABLE,
  "ADDTIME" DATE NOT NULL ENABLE,
   CONSTRAINT "SHOP_NOTICE_PK" PRIMARY KEY ("NOTICEID")
   ) ;
-- ----------------------------
-- 创建序列，实现各个数据库表的主键自增
-- ----------------------------
  CREATE  SEQUENCE "SYSTEM"."SHOP_SEQUENCE"
     INCREMENT BY 1      -- 每次加几个
     START WITH 1000      -- 从 1000 开始计数
     NOMAXVALUE        -- 不设置最大值
     NOCYCLE            -- 一直累加，不循环
     CACHE 10;
  create or replace trigger "SYSTEM"."T_SHOP_ADMIN"
```

```
before insert or update on "SYSTEM"."SHOP_ADMIN"
for each row
begin
  select "SYSTEM"."SHOP_SEQUENCE".nextval into :new.AdminId from dual;
end;
/
create or replace trigger "T_SHOP_CUSTOMER"
before insert or update on "SYSTEM"."SHOP_CUSTOMER"
for each row
begin
  select "SYSTEM"."SHOP_SEQUENCE".nextval into :new.UserId from dual;
end;
/
create or replace trigger "SYSTEM"."T_SHOP_LINKS"
before insert or update on  "SYSTEM"."SHOP_LINKS"
for each row
begin
  select "SYSTEM"."SHOP_SEQUENCE".nextval into :new.LinkId from dual;
end;
/
create or replace trigger "SYSTEM"."T_SHOP_MESSAGE"
before insert or update on "SYSTEM"."SHOP_MESSAGE"
for each row
begin
  select "SYSTEM"."SHOP_SEQUENCE".nextval into :new.MessageId from dual;
end;
/
create or replace trigger "SYSTEM"."T_SHOP_MSGBACK"
before insert or update on "SYSTEM"."SHOP_ MSGBACK "
for each row
begin
  select "SYSTEM"."SHOP_SEQUENCE".nextval into :new.MsgBackId from dual;
end;
/
create or replace trigger "SYSTEM"."T_SHOP_NOTICE"
before insert or update on "SYSTEM"."SHOP_NOTICE"
for each row
begin
  select "SYSTEM"."SHOP_SEQUENCE".nextval into :new.NoticeId from dual;
end;
/
```

```
create or replace trigger "SYSTEM"."T_SHOP_COMMINFO"
before insert or update on "SYSTEM"."SHOP_COMMINFO"
for each row
begin
  select "SYSTEM"."SHOP_SEQUENCE".nextval into :new.id from dual;
end;
/
create or replace trigger "SYSTEM"."T_SHOP_COMMORDER"
before insert or update on "SYSTEM"."SHOP_COMMORDER"
for each row
begin
  select "SYSTEM"."SHOP_SEQUENCE".nextval into :new.id from dual;
end;
/
create or replace trigger "SYSTEM"."T_SHOP_COMMTYPE"
before insert or update on "SYSTEM"."SHOP_COMMTYPE"
for each row
begin
  select "SYSTEM"."SHOP_SEQUENCE".nextval into :new.id from dual;
end;
/
```

【案例总结】

一个项目的数据库设计需要经历概念设计、逻辑设计和物理设计几个步骤，按照此步骤，我们完成了 SunnyBuy 电子商城项目的数据库设计和基于 Oracle 数据库管理系统的 SQL 脚本编写。

11.4 SunnyBuy 电子商城项目商品显示模块的实现

经过了系统设计之后，本节主要对商品显示模块进行分析与实现，分析其主要业务处理流程及其代码实现。

本节要点

- 采用 MVC 模式开发项目。
- 商品显示模块的代码实现。

11.4.1 案例 4 商品分页显示

【设计要求】

采用 MVC 模式完成商品的前台展示功能。

【学习目标】

（1）理解 MVC 开发模式。

（2）采用 MVC 开发模式完成商品展示。

【知识准备】

1．MVC 开发模式

MVC 开发模式（Model-View-Controller，MVC），适用于中型以上开发项目。其中，M 表示模型，通常用 JavaBean 技术实现；V 表示视图，通常使用 JSP 技术实现；C 表示控制器，使用 Servlet 技术实现。MVC 模式的基本结构如图 11-3 所示。

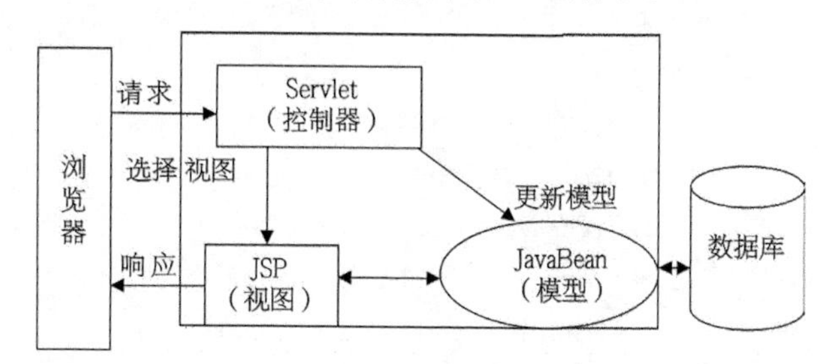

图 11-3　MVC 系统的结构示意图

在图 11-3 中，控制器接收用户所有请求，并根据请求的不同决定提取的数据和执行的算法，最后决定使用什么样的 JSP 界面显示结果。整体上，控制器封装了全系统的调度算法，但控制器中不封装具体数据操作的功能。JSP 界面接收控制器传递来的数据，并按照特定格式对数据进行展现。模型组件封装了所有需要操作的数据结构。

2．MVC 模式下商品展示的代码结构

（1）net.qbsp.util. DBUtil.java：封装数据库连接与关闭、封装增删改方法。

（2）net.qbsp.pojo.CommInfo.java：JavaBean 实体模型。

（3）net.qbsp.dao. CommInfoDao.java：封装对商品表的 CURD 操作和统计方法。

（4）net.qbsp.servlet. PageCommInfoServlet.java：Servlet 控制器。

（5）comminfo_list.jsp：JSP 视图，显示商品列表。

【实施过程】

在 MyEclipse 下创建 SunnyBuy 项目，并按【知识准备】2 中的代码结构创建相应的包，然后进行如下步骤。

（1）创建 DBUtil.java，用于封装数据库连接与关闭操作以及增删改的一般方法，代码如下：

```
1   package net.qbsp.util;
2   /*import 语句省略*/
3   public class DBUtil {
4    /**
5     * 获取数据库连接
6     */
7    private static String jdbcdriver;
8    private static String jdbcurl;
9    private static String username;
10   private static String password;
11   /**
12    * 获得数据库连接
13    * @return
```

```
14         */
15        private static Connection conn=null;
16        public static Connection getConn(){
17        InputStream is= DBUtil.class.getClassLoader().getResourceAsStream
("oracle.properties");
18                Properties properties=new Properties();
19                try {
20                    properties.load(is);
21                    jdbcdriver=properties.getProperty("jdbcdriver");
22                    jdbcurl=properties.getProperty("jdbcurl");
23                    username=properties.getProperty("userName");
24                    password=properties.getProperty("password");
25                } catch (Exception e) {
26                    e.printStackTrace();
27                }
28                try {
29                    Class.forName(jdbcdriver).newInstance();
30                    try {
31                        conn=DriverManager.getConnection(jdbcurl,username,password);
32                    } catch (Exception e) {
33                        e.printStackTrace();
34                    }
35                } catch (Exception e) {
36                    e.printStackTrace();
37                }
38
39            return conn;
40        }
41
42        /**
43         * 封装的增删改方法
44         * @param preparedSql   预编译的 SQL 语句
45         * @param param       预编译 SQL 语句中的 ? 参数的字符串数组
46         * @return            受影响的行数
47         */
48        public static int executeSQL(String preparedSql,String[] param){
49            PreparedStatement ps=null;
50            int num=0;
51
52            //处理 sql，执行 sql
53            try {
```

```
54                conn=getConn();
55                ps=conn.prepareStatement(preparedSql);
56                if (ps!=null) {
57                    for (int i = 0; i < param.length; i++) {
58                        ps.setString(i+1, param[i]);//为预编译的 SQL 设置参数
59                    }
60                }
61                num=ps.executeUpdate();
62            } catch (Exception e) {
63                e.printStackTrace();
64            }finally{
65                close(conn, ps, null);
66            }
67            return num;
68        }
69        /**
70         * 关闭连接，释放资源
71         * @param conn
72         * @param st
73         * @param rs
74         */
75        public static void close(Connection conn,PreparedStatement ps,ResultSet rs){
76            try {
77                if(conn!=null){
78                        conn.close();
79                }
80                if(ps!=null){
81                    ps.close();
82                }
83                if(rs!=null){
84                    rs.close();
85                }
86            } catch (SQLException e) {
87
88                e.printStackTrace();
89            }
90        }
91        /**
92         * 关闭连接，释放资源
93         * @param conn
94         * @param stmt
```

```
95        * @param rs
96        */
97       public static  void close(Connection conn,Statement stmt,ResultSet
rs){
98           try {
99               if(conn!=null){
100                      conn.close();
101              }
102              if(stmt!=null){
103                  stmt.close();
104              }
105              if(rs!=null){
106                  rs.close();
107              }
108          } catch (SQLException e) {
109              e.printStackTrace();
110          }
111      }
112      /**
113       * 测试数据库连接是否成功
114       * @param args
115       */
116      public static void main(String[] args) {
117          Connection c=DBUtil.getConn();
118          if (c!=null) {
119              System.out.println("连接成功 ");
120          }
121      }
122  }
```

此类中的 Oracle 连接信息是从 oracle.properties 资源文件中读取的，关于资源文件的创建及读取方法前面章节有所介绍，此处不再重复。

（2）创建 CommInfo.java 这个实体类，部分代码如下：

```
1  package net.qbsp.pojo;
2  import java.util.Date;
3  public class CommInfo {
4   private int id;
5   private String name;
6   private double price;
7   private int number;
8   private String type;
9   private String description;
```

```
10      private Date addtime;
11        private double discount;
12        private String image;
13        private int salescount;
14    //省略各属性的setter/getter方法
```

（3）创建CommInfoDao.java类，在此类中完成对Shop_CommInfo数据表的访问工作，代码如下：

```
1   package net.qbsp.dao;
2   //省略import语句
3   /**
4    * @author lz 本类封装对商品表的CURD操作和统计方法
5    */
6   public class CommInfoDao {
7        private Connection conn;//声明数据库连接对象
8        private String sql;//声明sql语句
9        private PreparedStatement ps;//声明数据库批处理语句对象
10       private ResultSet rs;//声明数据库查询结果集
11    /** 根据当前页和页的大小，分页显示商品信息表的所有记录，返回一个List集合
12         * @param currentpage 所有商品显示的当前页
13         * @param pagesize  所有商品显示的页的大小
14         * @return  所有商品显示的list
15         */
16       public List<CommInfo> selectAllCommodity(int currentpage, int pagesize) {
17    // 根据当前页和页的大小，分页显示商品信息表的所有记录，返回一个List集合
18       sql="select t1.* from (select rownum num,t.* from shop_comminfo t) t1 where t1.num >= "+((currentpage - 1)*pagesize +1)+" and  t1.num<=" + ((currentpage-1)*pagesize+pagesize) ;
19           List<CommInfo> list = new CommInfoDao().selectCommodity(sql);
20           if (list != null) {
21               return list;
22           } else {
23               System.out.println("分页显示所有的商品的方法执行失败");
24               return null;
25           }
26       }
27    /**
28         * @param sql 执行查询的SQL语句
29         * @param currentpage 当前页
30         * @param pagesize 页的大小
31         * @return 从商品的结果集查询
32         */
```

```
33      public List<CommInfo> selectCommodity(String sql) {
        // 封装对商品表的查询语句
34          conn = DBUtil.getConn();
35          List<CommInfo> list = new ArrayList<CommInfo>();
36          try {
37              ps = conn.prepareStatement(sql);
38              rs = ps.executeQuery();
39              while (rs.next()) {
40                  CommInfo ci = new CommInfo();
41                  ci.setAddtime(rs.getDate("addtime"));
42                  ci.setDescription(rs.getString("description"));
43                  ci.setDiscount(rs.getDouble("discount"));
44                  ci.setId(rs.getInt("id"));
45                  ci.setImage(rs.getString("image"));
46                  ci.setName(rs.getString("name"));
47                  ci.setNumber(rs.getInt("stock"));
48                  ci.setPrice(rs.getDouble("price"));
49                  ci.setType(rs.getString("type"));
50                  ci.setSalescount(rs.getInt("salescount"));
51                  list.add(ci);
52              }
53              return list;
54          } catch (SQLException e) {
55              System.out.println("分页显示所有的商品");
56              e.printStackTrace();
57              return null;
58          }
59      }
60  }
```

（4）创建 PageCommInfoServlet.java 类，获取顾客选择的页数，并转向商品列表显示页面，其部分代码如下：

```
1  public void doPost(HttpServletRequest request, HttpServletResponse response)
2              throws ServletException, IOException {
3          response.setContentType("text/html;charset=utf-8");
4          request.setCharacterEncoding("utf-8");
5          int currentpage = 1;
6          if (request.getParameter("currentpage") != null)
7              currentpage=Integer.parseInt(request.getParameter ("currentpage"));
8          else if (request.getParameter("zhuan") != null
9                  && request.getParameter("zhuan") != "")
10             currentpage=Integer.parseInt(request.getParameter("zhuan"));
```

```
11            request.getSession().setAttribute("currentpage", currentpage);
12           String houtai="";
13           if(request.getParameter("admin")!=null){
14                houtai=request.getParameter("admin");
15           }
16            System.out.print(houtai);
17            if(houtai.equals("yes")){
18                response.sendRedirect("admin/comminfo_list.jsp");
19            }else{
20            response.sendRedirect("web/comminfo_list.jsp");
21            }
22       }
```

（5）创建 comminfo_list.jsp，在此 JSP 页面中将分页显示商品列表，其核心代码如下：

```
1    <%
2                    int currentpage = 1;//从 session 中获取所有商品显示的当前页数
3                    if (session.getAttribute("currentpage") != null)
4                        currentpage=Integer.parseInt(session.getAttribute(
5                                "currentpage").toString());
6                    CommInfo p = null;
7                    CommInfoDao ad = new CommInfoDao();
8                    int count = ad.countCommodity();//方法返回所有的记录数
9                    int CommInfopage = count / 8;//每页显示 8 个产品，共有多少页
10                   if (count % 8 != 0)
11                       CommInfopage = CommInfopage + 1;
12                   if (currentpage > CommInfopage)
13                       currentpage = CommInfopage;
14                   if (currentpage <= 1)
15                       currentpage = 1;
16                   List<CommInfo> list=ad.selectAllCommodity(currentpage, 8);
17                   %>
18                   <div class="list-right">
19                       <div class="zonghe">
20                           <ul>
21                               <li class="zong">
22                                   <a href="#" target="_parent">综合</a>
23                               </li>
24                           </ul>
25                           <h4>
26                               <span>共<label>
27                                       <%=count%>
28                                   </label>个产品
```

```
29  </span><%=currentpage%>/<%=CommInfopage%>
30                          </h4>
31                      </div>
32                      <div class="list-pic">
33                          <ul>
34                              <%
35                                  for (int i = 0; i < list.size(); i++) {
36                                      p = list.get(i);
37                              %>
38                              <li>
39                                  <p>
40      <a  href="../ShowOneCommInfoServlet?id=<%=p.getId()%>">
41     <img  src="../upload/<%=p.getImage()%>"  width="151" height="158" />
42                                      </a>
43                                  </p>
44                                  <h3>
45 <a href="../ShowOneCommInfoServlet?id=<%=p.getId()%>"><%=p.getName()%> </a>
46                                  </h3>
47 <span>
48 ￥<%=new java.text.DecimalFormat("0.00").format(p.getPrice()* p.getDiscount() *
0.1)%> 元</span>
49 <form
50  action="../AddCommOrderServlet_One?id=<%=p.getId()%>&&name=<%=p.getName()
%>&&price=<%=p.getPrice() %>&&discount=<%=p.getDiscount()
51  %>&&image=<%=p.getImage() %>&&number=1"
52              method="post">
53                                  <h4>
54              <input name="" value="购买" class="gou" type="submit"  />
55                                  </h4>
56                                      </form>
57                              </li>
58                              <%
59                                  }
60                              %>
61                          </ul>
62                      </div>
63                      <div class="clear"></div>
64                      <div class="fan">
65                          <ul>
66                              <%
67                              if (currentpage == 1) {
```

```
68                              %>
69                              <li class="shang">
70                                  &lt;&lt;上一页
71                              </li>
72                              <%
73                                  } else {
74                              %>
75                              <li class="xia">
76   <a  href="../PageCommInfoServlet?currentpage=<%=currentpage - 1%>">
&lt;&lt;上一页</a>
78                              </li>
79                              <%
80                                  }
81                                  for (int i =1 ;  i< currentpage; i++) {
82                              %>
83                              <li>
84   <a  href="../PageCommInfoServlet?currentpage=<%=i%>"><%=i%></a>
85                              </li>
86                              <%
87                                  }
88                              %>
89                              <li class="yi">
90                                  <%=currentpage%>
91                              </li>
92                              <%
93       for(int i = currentpage;i < CommInfopage && i < currentpage + 9; i++) {
94                              %>
95                              <li>
96 <a href="../PageCommInfoServlet?currentpage=<%=i + 1%>"><%=i + 1%></a>
97                              </li>
98                              <%
99                                  }
100                                 if (currentpage == CommInfopage) {
101                             %>
102                             <li class="shang">
103                                 下一页&gt;&gt;
104                             </li>
105                             <%
106                                 } else {
107                             %>
118                             <li class="xia">
```

```
119    <a href="../PageCommInfoServlet?currentpage=<%=currentpage + 1%>">
下一页&gt;&gt;</a>
120                                </li>
121                                <%
122                                    }
123                                %>
124                            </ul>
125                        </div>
126                    </div>
127                    <div class="clear"></div>
128                </div>
```

（6）最终的运行结果，如图 11-4 所示。

图 11-4　商品分页显示

【案例总结】

本案例采用 MVC 开发模式实现了商品分页显示的功能。

11.4.2　案例 5　商品购买

【设计要求】

采用 MVC 开发模式完成商品购买功能。

【学习目标】

（1）掌握 MVC 开发模式。

（2）掌握购物车的创建及使用。

【知识准备】

1．前台用户购物流程分析

通过前面小节的需求分析可以知道，只有注册会员才能购买商品，因此，注册用户的详细购物流程如图 11-5 所示。

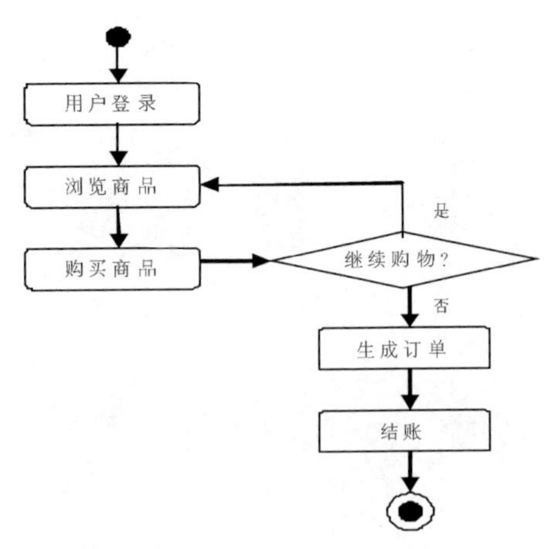

图 11-5　前台用户购物流程

2．MVC 模式下实现用户购物的相关文件

（1）net.qbsp.util. DBUtil.java：封装数据库连接与关闭、封装增删改方法。

（2）net.qbsp.pojo.CommOrder.java：JavaBean 实体模型。

（3）net.qbsp.dao. CommOrderDao.java：封装对订单表的 CURD 操作和对购物车的操作。

（4）net.qbsp.servlet. AddCommOrderServlet.java：Servlet 控制器，获取用户选择的商品信息，并调用 CommOrderDao.java 中的业务方法把商品添加至购物车，最后把购物车中的商品显示到前台页面。

net.qbsp.servlet. DelCommOrderServlet.java：Servlet 控制器，调用业务方法把购物车中的商品删除。

net.qbsp.servlet. PaymentServlet.java：Servlet 控制器，付款成功后修改月销量和库存量。

（5）comminfo_list.jsp： JSP 视图，显示商品列表，每件商品下面均有“购买”按钮。

commorder_list_user.jsp：JSP 视图，显示购物车中的商品。

payment_login.jsp：JSP 视图，结算页面。

payment_success.jsp：JSP 视图，结算成功页面。

【实施过程】

（1）按照【知识准备】2 中的步骤，在项目的相应包中创建 CommOrder.java，其代码如下：

```
1  package net.qbsp.pojo;
2  import java.util.Date;
3  public class CommOrder {
4   private int id;
5   private int commdity_id;
6   private double price;
7   private double dicount;
8   private String image;
9   private int number;
10      private String commodity_name;
11      private String payment_status;
12      private Date order_time;
13      private Date order_time2;
14      private String order_user;
15     //此处省略各属性的 setter/getter 方法
16  }
```

（2）创建 CommOrderDao.java，封装向购物车中添加商品、删除购物车商品及编辑购物车商品数量等操作，其部分代码如下：

```
1  package net.qbsp.dao;
2  //省略 import 语句
3  /**
4   * @author lz 本类封装对订单表的 CURD 操作。
5   *
6   */
7  public class CommOrderDao {
8   private Connection conn;// 声明数据库连接对象
```

```
9        private String sql;// 声明 SQL 语句
10       private PreparedStatement ps;// 声明 SQL 批处理语句
11       private ResultSet rs;// 声明返回结果集
12       /**
13        * 根据传进来的商品订单对象，插入一条商品订单记录
14        *
15        * @param co
16        *            订单对象。
17        * @return 添加一个新的订单记录是否成功。
18        */
19       public boolean addCommOrder(CommOrder co) {
20   // 根据传进来的商品订单对象，插入一条商品订单记录
21           CommOrderDao cod = new CommOrderDao();
22           if (cod.selectCommOdity(co.getCommdity_id(), co.getOrder_user())) {
23   // 判断购物车内用户是否购买过此商品，如果存在并且尚未付款，则只更新数量，
24               return cod.updateCommOrderNumber(co.getCommdity_id(), co
                         .getNumber(), co.getOrder_user());
25           } else {// 如果该用户尚未购买本件商品，则添加到购物车
26               conn = DBUtil.getConn();
27              sql = "insert into shop_commorder  (commdity_id,price,quantity,
commodity _name,payment_status,order_time ,order_user ,discount,
  image) values(?,?,?,?,?,sysdate,?,?,?)";
28               try {
29                   ps = conn.prepareStatement(sql);
30                   ps.setInt(1, co.getCommdity_id());
31                   ps.setDouble(2, co.getPrice());
32                   ps.setInt(3, co.getNumber());
33                   ps.setString(4, co.getCommodity_name());
34                   ps.setString(5, "未付款");// 添加订单时，默认付款状态为未付款
35                   ps.setString(6, co.getOrder_user());
36                   ps.setDouble(7, co.getDicount());
37                   ps.setString(8, co.getImage());
38                   if (ps.executeUpdate() == 1) {
39                       return true;
40                   } else {
41                       System.out.println("插入一条商品订单的方法执行失败 1");
42                       return false;
43                   }
44               } catch (SQLException e) {
45                   System.out.println("插入一条商品订单的方法执行失败 2");
46                   e.printStackTrace();
```

```
47                  return false;
48              }
49          }
50      }
51          /**
52       * 根据订单 id 删除一条商品订单记录
53       *
54       * @param id
55       *            要删除的订单的 id
56       * @return 删除一条订单是否成功
57       */
58      public boolean deleteCommOrder(int id) {// 根据 id 删除一条商品订单记录
59          conn = DBUtil.getConn();
60          sql = "delete from shop_commorder where id='" + id + "'";
61          try {
62              ps = conn.prepareStatement(sql);
63              if (ps.executeUpdate() == 1) {
64                  return true;
65              } else {
66                  System.out.println("根据id删除一条商品订单的方法执行失败1");
67                  return false;
68              }
69          } catch (SQLException e) {
70              System.out.println("根据 id 删除一条商品订单的方法执行失败 2");
71              e.printStackTrace();
72              return false;
73          }
74      }
75      /**
76       * 当添加到购物车时，发现重复购买商品，只修改商品数量。
77       *
78       * @param id
79       *            购买的商品 id
80       * @param quantity
81       *            本次购买的商品数量
82       * @param order_user
83       *            本次购买人
84       * @return 当购物车中的商品存在相同购买者，但尚未付款时，只更新商品数量是否成功
85       */
86      public boolean updateCommOrderNumber(int id, int number, String order_user) {
87          conn = DBUtil.getConn();
```

```
88            sql = "update shop_commorder set quantity=? where commdity_id=? and
order_user=? and payment_status='未付款' ";
89            CommOrderDao cod = new CommOrderDao();
90            CommOrder co = cod.selectOneCommOrder(id);
91            try {
92                ps = conn.prepareStatement(sql);
93                ps.setInt(1, number + co.getNumber());
94                ps.setInt(2, id);
95                ps.setString(3, order_user);
96                if (ps.executeUpdate() == 1) {
97                    return true;
98                } else {
99   System.out.println("相同购买者购买同一件商品时，修改订单数量的方法执行失败1");
100                   return false;
101               }
102           } catch (SQLException e) {
103 System.out.println("相同购买者购买同一件商品时，修改订单数量的方法执行失败2");
104               e.printStackTrace();
105               return false;
106           }
107       }
108       /**
109        * 更新购物车数量的方法
110        *
111        * @param id
112        *            更新订单的id
113        * @param number
114        *            更新后的数量
115        * @return 更新购物数量是否成功
116        */
117       public boolean updateCommOrder(int id, int number) {
          //修改购物车产品数量时，修改一条商品订单记录的数量。
118           conn = DBUtil.getConn();
119           sql = "update shop_commorder set quantity=? where id=?";
120           try {
121               ps = conn.prepareStatement(sql);
122               ps.setInt(1, number);
123               ps.setInt(2, id);
124               if (ps.executeUpdate() == 1) {
125                   return true;
126               } else {
```

```
127                 System.out.println("修改一条订单购物数量的方法执行失败 1");
128                 return false;
129             }
130         } catch (SQLException e) {
131             System.out.println("修改一条订单购物数量的方法执行失败 2");
132             e.printStackTrace();
133             return false;
134         }
135     }
136     /**
137      * 根据注册用户名字进行查询，返回该用户本次购买的所有商品，一个 List 集合
138      *
139      * @param username
140      *            根据用户名查询订单的用户名
141      * @return 该用户本次购买的未付款商品集合
142      */
143     public List<CommOrder> selectManyCommOrder(String username) {
    // 根据注册用户名字进行查询，返回该用户购买的所有商品，一个 List 集合
144         conn = DBUtil.getConn();
145         sql = "select * from shop_commorder where order_user= '" + username
+ "' and payment_status=?";
146         List<CommOrder> list = new ArrayList<CommOrder>();
147         try {
148             ps = conn.prepareStatement(sql);
149             ps.setString(1, "未付款");
150             rs = ps.executeQuery();
151             while (rs.next()) {
152                 CommOrder co = new CommOrder();
153                 co.setCommdity_id(rs.getInt("commdity_id"));
154                 co.setCommodity_name(rs.getString("commodity_name"));
155                 co.setId(rs.getInt("id"));
156                 co.setNumber(rs.getInt("quantity"));
157                 co.setOrder_time(rs.getDate("order_time"));
158                 co.setOrder_time2(rs.getTime("order_time"));
159                 co.setPayment_status(rs.getString("payment_status"));
160                 co.setPrice(rs.getDouble("price"));
161                 co.setDicount(rs.getDouble("discount"));
162                 co.setImage(rs.getString("image"));
163                 co.setOrder_user(username);
164                 list.add(co);
165             }
```

```
166                 return list;
167             } catch (SQLException e) {
168                 System.out.println("显示一个用户的订单的方法执行失败");
169                 e.printStackTrace();
170                 return null;
171             }
172         }
173         public List<CommOrder> selectManyCommOrder_admin(String username,
String status, int currentpage, int pagesize) {
// 根据注册用户名字进行查询，返回该用户购买的所有商品，一个 List 集合
174             conn = DBUtil.getConn();
175             List<CommOrder> list = new ArrayList<CommOrder>();
176             try {
177                 if (status.equals("")) {
178     sql="select * from (select * from shop_commorder) where rownum>= ?
and rownum<= ?";
179                     ps = conn.prepareStatement(sql);
180                     ps.setInt(1, ((currentpage - 1)*pagesize + 1));
181                     ps.setInt(2, (currentpage-1)*pagesize+pagesize);
182                 } else {
183                 sql="select * from (select * from shop_commorder where order_user='"
+ username + "' and payment_status='" + status + "') where rownum>= ? and
rownum<= ?";
184                     ps = conn.prepareStatement(sql);
185                     ps.setInt(1, ((currentpage - 1)*pagesize + 1));
186                     ps.setInt(2, (currentpage-1)*pagesize+pagesize);
187                 }
188                 rs = ps.executeQuery();
189                 while (rs.next()) {
190                     CommOrder co = new CommOrder();
191                     co.setCommdity_id(rs.getInt("commdity_id"));
192                     co.setCommodity_name(rs.getString("commodity_name"));
193                     co.setId(rs.getInt("id"));
194                     co.setNumber(rs.getInt("quantity"));
195                     co.setOrder_time(rs.getDate("order_time"));
196                     co.setOrder_time2(rs.getTime("order_time"));
197                     co.setPayment_status(rs.getString("payment_status"));
198                     co.setPrice(rs.getDouble("price"));
199                     co.setDicount(rs.getDouble("discount"));
200                     co.setImage(rs.getString("image"));
201                     co.setOrder_user(username);
```

```
202                 list.add(co);
203             }
204             return list;
205         } catch (SQLException e) {
206             System.out.println("显示一个用户的订单的方法执行失败");
207             e.printStackTrace();
208             return null;
209         }
210     }
211     /**
212      * 根据注册用户名称进行查询，返回该用户购买的所有商品（包括历史购买），一个
List 集合
213      *
214      * @param username
215      *            用户名
216      * @param status
217      *            付款状态
218      * @return 返回某一个用户的历史订单
219      */
220     public List<CommOrder> selectManyCommOrder(String username, String status) {
    //  根据注册用户名称进行查询，返回该用户购买的所有商品，一个 List 集合
221         conn = DBUtil.getConn();
222         sql = "select * from shop_commorder where order_user= '" + username
            + "' and payment_status=?";
223         List<CommOrder> list = new ArrayList<CommOrder>();
224         try {
225             if (status.equals("")) {
226     sql = "select * from shop_commorder where order_user= '" + username + "' ";
227                 ps = conn.prepareStatement(sql);
228             } else {
229                 ps = conn.prepareStatement(sql);
230                 ps.setString(1, status);
231             }
232             rs = ps.executeQuery();
233             while (rs.next()) {
234                 CommOrder co = new CommOrder();
235                 co.setCommdity_id(rs.getInt("commdity_id"));
236                 co.setCommodity_name(rs.getString("commodity_name"));
237                 co.setId(rs.getInt("id"));
238                 co.setNumber(rs.getInt("quantity"));
239                 co.setOrder_time(rs.getDate("order_time"));
```

```
240                 co.setOrder_time2(rs.getTime("order_time"));
241                 co.setPayment_status(rs.getString("payment_status"));
242                 co.setPrice(rs.getDouble("price"));
243                 co.setOrder_user(username);
244                 list.add(co);
245             }
246             return list;
247         } catch (SQLException e) {
248             System.out.println("显示一个用户的历史订单的方法执行失败-管理员");
249             e.printStackTrace();
250             return null;
251         }
252     }
253     /**
254      * 查询订单列表，统计所有用户订单数,以供分页
255      *
256      * @return 所有用户购买的订单总数。
257      */
258     public int countCommOrder() {// 查询订单列表，统计所有用户订单数
259         conn = DBUtil.getConn();
260         sql = "select * from shop_commorder";
261         int count = 0;
262         try {
263             ps = conn.prepareStatement(sql);
264             rs = ps.executeQuery();
265             while (rs.next()) {
266                 count++;
267             }
268             return count;
269         } catch (SQLException e) {
270             System.out.println("统计所用用户订单数的方法执行失败");
271             e.printStackTrace();
272             return 0;
273         }
274     }
275     /**
276      * 查询订单列表，统计所有用户订单数，以供分页
277      *
278      * @return 所有用户购买的订单总数
279      */
280     public int countCommOrder(String status) {
```

```
        // 查询订单列表，根据付款状态，统计订单数
282         conn = DBUtil.getConn();
283         sql = "select * from shop_commorder where payment_status='" + status + "'";
284         int count = 0;
285         try {
286             ps = conn.prepareStatement(sql);
287             rs = ps.executeQuery();
288             while (rs.next()) {
289                 count++;
290             }
291             return count;
292         } catch (SQLException e) {
293             System.out.println("统计所用用户订单数的方法执行失败");
294             e.printStackTrace();
295             return 0;
296         }
297 
298     }
299     public int countCommOrderByUsername(String username, String status) {
    // 查询订单列表，根据付款状态，统计订单数
300         conn = DBUtil.getConn();
301         if (status.equals("")) {
302             sql = "select * from shop_commorder where order_user='" + username + "'";
303         } else {
304             sql = "select * from shop_commorder where order_user='" + username
                    + "' and payment_status='" + status + "'";
305         }
306         int count = 0;
307         try {
308             ps = conn.prepareStatement(sql);
309             rs = ps.executeQuery();
310             while (rs.next()) {
311                 count++;
312             }
313             return count;
314         } catch (SQLException e) {
315             System.out.println("统计所用用户订单数的方法执行失败");
316             e.printStackTrace();
317             return 0;
318         }
319     }
```

```
320        /**
321         * 当用户付款成功时，修改订单表的商品付款状态
322         *
323         * @param username
324         *            用户名
325         * @return 返回修改订单状态是否成功
326         */
327        public boolean updateStatus(String username) {// 根据商品id来修改付款状态
328            conn = DBUtil.getConn();
329            sql = "update shop_commorder set payment_status='已付款' where
order_user='" + username + "'";
330            try {
331                ps = conn.prepareStatement(sql);
332                ps.executeUpdate();
333                return true;
334            } catch (SQLException e) {
335                System.out.println("更改一个商品付款状态的方法执行失败2");
336                e.printStackTrace();
337                return false;
338            }
339        }
340            /**
341         * 查看购物车中该用户是否购买过该商品，并且尚未付款
342         *
343         * @param id
344         *            本次购买的商品id
345         * @param username
346         *            本次购买者
347         * @return 查看购物车中该用户是否购买过该商品
348         */
349        public boolean selectCommOdity(int id, String username) {
        // 查看购物车中是否已包含本次购买的商品
350            conn = DBUtil.getConn();
351            sql = "select * from shop_commorder where commdity_id='" + id
+ "' and order_user='" + username + "' and payment_status=?";
352            try {
353                ps = conn.prepareStatement(sql);
354                ps.setString(1, "未付款");
355                rs = ps.executeQuery();
356                if (rs.next()) {
357                    return true;
```

```
358                } else {
359                    return false;
360                }
361            } catch (SQLException e) {
362                System.out.println("查询购物车是否包含此件商品的方法失败");
363                e.printStackTrace();
364                return false;
365            }
366
367        }
368    }
```

（3）创建 AddCommOrderServlet.java，此类中获取用户选购的商品信息，并调用 dao 文件中的业务方法保存至相应数据表中。其核心代码如下：

```
1   public void doPost(HttpServletRequest request, HttpServletResponse response)
2           throws ServletException, IOException {
3       response.setContentType("text/html;charset=utf-8");
4       request.setCharacterEncoding("utf-8");
5       if (request.getSession().getAttribute("username") == null || request.
getSession().getAttribute("username").equals("")) {
6           PrintWriter out = response.getWriter();
7           out.println("<!DOCTYPE HTML PUBLIC \"-//W3C//DTD HTML 4.01
Transitional//EN\">");
8           out.println("<HTML>");
9           out.println("  <HEAD><TITLE>A Servlet</TITLE></HEAD>");
10          out.println("  <BODY>");
11          out.println("<script type='text/javascript'>alert('请您先登录');
    window.location.href('web/customer_login.jsp');</script>");
12          out.println("  </BODY>");
13          out.println("</HTML>");
14          out.flush();
15          out.close();
16      } else {
17          CommOrder co = new CommOrder();
18          CommOrderDao cod = new CommOrderDao();
19          co.setCommdity_id(Integer.parseInt(request.getParameter("id")));
20          String name=request.getParameter("name");
21          byte [] b  =name.getBytes("iso-8859-1");
22          name=new String(b,"utf-8");
23          co.setCommodity_name(name);
24              co.setNumber(Integer.parseInt(request.getParameter("number")));
25              co.setImage(request.getParameter("image"));
```

```
26                co.setDicount(Double.parseDouble(request.getParameter("discount")));
27                co.setOrder_user(request.getSession().getAttribute("username")
                      .toString());
28                co.setPrice(Double.parseDouble(request.getParameter("price")));
29                if (cod.addCommOrder(co)) {
30                    response.sendRedirect("web/comminfo_detail.jsp");
31                } else {
32                    System.out.println("添加到购物车的 servlet 执行失败");
33                }
34
35            }
36        }
```

（4）编写 commorder_list_user.jsp 视图，显示出用户选购且未结算的商品信息，其核心代码如下：

```
1   <div class="dangqian">
2         <span><img src="../images/wode.gif" width="146" height="38" /></span>
3           <ul>
4             <li class="wode">我的购物车</li>
5             <li><a href="#">填写订单信息</a></li>
6             <li><a href="#">提交订单</a></li>
7             <li><a href="#">完成支付</a></li>
8           </ul>
9         </div>
10         <div class="tiaoxuan">
11             <p>我挑选的宝贝</p>
12
13           <div class="shangpin">
14               <div class="quanxuan">
15                 <table width="968" height="47" border="0" cellspacing="0"
cellpadding="0">
16                     <tr>
17                       <td width="231" class="lan">     </td>
18                       <td width="149" align="center"><strong>单价</strong></td>
19                       <td width="100" align="center"><strong>数量</strong></td>
20                       <td width="169" align="center"><strong>付款状态 </strong>
</td>
21                       <td width="124" align="center"><strong>订单日期</strong></td>
22                       <td width="150" align="center"><strong>操作</strong></td>
23                     </tr>
24                   </table>
25               </div>
```

```
26              <% String username="";
27              if(session.getAttribute("username")!=null){
28                  username= session.getAttribute("username").toString();
29                 byte [] b=username.getBytes("iso-8859-1");
30                 username=new String(b,"utf-8");
31                 }
32                  CommOrder p = null;
33                  CommOrderDao ad = new CommOrderDao();
34                  int countnumber=0;
35                  double countprice=0;
36                  List<CommOrder> list = ad.selectManyCommOrder(username);
37                  for (int i = 0; i < list.size(); i++) {
38                      p = list.get(i);
39              %>
40            <div class="shang1">
41                <table width="968" border="0" height="95" cellspacing="0"
cellpadding="0">
42                  <tr>
43                    <td rowspan="3" width="86" align="right">
44        <img src="../upload/<%=p.getImage()%>" width="53" height="73" /></td>
45  <td width="146" height="40" class="chaochu" align="right"> <%=p.Get
Commodity_name()%></td>
46                    <td width="149" height="40" align="center"> ￥<%=new
java.text.DecimalFormat("0.00").format(p.getPrice()* p.getDicount()* 0.1)%> 元</td>
47                      <td rowspan="3" width="100" align="center"> <input
name="number" id="<%=p.getId() %>" type="text" value="<%=p.getNumber() %>"
class="jiayi"  disabled="disabled"/> </td>
48                    <td rowspan="3" width="169" align="center"> <% =
p.getPayment_status()%></td>
49                    <td rowspan="3" width="124" align="center"> <% =
p.getOrder_time()%></td>
50                          <td rowspan="3" width="150" align="center"> <a
href="../DeleCommOrderServlet?id=<%=p.getId()%>">删除</a></td>
51                </tr>
52                <tr>
53                    <td height="20" align="center" valign="bottom"><img
src="../images/biao.gif" width="81" height="18" /></td>
54                    <td height="20" align="center">￥<%=p.getPrice() %></td>
55                </tr>
56                <tr>
57                    <td> </td>
```

```
58                      <td>
59                          <table width="149"border="0"cellspacing="0" cellpadding
="0" height="35">
60                            <tr>
61                              <td height="22" align="center" class="bai">
62                                  <table width="149" height="22" border="0"
cellspacing="0" cellpadding="0">
63    <tr>
64      <td> </td>
65     <td width="80" class="bai" bgcolor="#74b855">省：￥<%=new java.text.
Decimal  Format("0.00").format((p.getPrice()-(p.getPrice()* p.getDicount()  *
0.1)))%></td>
66      <td> </td>
67    </tr>
68   </table>
69
70                              </td>
71                            </tr>
72                            <tr>
73                              <td> </td>
74                            </tr>
75                          </table>
76                      </td>
77                    </tr>
78                  </table>
79              </div>
80                <%
81                      countnumber+=p.getNumber();
82                     countprice+=(p.getNumber()*(p.getPrice()* p.getDicount()
* 0.1));
83                      }
84  countprice=Double.parseDouble(new java.text.DecimalFormat ("0.00"). format
(countprice));
85    session.setAttribute("countprice",new  java.text.DecimalFormat("0.00").
format(countprice));
86                %>
87              <div class="jiesuan">
88              <form action="payment_login.jsp">
89                <div   class="jiesuan-zuo">  已  选  <label><%=countnumber
%></label>件 商品   总价（不含运费）<span>￥<%=countprice %></span></div>
90                <%if(countnumber!=0){%>
```

```
91                    <div class="jiesuan-you"><input name="" value=""
class="suan" type="submit" /></div>
92                    <%} %>
93                 </form>
94                </div>
95            </div>
96          </div>
```

（5）选购商品后的运行结果如图 11-6 所示。

图 11-6　我的购物车

（6）创建 DelCommOrderServlet.java，此类中获取购物车中的商品编号，并调用 dao 文件中的业务方法从购物车中移除此商品，其核心代码如下：

```
1   public void doPost(HttpServletRequest request, HttpServletResponse response)
2             throws ServletException, IOException {
3        response.setContentType("text/html;charset=utf-8");
4        request.setCharacterEncoding("utf-8");
5        response.setCharacterEncoding("utf-8");
6         CommOrderDao ctd=new CommOrderDao();
7        int id=Integer.parseInt(request.getParameter("id"));
8        if (ctd.deleteCommOrder(id)) {
9            PrintWriter out = response.getWriter();
10               out.println("<!DOCTYPE HTML PUBLIC \"-//W3C//DTD HTML 4.01
Transitional //EN\">");
11               out.println("<HTML>");
12               out.println("  <HEAD><TITLE>A Servlet</TITLE></HEAD>");
13               out.println("  <BODY>");
14               out.println("<script type='text/javascript'>alert('删除成
功'); window. location.href('web/commorder_list_user.jsp');</script>");
15               out.println("  </BODY>");
16               out.println("</HTML>");
```

```
17              out.flush();
18              out.close();
19          } else {
20              System.out.println("删除商品类型的 servlet 执行失败");
21          }
22      }
```

（7）编写 payment_login.jsp，进行订单的结算，其核心代码如下，运行的结果如图 11-7 所示。

```
1   <div class="tiaoxuan">
2               <p>
3                   商品结算
4               </p>
5               <form action="../PaymentServlet">
6                   <div class="shangpin">
7                       <div class="shangpin-left">
8                   <img src="../images/che2.gif" width="171" height="134" />
9                       </div>
10                      <!-- -->
11                      <div class="shangpin-right">
12                              <h2>
13                                  您此次的购物金额为：
14                                  <span>
15   ￥<%=session.getAttribute("countprice")%></span>
16                              </h2>
17                              <h4>
18                                  用户名：
19                          <input class="mc" name="userid" type="text" />
20                              </h4>
21                              <h4>
22                                  密  码：
23      <input class="mc" name="password" type="password" />
24                              </h4>
25                              <h4>
26                                  本例仅用于测试，请输入（admin,admin）
27                              </h4>
28                              <h5>
29          <input name="input" value="" class="suan" type="submit" />
30                              </h5>
31                          </div>
32                      </div>
33                  </form>
```

```
34                    </div>
```

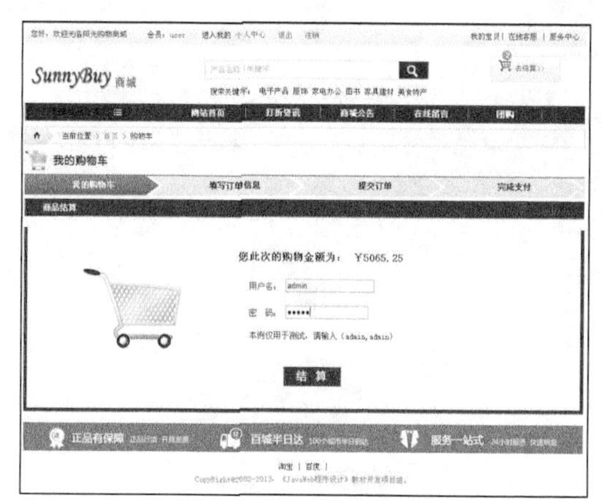

图 11-7　结算界面

（8）创建 PaymentServlet.java，完成订单状态的修改，并修改月销量和库存量，其核心代码如下：

```
1  public void doPost(HttpServletRequest request, HttpServletResponse response)
2          throws ServletException, IOException {
3       response.setContentType("text/html;charset=utf-8");
4       request.setCharacterEncoding("utf-8");
5      String userid=request.getParameter("userid");
6      String password=request.getParameter("password");
7      String username=request.getSession().getAttribute("username"). toString();
8      CommOrderDao cod=new  CommOrderDao();
9      CommInfoDao cid=new CommInfoDao ();
10      //CommInfo ci=new  CommInfo();
11         if(userid.equals("admin")&&password.equals("admin")){
12           //付款成功后修改月销量和库存量
13             List<CommOrder> list= cod.selectManyCommOrder(username);
14              for(int i=0;i<list.size();i++){
15                  CommOrder co=new  CommOrder();
16                  co=list.get(i);
17                  cid.updateSalesCount(co.getCommdity_id(), co.getNumber());
18              }
19              cod.updateStatus(username);
20              response.sendRedirect("web/payment_success.jsp");
21         }
22         else{
23              PrintWriter out = response.getWriter();
24              out.println("<!DOCTYPE HTML PUBLIC \"-//W3C//DTD HTML 4.01
Transitional//EN\">");
```

```
25                 out.println("<HTML>");
26                 out.println("  <HEAD><TITLE>A Servlet</TITLE></HEAD>");
27                 out.println("  <BODY>");
28                 out.println("<script type='text/javascript'>alert('账号密码错误');
29     window.location.href('web/payment_login.jsp');</script>");
30                 out.println("  </BODY>");
31                 out.println("</HTML>");
32                 out.flush();
33                 out.close();
34             }
35         }
```

（9）编写 payment_success.jsp，显示结算成功，其运行结果如图 11-8 所示。

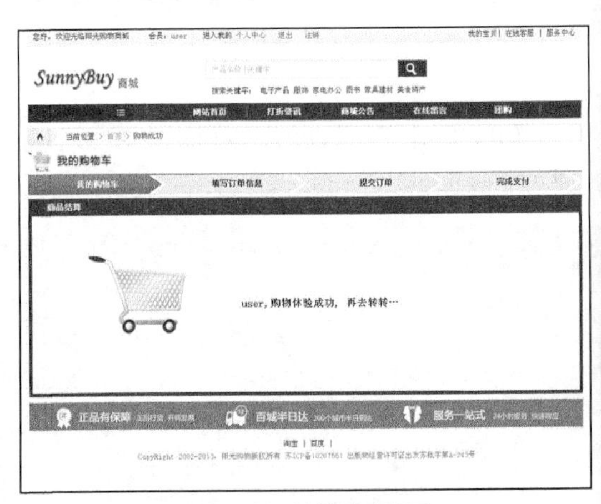

图 11-8　结算成功界面

【案例总结】

通过本案例，我们完成了 SunnyBuy 电子商城中核心部分代码的编写，即从用户选购商品，到生成订单并完成结算的一系列业务。

11.5　小　结

本章以 SunnyBuy 电子商城为综合实例，介绍了 MVC 开发模式，其中，M 是模型，用 JavaBean 技术来实现；C 是控制器，用 Servlet 来实现；V 是视图，用 JSP 或 HTML 文档来实现。在本章中对 SunnyBuy 电子商城进行了需求分析、数据库设计、系统设计，由于篇幅限制，在本章中仅以 MVC 模式实现了商品管理中商品分页显示、商品购买两个功能小模块。

11.6　练一练

一、填空题

1. 在 MVC 开发模式中，JSP 负责生成动态网页，________负责业务逻辑，完成对数据库的操作，________负责流程控制，用来处理各种请求的分派。

2. MVC 中的 M 是________，V 是________，C 是________。

二、简答题

描述 MVC 模式下开发电子商城中通知公告管理模块的思路。